U0337824

全国高等职业教育"十三五"规划教材

工 程 力 学

主　编　兰聘文　张晓梅

副主编　周艳芳　孔令强

参　编　陈红英　秦小丽

　　　　魏晓荣　郑文玉

中国矿业大学出版社

内 容 提 要

　　本教材的编写充分考虑了高等职业教育的教学要求、就业面向、学生特点等实际情况,在满足教学要求的前提下,尽可能降低教材的难度,删繁就简。基础知识以"必需、够用"为度,在满足相应课程教学目标的前提下能删减的内容尽力删减,力求贴近职业教育的教学。全书共分两篇。其中,基础篇的主要内容有:静力学分析基础、力矩与力偶、平面力系、摩擦、构件承载能力分析概述、轴向拉伸与压缩、剪切、圆轴的扭转、平面弯曲、压杆稳定等;综合篇的主要内容有:空间力系、组合变形、刚体的基本运动、构件的疲劳破坏等。

　　本书可作为高等职业院校各类专业工程力学课程的教材,也可作为成人教育和在职人员职业培训用书。本书配有电子课件,可供教师授课或学生自学时使用。

图书在版编目(C I P)数据

　　工程力学 / 兰聘文,张晓梅主编. 一徐州:中国矿业大学出版社,2017.9

　　ISBN 978 - 7 - 5646 - 3621 - 0

　　Ⅰ.①工… Ⅱ.①兰…②张… Ⅲ.①工程力学 Ⅳ.①TB12

　　中国版本图书馆 CIP 数据核字(2017)第169540号

书　　名	工程力学	
主　　编	兰聘文　张晓梅	
责任编辑	何晓明	
出版发行	中国矿业大学出版社有限责任公司	
	(江苏省徐州市解放南路　邮编 221008)	
营销热线	(0516)83885307　83884995	
出版服务	(0516)83885767　83884920	
网　　址	http://www.cumtp.com　**E-mail:**cumtpvip@cumtp.com	
印　　刷	江苏淮阴新华印刷厂	
开　　本	787×1092　1/16　印张 15.25　字数 380 千字	
版次印次	2017 年 9 月第 1 版　2017 年 9 月第 1 次印刷	
定　　价	36.00 元	

　　(图书出现印装质量问题,本社负责调换)

前　言

为了适应高等职业教育改革和发展的需要,根据高等职业院校各专业的教学要求、后继课程的需要及毕业生对工程力学课程的反馈意见,结合作者多年来为工科各专业讲授工程力学课程的教学经验和教改实践组织编写了本书。

本教材的编写充分考虑了高等职业教育的教学要求、就业面向、学生特点等实际情况,在满足教学要求的前提下,尽可能降低教材的难度,删繁就简。基础知识以"必需、够用"为度,在满足相应课程教学目标的前提下能删减的内容尽力删减,力求贴近职业教育的教学。主要特色如下:

1. 本套教材采用"项目—任务"模式,每个任务都有"知识要点"和"技能目标",体系合理。全书分两篇,基础篇为工程力学最基本的静力学分析基础,平面力系的简化、合成和平衡以及杆件基本变形的外力、内力、强度计算和压杆稳定;综合篇则是较复杂的空间力系、组合变形、刚体的基本运动和动载荷问题。

2. 本书遵循应用性原则,注重实用性。动力学部分在大学物理中已经讲授,不再赘述;运动学只讲刚体的基本运动;删除了扭转、弯曲变形的应力分析过程以及应力状态和强度理论,只介绍结论和具体应用。全书主要突出实用技能培养,所讲内容尽可能贴近学生未来的岗位实际,尽量与技能训练相结合。

3. 本书突出了工程性。注重理论联系实际,实例、例题、习题尽量从工程实际和日常生活出发选用,不仅便于学生理解和解决工程实际问题,而且还可以激发学生的学习兴趣。

4. 本书从学生可接受性出发,删繁就简。如在平衡问题的计算中,侧重学生对单个物体的计算,物体系统问题也不超过两个研究对象;删除了学生较难接受的点的合成运动和刚体的平面运动。

5. 为了体现职业院校理实一体化等新教学模式和以学生为中心的教学理念,"思考与探讨"的设计以学生、师生互动讨论为主线,使学生养成勤于思考、乐于钻研的学习习惯,以提高学生分析工程实际问题和解决问题的能力。

6. 本书编写本着追求适用性更广的原则。非机类、近机类以及少学时专业可以只讲基础篇;机械类以及多学时专业可以全部都讲;机械加工、矿山机电和采矿工程等专业则可以有针对性地选择讲授。

本书可作为高等职业院校各类专业工程力学课程的教材,也可作为成人教育和在职人员职业培训教材。本书配有电子课件,可供教师授课或学生自学时使用。

　　本书由兰聘文、张晓梅任主编,周艳芳、孔令强任副主编。参加本书编写工作的有:甘肃能源化工职业学院兰聘文(前言,绪论,项目五、六、七、八、九,附录)、魏晓荣(项目十一)、秦小丽(项目十三),山西煤炭职业技术学院张晓梅(项目二)、郑文玉(项目一)、陈红英(项目三),河南工业和信息化职业学院孔令强(项目四、项目十二、项目十四),长治职业技术学院周艳芳(项目十)。全书由兰聘文和张晓梅统稿。

　　电子课件由兰聘文、魏晓荣、秦小丽制作。

　　由于编者水平有限,书中难免存在不妥之处,恳请读者批评指正。

编　者

2017 年 4 月

主要符号表

长度：	L	宽度：	b
高度：	h	直径：	$D(d)$
半径：	$R(r)$	面积：	A
重心、形心、质心：	C	重力：	$G(\text{N}、\text{kN})$
合力：	R	主动力：	$P、F$
摩擦力：	F	动摩擦力：	F^l
分布载荷集度：	q	摩擦角：	φ_m
柔性约束反力：	T	光滑面约束反力：	N
光滑铰链约束反力：	$N、N_x、N_y$	力偶矩：	M
轴力：	N	剪力：	Q
扭矩：	M_n	弯矩：	M_W
摩擦系数：	f	极惯性矩：	I_p
对 $x、y、z$ 轴的惯性矩：	$I_x、I_y、I_z$	安全系数：	n
弹性模量：	E	抗扭截面模量：	W_n
抗弯截面模量：	$W_z、W_y$	危险应力：	σ_0
挠度、转角：	$y、\theta$	动应力：	σ_d
正应力、切应力：	$\sigma、\tau$	拉应力、压应力：	$\sigma_l、\sigma_y$
临界力：	F_{lj}	临界应力：	σ_{lj}
绝对变形：	ΔL	线应变：	ε
许用正应力、许用切应力：	$[\sigma]、[\tau]$	伸长率、截面收缩率：	$\delta、\psi$
扭转角、单位扭转角：	$\varphi、\theta$	许用单位扭转角：	$[\theta]$
压杆长度系数(泊松比)：	μ	压杆柔度：	λ
速度：	v	加速度：	a
转速：	n		

目　录

基　础　篇

绪　　论

　　工程力学是研究物体机械运动一般规律及构件强度、刚度和稳定性的科学,主要包括理论力学(静力学、运动学、动力学)和材料力学两部分。

一、工程力学的主要内容和任务

　　理论力学是研究物体机械运动一般规律的科学。物体在空间的位置随时间的改变,称为机械运动。机械运动是人们在生活和生产实践中最常见的一种运动,平衡是机械运动的特殊情况。平衡是指物体相对于地面保持静止或做匀速直线运动的状态。平衡是相对的,相对于地面平衡的物体在宇宙系中又是运动的。

　　材料力学的主要任务是研究构件在外力作用下的变形规律和材料的力学性能,从而建立构件满足强度、刚度和稳定性要求所需的条件,为安全、经济地设计构件提供必要的理论基础和科学的计算方法。

　　因此,工程力学既是自然科学的理论基础,又是现代工程技术的理论基础,在日常生活和生产实际中具有非常广泛的应用。

　　理论力学分为静力学、运动学和动力学三部分。静力学主要研究受力物体平衡时作用力所应满足的条件,同时也研究物体受力的分析方法及力系简化的方法等;运动学只从几何观点研究物体的运动规律,而不研究引起物体运动的原因;动力学研究的是作用于物体上的力与运动变化之间的关系。本书只研究静力学和运动学的一部分内容。

　　材料力学研究的内容主要包括:分析并确定构件所受各种外力的大小和方向;研究在外力作用下构件的内部受力、变形和失效的规律;提出保证构件具有足够强度、刚度和稳定性的设计准则和方法。强度是指构件在载荷作用下抵抗破坏的能力。构件工作时要承受载荷作用,为使构件在载荷作用下能够正常工作而不损坏,就要研究强度问题。刚度是指构件在载荷作用下抵抗变形的能力。机床切削加工工件时,因主轴变形过大使工件加工精度降低的问题属于刚度问题。稳定性是指构件在载荷作用下保持其原有直线平衡形态的能力。起重机伸缩臂杆、挖掘机的顶杆、内燃机的活塞杆,在过大轴向力的作用下突然变弯、失去原有的稳定平衡状态,就是压杆的稳定性问题。因此,为了保证机械设备安全可靠地工作,必须要求机械中的所有构件都具有足够的承载能力。

二、工程力学的发展及其作用

　　工程力学的发展与生产、科学研究紧密地联系着,我国的劳动人民有很多发明创造,为人类社会的进步做出了杰出的贡献。在我国古代,工程力学就有过辉煌的发展,如都江堰、长城、赵州桥的修建,表明我国很早以前工程力学的应用水平就居于世界前列。自中华人民共和国成立以来,我国的社会主义建设事业取得了突飞猛进的发展,人造地球卫星的发射和回收中力学课题的解决,表明了我国工程力学的水平已跃居世界先进行列。进入 21 世纪,现代机械向着高速、高效、精密的方向发展,许多高新技术工程如各种机械设备的设计、制造,机器的自动控制和调节,新材料的研制和利用等,都对工程力学提出了许多迫切要求解决的问题。因此可以说,生产的发展推动了工程力学的发展,工程力学的发展又反过来促进了生产的发展。

三、工程力学的研究方法

工程力学的研究方法同样遵循"实践—理论—实践"的客观规律,即从观察、实践和科学实验出发,经过抽象化的分析、综合和归纳,总结出最基本的概念和规律。在观察和实验的基础上,抽象建立力学模型,并作科学假设;然后进行推理和数学分析,得出正确的具有实用意义的结论和定理,构成工程力学理论;之后再回到实际中去验证理论的正确性,并在更高的水平上指导实践,同时从这个过程中获得新的材料,这些材料的积累又为工程力学理论的完善和发展奠定了基础;最终形成较完善的理论和公理,指导和解决工程实际问题。

随着计算机的出现和飞速发展,许多过去手工无法解决的问题,通过计算机的协助得到解决。因此,理论分析、实验分析和计算机分析成为工程力学的主要研究方法。三种研究方法相辅相成、互相补充、互相促进。其中,传统的理论分析和实验分析方法是计算机分析方法的基础,必须重点掌握。

四、工程力学的研究对象

机械工程中涉及机械运动的物体往往比较复杂,在外力作用下物体的变形与破坏形式也是多种多样的。因此,在对其进行力学分析时,必须首先根据研究问题的性质,抓住主要特征,略去一些次要因素,进行合理简化,进而科学地抽象出比较合乎实际的力学模型和制定出失效与设计准则。物体受力时都将发生变形,但在大多数情况下,变形是极其微小的,在分析物体的平衡与运动规律时,可不计变形而将其简化成刚体。所谓刚体,是指在任何力的作用下都不发生变形的物体。刚体是抽象化的力学模型,绝对的刚体是不存在的。如果只考虑质量,不考虑物体的形状和几何尺寸,物体就可以简化成质点。在研究构件的强度、刚度、稳定性等问题时,物体的变形成为主要矛盾,这时应将物体视为可变形固体。变形固体有多方面的属性,研究的角度不同,侧重点也不同。变形固体和刚体一样不是绝对的,要视其研究问题的性质而定。即使是对变形问题的分析,当涉及平衡问题时,仍可沿用刚体模型。工程实际中各种构件的机械运动形式比较复杂,在外力作用下的变形形式多种多样,并受许多因素的影响,因此,在研究构件时要善于综合运用力学知识,这样才能更好地解决问题。

五、工程力学的学习方法

工程力学的学习方法较高等数学、大学物理有所不同,一定要有工程性和实用性的观点,即理论研究与实验分析相结合的观点;应该具有把复杂的研究对象抽象为简单力学模型的技巧和能力,深刻理解基本概念、公理和定理;要善于观察,刻苦钻研,勤于思考,乐于探讨,及时发现问题并解决问题,这样才能使所学的知识融会贯通,有效扩充与延伸,真正实现以学生为主体的理实一体化教学理念。

根据工程力学的特点,学生要想学好本课程,也不能脱离教师的讲授和指导。因此,在充分发挥学生为教学主体的同时,学生也应努力配合和适应教师教学方式方法的创新与实践,互动交流,反复练习,这样才能收到良好的学习效果。

六、学习工程力学的目的

工程力学是理工科各类专业的一门理论性和实践性较强的技术基础课。工程力学是一切力学的基础,也是工科各类工程技术人员必修的专业基础课之一。同时,工程力学与机械制造、机电一体化等专业许多课程有着密切的联系,以高等数学、大学物理、机械制图等课程为基础,并为机械原理、机械零件等其他技术基础课和专业课提供必要的理论基础和计算结果。因此,工程力学是基础课和专业课的桥梁,是学习后继课程的重要基础。与此同时,直接应用本课程的理论知识或者与其他专业知识共同应用,可以解决许多工程实际问题。

工程力学的分析和研究方法在科学研究中具有一定的典型性,通过工程力学的学习,有助于培养学生的辩证唯物主义世界观、人生观、价值观,培养正确的分析问题和解决问题的能力,使学生在整个学习过程中逐步形成正确的逻辑思维方式,在获取知识的同时,综合素质得到进一步提高,创业创新能力得到全面提升,使其在激烈的就业竞争中立于不败之地。

基 础 篇

项目一　静力学分析基础

　　静力学是研究物体在力的作用下的平衡规律的科学。其研究的基本问题有力系的简化问题和力系的平衡问题。要进行这两个问题的研究,就必须准确无误地画出物体的受力图。

　　画受力图是工程力学最关键、最基本的技能,也是静力学学习的重点内容。本项目主要阐述力、刚体、平衡的基本概念,静力学基本公理及推论,常见的几种约束及约束反力的确定,画受力图的步骤和注意要点。

任务一　力与平衡

【知识要点】　平衡、力、刚体。
【技能目标】　熟练掌握平衡、力、刚体的概念。

一、平衡的概念

　　平衡是指物体相对于地面保持静止或做匀速直线运动的状态。例如,房屋相对于地面的静止,匀速直线运动的列车,等等。平衡是机械运动的特殊情况。平衡是相对的,相对于地面平衡的物体在宇宙系中又是运动的。

二、力的概念

　　力是物体之间相互的机械作用,这种作用可以使物体的形状或运动形式发生改变。力使物体形状发生改变的效应称为力的内效应,也称为变形效应;力使物体运动状态发生改变的效应称为力的外效应,也称为运动效应。力对物体的作用效果取决于下列三个因素:① 力的大小;② 力的方向;③ 力的作用点,这三个因素称为力的三要素。三要素中改变任一要素,力的作用效果也随之改变。

　　力是一个具有大小和方向的量,因此力是矢量。可以用一个带箭头的线段来表示力的三要素,如图1-1所示。线段的长度按一定的比例表示力的大小,线段的箭头指向表示力的方向,线段的起点(或终点)表示力的作用点。通过力的作用点沿力方向的直线称为力的作用线。用黑体字母如 F 表示矢量,并以同一普通字母 F 代表力的大小。手写时通常在表示力的字母上加一横线,如 $\overline{F}$ 表示矢量,普通字母 F 代表力的大小。

　　为了测定力的大小,需要确定度量力的单位,在国际单位制(SI制)中,力的单位为牛顿(N)或千牛顿(kN)。

　　我们把同时作用于物体上的一组力或一群力称为力系。物体处于平衡状态时,作用于该物体上的力系称为平衡力系。当物体平衡时,作用于物体上的力必须满足一定的条件,这

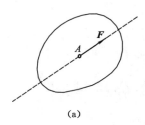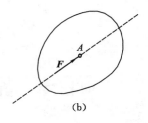

图 1-1

些条件称为力系的平衡条件。如果有两个力系对同一物体的作用效果完全相同,则这两个力系互称为等效力系;如果有一个力和一个力系等效,那么这个力就称为这个力系的合力,力系中的每一个力就称为合力的分力。

三、刚体的概念

所谓刚体,是指在任何力的作用下都不发生变形的物体。绝对的刚体是不存在的,物体在力的作用下变形是存在的。在静力学中,我们只研究物体在力系作用下的平衡规律,当物体的变形对物体的平衡影响很小,可忽略不计时,我们就把物体看成是刚体。刚体是抽象化的力学模型。

任务二　静力学公理及其推论

【知识要点】　静力学公理及其推论。
【技能目标】　熟练掌握静力学公理及其推论的内涵和应用。

公理就是不需要证明的道理。静力学公理是人类在长期的生产和生活实践中,经过反复观察和实践所总结出来的普遍规律,它阐述了力的基本性质。静力学的全部理论,都是建立在这些公理的基础上的。公理为画受力图和进行力系的简化提供了理论依据。

公理一　二力平衡公理

作用于刚体上的两个力,使刚体平衡的充分必要条件是:两个力大小相等,方向相反,作用在同一条直线上(即这两个力等值、反向、共线)。如图 1-2 所示,即 $F_1 = -F_2$。

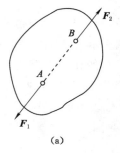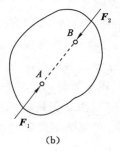

图 1-2

这一公理总结了作用于刚体上最简单的力系平衡时必须满足的条件。需要指出的是，此公理只适用于刚体，对于变形体而言，这个条件是不充分的。例如，一根绳子受两个等值、反向的拉力作用可以平衡，如图 1-3(a)所示，但受两个等值、反向的压力作用就不能平衡了，如图 1-3(b)所示。

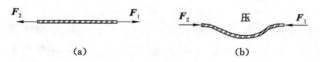

图 1-3

只受两个力作用处于平衡状态的构件称为二力构件。由二力平衡公理知，二力构件的受力特点是：二力构件所受二力的作用线一定在二力作用点的连线上，且等值、反向。如图 1-4(a)所示，构件 BC 为二力构件，受力情况如图 1-4(b)所示。如果二力构件是杆件，称为二力杆件，简称为二力杆。因此，根据二力构件的受力特点就可以画二力构件的受力图。

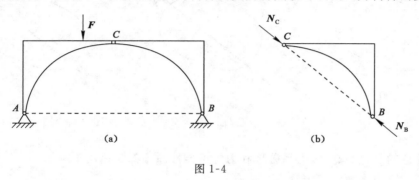

图 1-4

公理二 力的平行四边形公理

作用于物体上同一点的两个力，可以合成为仍然作用于该点的一个合力，合力的大小和方向由这两个力为邻边所作的平行四边形的对角线来表示，如图 1-5(a)所示。此方法称为力的平行四边形法则。其矢量表达式为：

$$R = F_1 + F_2$$

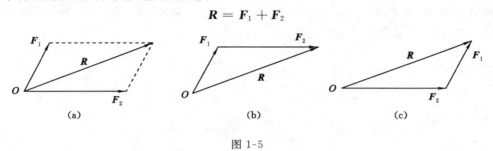

图 1-5

为了简便起见，可以用平行四边形的一半来表示这一合成过程，即依次将 F_1、F_2 首尾相接，连接起点与终点得到一力三角形。如图 1-5(b)、(c)所示，第三边即为合力 R，称为力的三角形法则。这一公理总结了最简单力系简化的规律，它是较复杂力系简化的基础。

公理三 加减平衡力系公理

在作用于刚体上的任何一个已知力系上加上或减去一个平衡力系,不改变原力系对刚体的作用效果。这个公理是研究力系等效变换和力系简化的理论依据。

推论一   力的可传性原理

作用于刚体上某点的力可沿其作用线在刚体内任意移动而不改变该力对刚体的作用效果。

证明:设力 F 作用于刚体上 B 点,如图 1-6(a)所示。根据加减平衡力系公理,可在力 F 的作用线上任取一点 A,并在 A 点加一对等值、反向、共线的平衡力 F_1 和 F_2,使 $F=F_1=-F_2$,这样并未改变力 F 对刚体的作用效应,如图 1-6(b)所示。力 F_2 和 F 也是一个平衡力系,由公理三可去掉这两个力,这样只剩下作用于 A 点的力 F_1,相当于把力 F 由 B 点沿其作用线移到了 A 点,如图 1-6(c)所示。力的这一性质称为力的可传性原理。

由此可见,对于刚体来说,力的作用点已不是决定力的作用效果的要素,它已被作用线所代替。因此,作用于刚体上力的三要素就是:力的大小、方向和作用线。

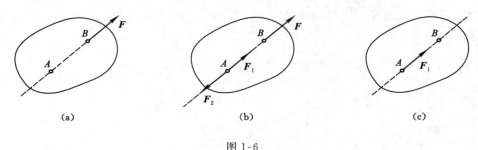

图 1-6

必须注意的是,加减平衡力系公理和力的可传性原理都只适用于刚体。

推论二   三力平衡汇交定理

当刚体受同一平面内互不平行的三个力作用而平衡时,这三个力的作用线必汇交于一点。

证明:如图 1-7 所示,设 F_1、F_2、F_3 三力分别作用在刚体上 A、B、C 三点,使刚体处于平衡状态。根据力的可传性原理,将 F_1、F_2 移至汇交点 O,根据力的平行四边形法则得到合力 R_{12},则合力 R_{12} 应与 F_3 平衡,由二力平衡公理知,F_3 必与 R_{12} 共线。所以 F_3 的作用线必然通过 F_1、F_2 的交点 O,也即三个力作用线汇交于一点。

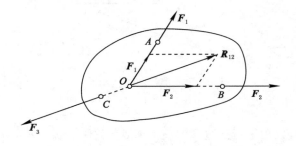

图 1-7

三力平衡汇交定理的作用是:如果刚体在同平面内互不平行的三个力作用下平衡时,已知两个力作用线的情况下即可确定第三个力的作用线。

公理四　作用与反作用公理

两物体间的作用力与反作用力总是大小相等,方向相反,分别作用在两个相互作用的物体上。

该公理反映了物体之间相互作用力之间的关系,表明作用力和反作用力总是成对出现的,同时存在、同时消失。

如图1-8(a)所示,用绳索悬挂一重为 G 的物体,绳索质量略去不计,分析重物和绳索所受的力。重物受重力 G 和绳索向上的拉力 T_A 的作用,如图1-8(b)所示。绳索在 A 端受重物给予的向下的拉力 T'_A 和天花板给予的向上的拉力 T_B,如图1-8(c)所示。G 和 T_A 作用在重物上,是一对平衡力,同理,T'_A 和 T_B 是作用在绳索上的一对平衡力,而 T_A 和 T'_A 是分别作用在两个物体上的作用力与反作用力。需要注意的是,虽然作用力与反作用力大小相等,方向相反,沿着同一条直线,但分别作用在两个物体上,不能和二力平衡中的一对作用于同一个物体上的力相混淆。

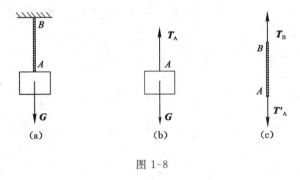

图1-8

任务三　约束和约束反力

【知识要点】　约束和约束反力。
【技能目标】　熟练掌握约束的类型及其约束反力的画法。

在工程实际中,构件单独存在的机会并不多,往往是好多构件相互连接着,要画研究对象的受力图,就必须把构件之间的连接方式搞清楚。为此,引入了约束的概念。

一、约束和约束反力的概念

有些物体在空间可以自由地运动,其运动不受任何限制。例如,天空中飞行的飞机、火箭以及炮弹等,这些运动不受限制的物体称为自由体。而有些物体在空间的运动受到其他物体的限制,如放在光滑桌面上的物体,桌面就限制了该物体沿铅垂方向向下的运动;龙门刨床工作台受床身导轨的限制,只能沿导轨移动;在铁轨上运行的列车受铁轨的限制,只能沿铁轨运行;天花板上悬挂的日光灯受绳索的限制,不会下落;等等。运动受到其他物体限制的物体称为非自由体。所谓约束,就是对物体的运动起限制作用的其他物体。例如,铁轨是列车的约束;桌面是桌面上物体的约束;绳索是日光灯的约束;龙门刨床床身导轨是工作台的约束;等等。

　　既然约束阻碍着物体的运动,物体和约束之间必然存在相互作用的力。如果把物体对约束的力称为作用力,那么约束对物体的力就称为反作用力。通常把约束作用在物体上的力称为约束反作用力,简称为约束反力。约束反力的方向总是和约束所限制物体的运动方向相反。

　　物体所受的力分为两类:一类是使物体产生运动或使物体有运动趋势的力,称为主动力,如重力、弹簧力、压力、电磁力等;另一类就是约束反力。

二、几种常见的约束类型

1. 柔性约束

　　柔性约束就是由柔软的绳索、胶带、链条所形成的约束,它限制物体沿柔性约束体伸长方向的运动,因而只能承受拉力而不能承受压力,所以柔性约束的约束反力的方向是沿着柔性约束体的中心线背离物体,通常用 T 表示。如图 1-9(a)所示,绳索对物体的约束就是柔性约束。绳索对物体的约束反力,作用点在接触点 A,方向沿绳索而背离物体,如图 1-9(c)所示。

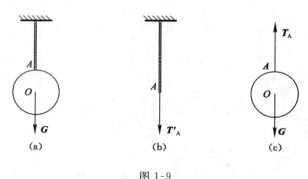

图 1-9

　　链条或皮带也都只能承受拉力,对轮子的约束反力沿轮缘的切线方向,如图 1-10 所示。

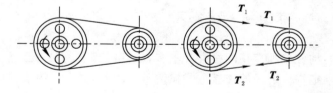

图 1-10

2. 光滑面约束

　　当两物体直接接触,并忽略接触处的摩擦时,所形成的约束称为光滑面约束。这类约束限制物体在接触点沿接触面的公法线指向接触面的运动。因此,光滑面约束的约束反力,作用点在接触点,方向沿接触面的公法线指向物体,通常用 N 表示。

　　桌面上放一个重力为 G 的物体,桌面对物体的约束属于光滑面约束,其约束反力如图 1-11 所示。

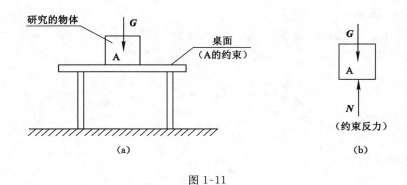

图 1-11

　　如图 1-12 所示，曲面与曲面接触的光滑面约束，τ 为公切线，n 为公法线，取上面物体为研究对象，约束反力为 N。

　　如图 1-13 所示，可以认为是一个杆放在一个槽形（或者圆柱形）坑内，A、B、C 处的约束反力分别为图中的 N_A、N_B 和 N_C。

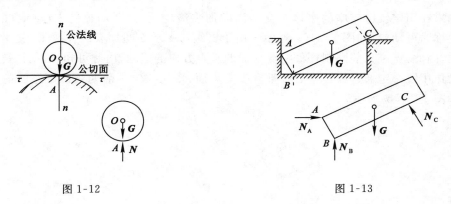

图 1-12　　　　　　　　　　　　　　　　图 1-13

3. 光滑铰链约束

(1) 中间铰链约束

　　光滑铰链是工程结构和机器中经常用来连接构件或者零部件的一种结构形式，它的构造是将两个构件钻上同样大小的孔，并用圆柱销钉穿入圆孔将两构件连接起来，称为圆柱铰链约束，也称为中间铰链约束，简称为中间铰，如图 1-14(a) 所示。通常用图 1-14(b) 所示的简图来表示。这种约束只允许两构件绕销钉轴线有相对转动，销钉对构件的约束反力的作用点在接触处且通过铰链中心，当力的方向能确定时画成一个力；约束反力的方向不能确定时，常用相互垂直的两个力 N_x、N_y 来表示，如图 1-14(c) 所示。

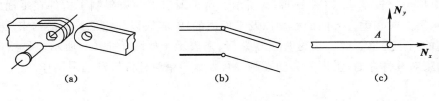

图 1-14

（2）固定铰链支座

在光滑圆柱铰链连接中，如果其中一个零件固定于地面或机架，则该铰链称为固定铰链支座，简称为固定铰。如图1-15（a）所示。

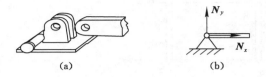

（a）　　　　　　　（b）

图 1-15

由于支座与支承面固结，因此杆件不能产生任何方向的移动，只能绕销钉轴转动。支座简图如图1-15（b）所示。根据其构造特点，容易看出其约束反力的表示方法和中间铰链相同，当力的方向能确定时画成一个力；约束反力的方向不能确定时，常用相互垂直的两个力 N_x、N_y 来表示，如图1-15（b）所示。

（3）活动铰链支座

如果在固定铰链支座的座体与支承面间加装滚轮，就是活动铰链支座（或可动铰链支座），简称为可动铰，如图1-16（a）所示。由于支座与支承面间加有圆柱滚子，支座可沿支承面移动，因此，支座只能限制杆件沿支承面的垂直方向的运动，由此可知，活动铰链支座约束反力的作用线必定通过铰链中心并垂直于支承面，指向待定。活动铰链支座的简图与约束反力如图1-16（b）所示。

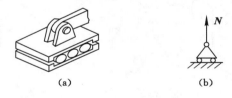

（a）　　　　　　　（b）

图 1-16

4. 固定端约束

工程中还有一种常见的基本约束类型，物体的一部分固嵌于另一个物体构成的约束，称为固定端约束。这种约束既限制物体在约束处沿任何方向的移动，也限制物体在约束处的转动，建筑物上的阳台就是受固定端约束的实例，如图1-17（a）所示，其力学模型如图1-17（b）所示。

固定端对杆的约束反力应当分布在杆的插入部分，其分布情况取决于插入部分的几何形状，约束反力比较复杂，如图1-17（c）所示。由于固定端约束限制了构件在平面内所有的运动，即水平方向和垂直方向的移动以及平面内的转动，所以固定端约束的约束反力通常用相互垂直的两个力 N_{Ax}、N_{Ay} 和约束反力偶 M_A 来表示。如图1-17（d）所示。显然，N_{Ax}、N_{Ay} 代表了约束对杆件左右、上下的移动限制，M_A 表示约束对杆件转动的限制作用。

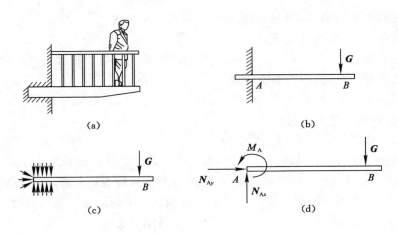

图 1-17

任务四 物体的受力分析和受力图

【知识要点】 画物体受力图的步骤和注意要点。
【技能目标】 能准确无误地画出物体的受力图。

静力学研究的基本问题是：力系的简化问题和力系的平衡问题。要进行这两个问题的研究，就必须准确无误地画出物体的受力图。画受力图是工程力学最关键、最基本的技能。在研究物体的平衡时，首先必须对所研究的物体受到哪些力的作用进行全面分析，即分析每个力的作用位置和力的作用方向，这个分析过程称为物体的受力分析。

当对实际物体进行受力分析时，我们需要把研究的物体（即研究对象）从与其相联系的周围物体中分离出来，所得的图像称为分离体图；分离体上画出该物体所受的所有主动力和约束反力，得到的图形称为受力图。受力图显示了研究对象受力状况的全貌，它是应用平衡条件求解未知约束反力或其他未知量的重要依据。画受力图的一般步骤如下：

（1）根据题意确定研究对象。
（2）画出研究对象的分离体图。
（3）分析研究对象所受的力。
（4）画出主动力。
（5）画出约束反力。

受力分析是整个理论力学的基础，而画物体的受力图是解决力学问题的重要步骤。画受力图光靠记住基本概念、公理、定理还不够，要善于总结归纳出好的方法、技巧，这样才能在画受力图时有法可依、有章可循，起到少走弯路、事半功倍的效果。总结起来，画受力图应该注意以下要点：

（1）分离体的大小、形状、方位均应与原图保持一致。
（2）与研究对象不直接相关的主动力和约束反力都不能画出。
（3）必须解除约束，将约束和物体间的作用按照相应的约束反力来表示。

（4）互为约束的两物体之间的力满足作用与反作用公理。

（5）先画主动力，后画约束反力。

（6）画物系受力图时，应先画二力杆的受力图，然后再画三力杆和其他物体的受力图。

（7）画物系受力图时，内力不能画出。

【例 1-1】 如图 1-18(a)所示，梁 AB 受已知力 $\boldsymbol{F}$ 作用，试画其受力图。

解：（1）取梁 AB 为研究对象。

（2）画分离体图，如图 1-18(b)所示。

（3）分析梁 AB 的受力情况，并画受力图。C 点受已知力 $\boldsymbol{F}$ 的作用。B 点为活动铰链，约束反力 $\boldsymbol{N}_B$ 垂直向上；A 点为固定铰链，其约束反力有两种表示方法，图 1-18(c)是用两个相互垂直的力 $\boldsymbol{N}_{Ax}$ 和 $\boldsymbol{N}_{Ay}$ 表示的；图 1-18(b)是应用三力平衡汇交定理而画出 $\boldsymbol{N}_A$ 的方向，即先找出 $\boldsymbol{N}_B$ 和 $\boldsymbol{F}$ 的作用线的交点 O，则 AO 即为 $\boldsymbol{N}_A$ 的作用线。

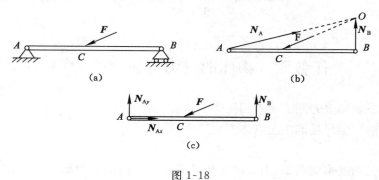

图 1-18

【例 1-2】 试分别画出图 1-19(a)中球和杆 AB 的受力图（A 处为固定铰链支座）。

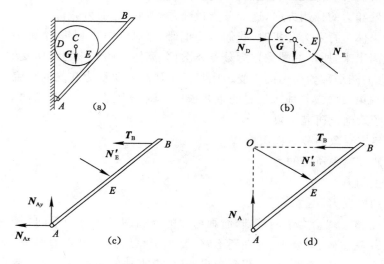

图 1-19

解：（1）取球为研究对象，画出分离体，如图 1-19(b)所示，球除受主动力 $\boldsymbol{G}$ 作用外，在 D、E 两点受光滑面约束，约束反力分别为 $\boldsymbol{N}_D$、$\boldsymbol{N}_E$ 通过其接触点 D、E，垂直于接触平面指向受力物体球，三力汇交于球心 C。

（2）取杆 AB 为研究对象，画出分离体，如图 1-19(c)所示，杆 AB 在 E、A、B 三处受力，在 E 点受球对它的作用力 N'_E 与 N_E 互为作用力与反作用力关系，故 $N'_E = -N_E$。B 点受绳索作用的拉力 T_B，其作用线沿绳索方向而背离杆 AB。固定铰链 A 对杆 AB 的约束反力有两种表示方法，其一是如图 1-17(c)所示的相互垂直的两个力 N_{Ax}、N_{Ay} 表示，其二为根据三力平衡汇交定理画出的 N_A 的方向，由于力 T_B 与 N'_E 的作用线交于点 O，故 N_A 作用线必沿 AO，如图 1-17(d)所示。

【例 1-3】　试画出图 1-20(a)所示 AB 杆的受力图。

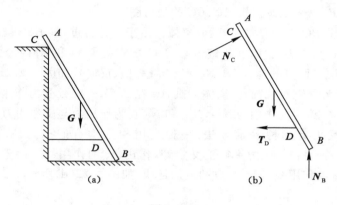

图 1-20

解：（1）取 AB 杆为研究对象，画出分离体，如图 1-20(b)所示。

（2）分析 AB 杆受力情况，并画出受力图。AB 杆在 B、C、D 三处受力，D 处为绳索的约束反力，沿绳索而背离 AB 杆，B、C 处均为光滑面约束，其约束反力 N_B、N_C 都通过其接触点，N_B 垂直于平面且指向受力物体 AB 杆，N_C 垂直于 AB 杆且指向受力物体 AB 杆，如图 1-20(b)所示。

【例 1-4】　画出图 1-21(a)所示 A、B、C 三球的受力图。（球均重 G，各接触面均为光滑面）

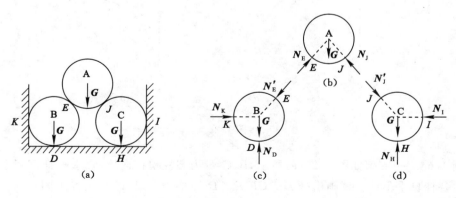

图 1-21

解：（1）取球 A 为研究对象，画出分离体，如图 1-21(b)所示。球 A 受重力 G 的作用，在 E、J 两处受光滑面约束，其约束反力 N_E 和 N_J，分别通过接触点 E 和 J，沿接触处的公法线指向球 A,且通过球心。

(2) 取球 B 为研究对象,画分离体,如图 1-21(c)所示,球 B 受重力 G 的作用,在 K、D 两处受光滑面约束,其约束反力 N_K 和 N_D 分别通过接触点 K、D,垂直于铅垂面和水平面,指向球 B;在 E 点受球 A 的作用力 N'_E(通过接触点 E),与 N_E 互为作用力与反作用力关系,故 N'_E 与 N_E 等值、反向、共线。N'_E、N_K、N_D 的作用线均通过球 B 的中心。

(3) 球 C 的受力情况与球 B 相似,如图 1-21(d)所示。

【例 1-5】 如图 1-22(a)所示的三铰拱桥 ACB,由 AC 和 CB 两部分组成,不计自重,在点 D 作用有载荷 F,试分别画出拱 AC、BC 的受力图。

解： (1) 取拱 BC 为研究对象,画分离体。由于不计自重,拱 BC 仅在两端受铰链的约束反力,所以拱 BC 为二力构件,在铰链中心 B、C 处分别受 N_B 和 N_C 两个力作用,这两个力的作用线必通过 B、C 两点的连线,且 $N_B = -N_C$(等值、反向),如图 1-22(b)所示。

(2) 取拱 AC 为研究对象,画分离体。拱 AC 在 C、D、A 三处受力作用,D 处受主动力 F 作用。C 处受拱 BC 给予的作用力 N'_C,N'_C 和 N_C 互为作用力与反作用力,即等值、反向、共线。A 处的约束反力有两种表示方法:一种是用相互垂直的二力 N_{Ax}、N_{Ay} 表示,如图 1-22(c)所示;另一种是根据三力平衡汇交定理,作出 N_A 的作用线。由于力 F 与力 N'_C 作用线交于点 O,N_A 的作用线必沿 A、O 两点的连线,如图 1-22(d)所示。

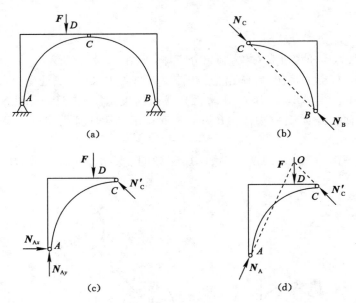

图 1-22

【例 1-6】 一支架如图 1-23(a)所示,B、C、E 为圆柱销钉连接,在水平杆 F 处受到力 P 的作用,各杆自重不计。试画出杆 BE、CF 及 AD 和整个支架 ADF 的受力图。

解： (1) 要画 BE、CF 及 AD 的受力图,必须将 B、C、E 销钉和 A 铰链及绳的约束解除,将 BE、CF、AD 的大小及方位和原图保持一致,并画出分离体图,如图 1-23(b)、(c)、(d)所示。

(2) 支架是复杂结构,应先找二力杆 BE,根据二力平衡公理画出受力图,如图 1-23(b)所示;再画三力杆 CF 的受力图,先画主动力 P,再画其他两个力,N_E 与 N'_E 满足作用力与

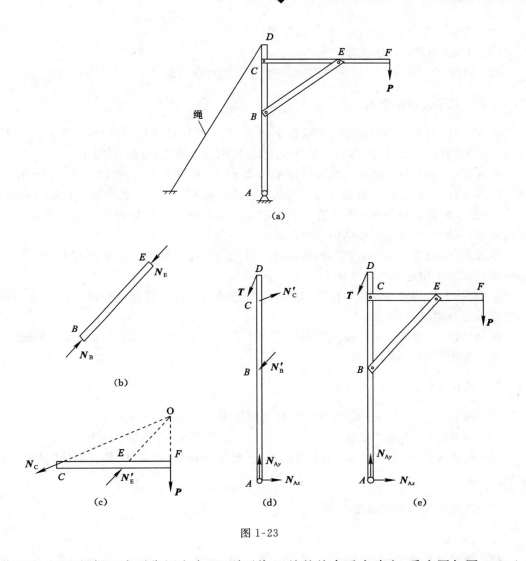

图 1-23

反作用力公理,根据三力平衡汇交定理,则可将 C 处的约束反力确定,受力图如图 1-23(c) 所示;最后画 AD 的受力图,N_C 和 N'_C,N_B 和 N'_B 满足作用与反作用力公理,绳的约束反力 用 T 表示,A 铰链的约束反力用 N_{Ax} 和 N_{Ay} 表示,AD 的受力图如图 1-23(d)所示。

(3) 支架 ADF 是物系,画受力图时只解除系统外的约束(即绳和 A 铰链的约束)。画 受力图时,先画主动力 P,再画约束反力 T、N_{Ax}、N_{Ay};对整体而言,B、C、E 销钉之间的相互 作用力是内力,不必画出,故整个支架 ADF 的受力图如图 1-23(e)所示。

小　结

一、力与平衡

(1) 平衡:是指物体相对于地面保持静止或做匀速直线运动的状态。

(2) 力:是物体之间相互的机械作用。

（3）力的三要素：力的大小、方向和作用点。

（4）力系：同时作用于物体上的一组力或一群力。

（5）刚体：是指在任何力的作用下都不发生变形的物体。

二、静力学公理及推论

公理一（二力平衡公理）：作用于刚体上的两个力，使刚体平衡的充分必要条件是：两个力大小相等，方向相反，作用在同一条直线上（即这两个力等值、反向、共线）。

公理二（力的平行四边形公理）：作用于物体上同一点的两个力，可以合成为仍然作用于该点的一个合力，合力的大小和方向由这两个力为邻边所作的平行四边形的对角线来表示。

公理三（加减平衡力系公理）：在作用于刚体上的任何一个已知力系上加上或减去一个平衡力系，不改变原力系对刚体的作用效果。

公理四（作用与反作用公理）：两物体间的作用力与反作用力总是大小相等，方向相反，分别作用在两个相互作用的物体上。

推论一（力的可传性原理）：作用于刚体上某点的力可沿其作用线在刚体内任意移动而不改变该力对刚体的作用效果。

推论二（三力平衡汇交定理）：当刚体受同一平面内互不平行的三个力作用而平衡时，这三个力的作用线必汇交于一点。

三、约束和约束反力

（1）约束：对物体的运动起限制作用的周围物体。

（2）约束反力：约束作用在物体上的力称为约束反作用力，简称为约束反力。

（3）约束的类型：柔性约束、光滑面约束、光滑铰链约束（中间铰、固定铰、可动铰）和固定端约束。

四、物体的受力分析和受力图

1. 画受力图的步骤

（1）根据题意确定研究对象。

（2）画出研究对象的分离体图。

（3）分析研究对象所受的力。

（4）画出主动力。

（5）画出约束反力。

2. 画受力图的注意要点

（1）分离体的大小、形状、方位均应与原图保持一致。

（2）与研究对象不直接相关的主动力和约束反力都不能画出。

（3）必须解除约束，将约束和物体间的作用按照相应的约束反力来表示。

（4）互为约束的两物体之间的力满足作用与反作用公理。

（5）先画主动力，后画约束反力。

（6）画物系受力图时，应先画二力杆的受力图，然后画三力杆和其他物体的受力图。

（7）画物系受力图时，内力不能画出。

思考与探讨

1-1　什么是力？何谓力的三要素？怎样表示一个力？

1-2　两个力相等的条件是什么？如图 1-24 所示的两个力矢量 F_1 与 F_2 相等，这两个力对刚体的作用效果是否相等？

1-3　如图 1-25 所示，物体上 A 点作用一力 F，若在 B 点加一个力，能否使物体平衡？为什么？

图 1-24　　　　　　　　　　　　　　　　　图 1-25

1-4　二力平衡条件和作用力与反作用力公理有何区别？

1-5　为什么说二力平衡条件、加减平衡力系原理和力的可传性原理都只能适用于刚体？

1-6　什么叫二力构件？分析二力构件受力时与构件的形状有无关系？指出图 1-26 中哪些杆为二力杆。（假设所有接触面均光滑，未画重力的物体不考虑自重）

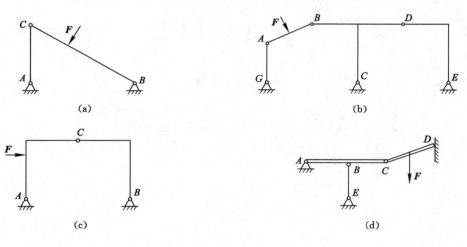

(a)　　　　　　　　　　　　　　　　(b)

(c)　　　　　　　　　　　　　　　　(d)

图 1-26

1-7　如图 1-27 所示结构，求铰链 A 和 C 的约束反力时，能否将作用在 CB 杆上的力 F 沿其作用线移至 AB 杆上？为什么？

1-8　如图 1-28 所示各物体的受力图是否正确？若不正确，如何改正？

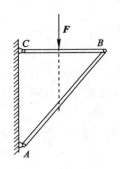 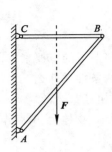

图 1-27

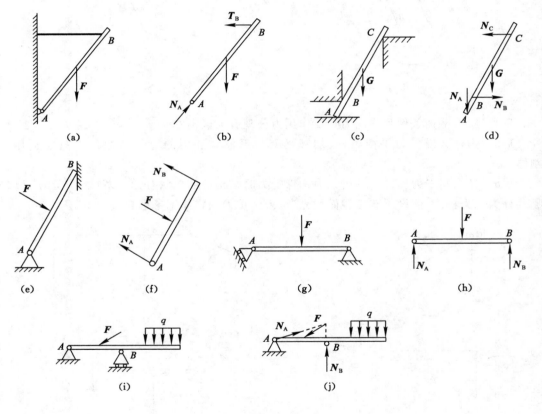

图 1-28

习 题

1-1 画出图 1-29 中所示单个物体的受力图。设接触面是光滑的,图中未标明物体重力的均略去不计。

1-2 画出图 1-30 中指定物体的受力图。所有接触面均是光滑的,未画重力的均略去不计。

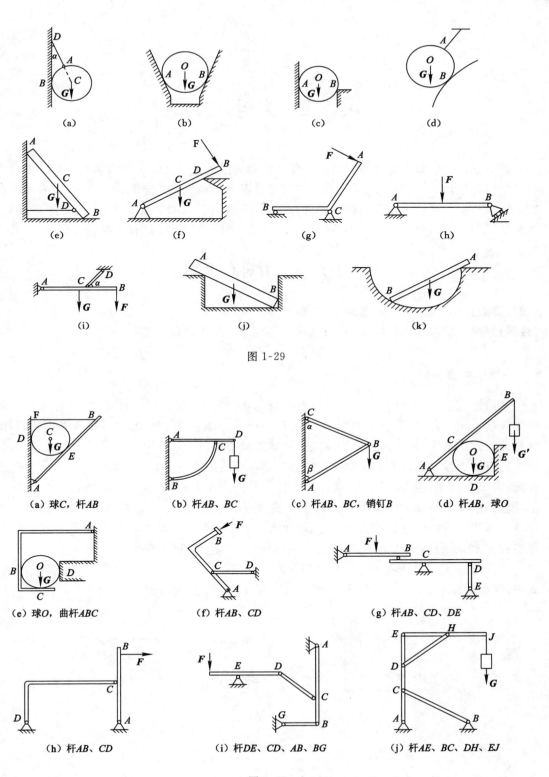

图 1-29

（a）球C，杆AB　　（b）杆AB、BC　　（c）杆AB、BC，销钉B　　（d）杆AB，球O

（e）球O，曲杆ABC　　（f）杆AB、CD　　（g）杆AB、CD、DE

（h）杆AB、CD　　（i）杆DE、CD、AB、BG　　（j）杆AE、BC、DH、EJ

图 1-30

项目二 力矩与力偶

静力学研究的基本问题是力系的简化问题和力系的平衡问题。静力学基本公理已经为力系的简化提供了一部分理论依据,但还需要掌握力矩和力偶的知识,才能进行进一步的研究。本项目主要介绍力矩和力偶的概念和性质、平面力偶系的合成及平衡、力的平移定理。这些知识不仅是研究平面任意力系的基础,而且在实际应用上也具有重要意义。

任务一 力对点之矩

【知识要点】 力对点之矩的概念、合力矩定理。
【技能目标】 掌握力矩的计算方法、理解合力矩定理并掌握其应用。

一、力对点之矩

一般情况下,力对物体的外效应有两种情况:一种是使物体产生移动;另一种是使物体产生转动。例如,用扳手拧紧螺母时,力可以使扳手绕螺母中心转动;搬运重物时用撬棍,操纵机器用的手柄等,都是加力使物体产生转动效果的实例。

现以扳手拧紧螺母为例说明力使物体转动与哪些因素有关,如图 2-1(a)所示。由经验可知,力 F 使扳手连同螺母绕 O 点转动既与力 F 的大小成正比,也与力 F 的作用线到 O 点的垂直距离 d 成正比,此外,扳手的转向可能是逆时针方向,也可能是顺时针方向,还应附加一个适当的正负号,以区别转向。因此用力 $F \cdot d$ 的乘积并加上正负号来表示力 F 使物体绕 O 的转动效应,称为力 F 对 O 点之矩,简称为力矩,用 $M_O(F)$ 表示。

$$M_O(F) = \pm Fd \tag{2-1}$$

式中,O 点称为矩心;矩心 O 到力 F 作用线的垂直距离 d 称为力臂。

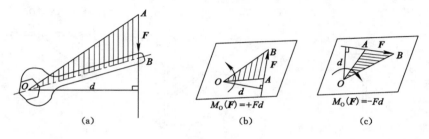

图 2-1

力对点之矩是一个代数量,式中的正负号表示力矩的转向,规定为:力使物体绕矩心逆时针方向转动时,力矩为正,反之为负。如图 2-1(c)所示,力 F 对 O 点之矩为负;如图

2-1(b)所示,力 F 对 O 点之矩为正。

力矩的单位为牛·米(N·m)或千牛·米(kN·m)。

由图 2-1(a)可见,力 F 对 O 点的矩的大小亦可用三角形 OAB 面积的 2 倍表示,即:

$$M_O(F) = \pm 2S_{\triangle OAB} \tag{2-2}$$

二、力矩的性质

由力矩的定义可知:

(1) 力矩的大小与矩心的位置有关,同一力对不同的矩心,力矩不同。

(2) 当力的大小等于零或力的作用线通过矩心(力臂 $d=0$)时,力矩等于零。

(3) 当力沿其作用线移动时,力矩不变。

需要注意的是,同一个力对不同点之矩是不同的,因此不指明矩心来计算力矩是没有意义的,所以在计算力矩时一定要明确是对哪一点之矩。矩心的取法很灵活,根据需要可以取在物体上,也可取在物体外。

三、合力矩定理

计算力矩时,最重要的是确定矩心和力臂,而力臂的计算有时比较麻烦,甚至不易求出。应用合力矩定理可以简化力矩的计算。

平面力系的合力对平面内任意一点的矩等于各分力对同一点之矩的代数和,这就是平面力系的合力矩定理。其一般表达式为:

$$M_O(R) = M_O(F_1) + M_O(F_2) + \cdots + M_O(F_n) = \sum M_O(F) \tag{2-3}$$

所以在求力矩时,若力臂不宜计算,可将该力分解为相互垂直的两个分力,分力的力臂容易计算,合力的力矩就等于两个分力对同一个点的力矩的代数和。

四、力矩的计算方法

1. 直接法

根据力矩的定义,力×力臂加正负号即可。

2. 间接法

力臂不容易计算时,将力分解为力臂容易计算的两个分力,力矩用分力对同一点之矩的代数和代替即可。

【例 2-1】　力 F 作用在折杆的 C 点,如图 2-2 所示,若尺寸 a、b 及角 α 均已知,试分别计算力 F 对 B 点和对 A 点之矩。

解:　(1) 计算力 F 对 B 点之矩。

由图可知,力臂 $d=b\cos\alpha$,由式(2-1)可得:

$$M_B(F) = -Fd = -Fb\cos\alpha$$

(2) 计算力 F 对 A 点之矩。

由于力臂不易计算,可将力 F 分解为两个分力 F_x 和 F_y,按合力矩定理求解。

由于 $F_x = F\cos\alpha$,$F_y = F\sin\alpha$,根据合力矩定理可得:

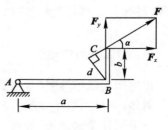

图 2-2

$$M_A(\boldsymbol{F}) = M_A(\boldsymbol{F}_x) + M_A(\boldsymbol{F}_y) = -F_x b + F_y a$$
$$= -Fb\cos\alpha + Fa\sin\alpha$$

【例 2-2】　一齿轮受到与它相啮合的另一齿轮的作用力 $F_n = 980$ N,压力角 $\alpha = 20°$,如图 2-3 所示。已知节圆直径 $D = 0.16$ m,试求力 $\boldsymbol{F}_n$ 对齿轮轴心 O 的矩。

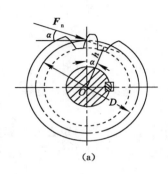　　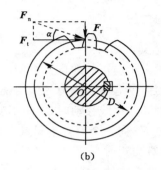

(a)　　　　　　　　　　　　　　(b)

图 2-3

解:　(1) 按定义计算。

齿轮轴心 O 为矩心,力臂 $h = \dfrac{D}{2}\cos\alpha$,则力 $\boldsymbol{F}_n$ 对 O 点的矩为:

$$M_O(\boldsymbol{F}_n) = -F_n h = -F_n \frac{D}{2}\cos\alpha = -980 \frac{D}{2} \times \cos 20° = -73.7 \text{ (N·m)}$$

负号表示力 $\boldsymbol{F}_n$ 使齿轮绕轴心 O 点做顺时针转动,如图 2-3(a)所示。

(2) 应用合力矩定理计算。

将力 $\boldsymbol{F}_n$ 分解为圆周力 $\boldsymbol{F}_t$ 和径向力 $\boldsymbol{F}_r$,如图 2-3(b)所示。

$$F_t = F_n\cos\alpha, \quad F_r = F_n\sin\alpha$$

根据合力矩定理,得:

$$M_O(\boldsymbol{F}_n) = M_O(\boldsymbol{F}_t) + M_O(\boldsymbol{F}_r)$$

因为径向力 $\boldsymbol{F}_r$ 通过矩心 O 点,故 $M_O(\boldsymbol{F}_r) = 0$,于是

$$M_O(\boldsymbol{F}_n) = M_O(\boldsymbol{F}_t) = -F_t \frac{D}{2} = -980 \times \frac{0.16}{2} \times \cos 20° = -73.7 \text{ (N·m)}$$

任务二　力偶与力偶矩

【知识要点】　力偶、力偶矩的概念及力偶的性质。
【技能目标】　理解力偶的性质及应用,掌握力偶矩的计算。

一、力偶与力偶矩

在生产实践中,还经常遇到物体在一对等值反向、不共线的平行力作用下发生转动的情形。例如,司机用双手驾驶方向盘,如图 2-4(a)所示;钳工用丝锥攻螺纹,如图 2-4(b)所示;用两个手指拧动水龙头;等等。它们的共同特点是:作用在物体上的力均为一对等值、反向、不共线的平行力。我们把大小相等、方向相反、作用线相互平行的两个力,称为力偶。如图

2-4(c)所示,由力 F 和 F' 组成的力偶,表示为 (F,F')。力偶中两力作用线之间的垂直距离称为力偶臂,用字母 d 表示。两力作用线所确定的平面称为力偶的作用面。

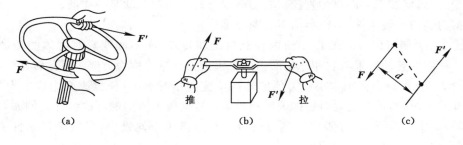

图 2-4

实践证明,力偶不能使物体产生移动效应,只能使物体产生转动效应。力偶对物体的转动效应不仅与组成力偶的力的大小有关,而且也与力偶臂的大小有关,且转向不同,力偶的作用效果也不同。我们把力偶中力与力偶臂的乘积加上适当的正负号,所得代数量称为力偶矩。记为 M 或 $M(F,F')$,即:

$$M = \pm Fd \tag{2-4}$$

我们规定力偶使物体做逆时针方向转动时力偶矩为正,反之为负。力偶矩为代数量,其单位与力矩相同,为 N・m(牛・米)或 kN・m(千牛・米)。

力偶对物体的作用效果取决于力偶矩的大小、力偶的转向和力偶的作用面,称为力偶的三要素。

二、力偶的性质

性质 1 力偶是一对大小相等、方向相反的力,其合力等于零,故力偶不能与一个力等效,也不能与一个力来平衡。

这就是力偶对物体不会产生移动效应,只产生转动效应的原因。而力对物体既可以产生转动效应,也可以产生移动效应。因此,力偶不能与一个力等效,也不能与一个力相平衡,力偶只能与力偶平衡。力偶是一种最基本的力系,力和力偶是组成力系的两个基本要素。

性质 2 力偶对其作用面内任一点之矩恒等于力偶矩,而与矩心的位置无关。

如图 2-5 所示的力偶 (F,F'),其力偶矩为 $M = -Fd$,在力偶的作用面内任取一点 O 为矩心,设 O 点到力 F' 作用线的垂直距离为 h,则力偶 (F,F') 对 O 点之矩为:

$$M_O(F,F') = M_O(F) + M_O(F')$$
$$= -F(d+h) + F'h = -Fd = M$$

可见,力偶对刚体的转动效应与矩心的位置无关,可用力偶矩表示。

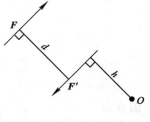

图 2-5

三、力偶的等效条件

如果一力偶对刚体的作用效果可以用另一力偶代替,这两个力偶彼此等效,称为等效力偶。可以证明作用在同一平面内的两个力偶,如果力偶矩的大小相等、转向相同,则这两个力偶等效。这就是力偶的等效条件。

例如,司机加在方向盘上的力,如图 2-6 所示,无论是 (F_1,F'_1) 还是 (F_2,F'_2),只要力的大小不变(力偶臂都是方向盘的直径),它们转动方向盘的效果就是一样的。

根据力偶的等效条件,可以得出下列两个推论:

推论 1 力偶可以在它的作用面内任意移动和转动,而不改变它对物体的转动效果。即力偶对物体的转动效果与它在作用面内的位置无关。这简称为力偶的可移转性。

推论 2 在保持力偶矩大小和力偶的转向不变的情况下,可任意改变力偶中力的大小和力偶臂的长短,而不改变它对物体的转动效果。这简称为力偶的可改装性。例如,当用丝锥攻丝时,如图 2-7 所示,力偶 (F_1,F'_1) 或 (F_2,F'_2) 作用于丝锥上,只要满足条件 $F_1d_1=F_2d_2$,则它们使丝锥转动的效应就相同。

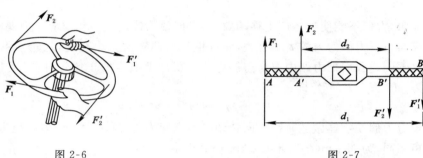

图 2-6   图 2-7

可见,在同平面内,力偶对刚体的转动效应完全取决于力偶矩的大小和力偶的转向两个要素。力偶可用带箭头的弧线或折线表示,如图 2-8 所示。其中,箭头表示力偶的转向,弧线或折线所在平面表示力偶的作用面,M 表示力偶矩的大小,不需要表明力偶的具体位置及力的大小。

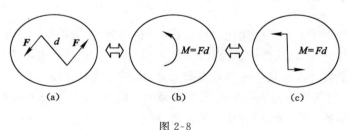

图 2-8

任务三 平面力偶系的合成与平衡

【知识要点】 平面力偶系的合成、平面力偶系的平衡。

【技能目标】 平面力偶系平衡条件的应用。

作用在同一个物体上的几个力偶组成一个力偶系,作用在同一平面内的力偶系称为平面力偶系。例如,多轴钻床在水平工件上钻孔时,工件被加工的平面上就受到平面力偶系的作用。

一、平面力偶系的合成

设$(\boldsymbol{F}_1,\boldsymbol{F}'_1)$和$(\boldsymbol{F}'_2,\boldsymbol{F}_2)$为作用在某物体同一平面内的两个力偶,如图 2-9 所示。其力偶臂分别为 d_1、d_2,而力偶矩分别为 M_1、M_2,于是有:

$$M_1 = F_1 \cdot d_1, \quad M_2 = F_2 \cdot d_2$$

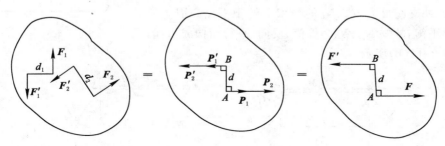

图 2-9

在力偶作用平面内任取线段 $AB=d$,于是可将原力偶改变成为两个等效力偶$(\boldsymbol{P}_1,\boldsymbol{P}'_1)$和$(\boldsymbol{P}_2,\boldsymbol{P}'_2)$。显然,$\boldsymbol{P}_1$和$\boldsymbol{P}_2$的大小分别为:

$$P_1 = \frac{M_1}{d}, \quad P_2 = \frac{M_2}{d}$$

将 $\boldsymbol{P}'_1$、$\boldsymbol{P}'_2$ 和 $\boldsymbol{P}_1$、$\boldsymbol{P}_2$ 分别合成,则有:

$$\boldsymbol{F} = \boldsymbol{P}_1 + \boldsymbol{P}_2, \quad \boldsymbol{F}' = \boldsymbol{P}'_1 + \boldsymbol{P}'_2$$

显然,$\boldsymbol{F}$ 与 $\boldsymbol{F}'$ 为等值、反向的两平行力,组成一新力偶,此力偶即为原来两力偶的合力偶。其力偶矩为:

$$M = F \cdot d = (P_1 + P_2)d = (\frac{M_1}{d} + \frac{M_2}{d})d = M_1 + M_2$$

若作用在同一平面内有 n 个力偶,则其合力偶矩应为:

$$M = M_1 + M_2 + \cdots + M_n = \sum M_i \tag{2-5}$$

即平面力偶系的合成结果为一合力偶,其合力偶矩等于各分力偶矩的代数和。

二、平面力偶系的平衡

根据平面力偶系合成的结果,要使力偶系平衡,就必须使合力偶矩等于零,即:

$$\sum M_i = 0 \tag{2-6}$$

即平面力偶系平衡的必要与充分条件是:力偶系中各力偶矩的代数和等于零。

【例 2-3】 在气缸盖上要钻四个相同的孔,如图 2-10 所示,设每个孔的切削力偶矩 $M_1=M_2=M_3=M_4=-15\ \mathrm{N \cdot m}$,当用多轴钻床同时钻这四个孔时,工件受到的总切削力偶矩是多大?

解: 作用在气缸盖上的力偶有四个,各力偶矩大小相等、转向相同,且在同一平面内,因此其合力偶矩为:

$$M = \sum M_i = M_1 + M_2 + M_3 + M_4$$
$$= 4M_1 = 4 \times (-15) = -60 \ (\mathrm{N \cdot m})$$

负号表示合力偶矩为顺时针转向。

【例 2-4】　如图 2-11(a)所示的梁 AB，受一 $M = 20$ kN·m 的力偶作用。梁的跨度 $l = 5$ m，倾角 $\alpha = 30°$，试求 A、B 处的支座反力，梁重不计。

解：（1）取 AB 梁为研究对象，梁在力偶矩为 M 的力偶和 A、B 两处支座反力 $\mathbf{N}_A$、$\mathbf{N}_B$ 的作用下处于平衡。因力偶只能由力偶平衡，故知 $\mathbf{N}_A$、$\mathbf{N}_B$ 必等值、反向、平行而构成力偶，受力图如图 2-11(b)所示。

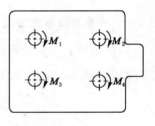

图 2-10

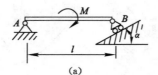 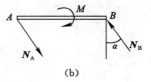

图 2-11

（2）列平衡方程。

由 $\sum M_i = 0$，得：

$$N_B l \cos \alpha - M = 0$$

（3）解方程。

$$N_A = N_B = 4.62 \ (\text{kN})$$

A、B 处支座反力的方向如图 2-11(b)所示。

【例 2-5】　如图 2-12 所示的四连杆机构，在曲柄 OA 上作用有力偶 $M_1 = 5$ N·m，若 $OA = 100$ mm，$BC = \sqrt{3}OA$，当 OA 处于铅垂位置时，试求 BC 杆上的力偶 M_2 的值。

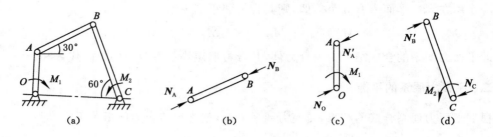

图 2-12

解：（1）分别取 OA、AB、BC 杆为研究对象，画受力图，如图 2-12(b)、(c)、(d)所示。其中，$N_A = N_B$。

（2）列平衡方程。

对于 OA 杆：

$$\sum M = 0$$

$$N'_A OA \cos 30° - M_1 = 0$$

对于 BC 杆：

$$\sum M = 0$$

$$M_2 - N'_B BC = 0$$

（3）解方程。

$$M_2 = N'_B BC = \frac{M_1}{OA\cos 30°}BC = 10 \text{（N · m）}$$

任务四　力的平移定理

【知识要点】 力的平移定理。

【技能目标】 掌握力的平移定理的内涵及应用。

力系向一点简化是一种较为简便并且有普遍性的力系简化方法。此方法的理论基础是力的平移定理。

如图 2-13(a) 所示，设在刚体上 A 点作用一力 F。为了使力 F 作用到刚体内任一点 O，而不改变原来对刚体的效应，可进行下列变换。

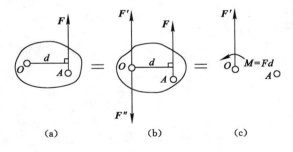

图 2-13

在点 O 上添加一对与原来力 F 平行的平衡力 F'、F''，如图 2-13(b) 所示，显然这三个力组成的力系与原力系等效。将刚体转化成受一个力 F' 和一个力偶 (F, F'') 的作用，于是得力的平移定理：可以把作用在刚体上 A 点的力 F 平移到任一点 O，但必须同时附加一个力偶，附加力偶的矩等于原力 F 对作用点 O 的力矩，即 $M = M_O(F) = Fd$ 如图 2-13(c) 所示。

力的平移定理不仅是力系向一点简化的依据，而且此定理可以用来解释一些工程实际问题。例如，如果用一只手扳动扳手，如图 2-14 所示，力 F 平移到中心 O 点，要附加一个力偶，其矩为 $M = -Fd$，力偶使丝锥转动，而作用在 O 点的力 F' 使丝锥弯曲，故容易折断丝锥，同时也影响加工精度。所以，攻丝时必须用两手握扳手，而且用力要相等。再如，驾驶汽车时，要求双手紧握方向盘也是同样的道理。力的平移定理在工程实际和日常生活中应用比较广泛，必须熟练掌握并不断在工程实际中应用，这样才能不断提高分析问题和解决问题的能力。

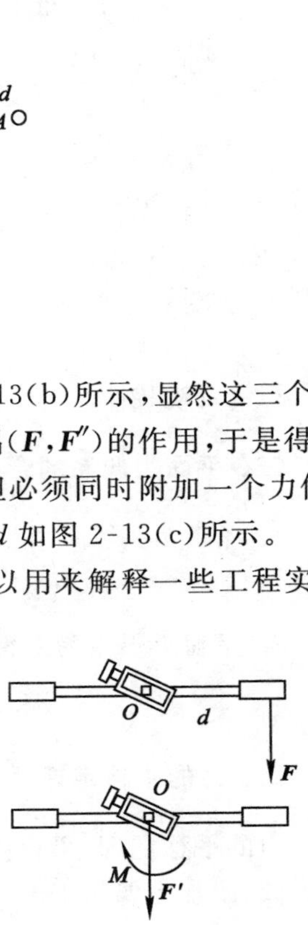

图 2-14

小　结

一、力对点之矩

1. 力矩

$$M_O(\boldsymbol{F}) = \pm Fd$$

2. 力矩的性质

（1）力矩的大小与矩心位置有关，同一力对不同的矩心，力矩不同。

（2）当力的大小等于零或力的作用线通过矩心（力臂 $d=0$）时，力矩等于零。

（3）当力沿其作用线移动时，力矩不变。

3. 合力矩定理

$$M_O(\boldsymbol{R}) = M_O(\boldsymbol{F}_1) + M_O(\boldsymbol{F}_2) + \cdots + M_O(\boldsymbol{F}_n) = \sum M_O(\boldsymbol{F})$$

4. 力矩的计算方法

（1）直接法；

（2）间接法。

二、力偶与力偶矩

1. 力偶矩

$$M = \pm Fd$$

2. 力偶的性质

（1）力偶无合力；

（2）力偶对点的矩恒等于力偶矩，与矩心无关。

3. 力偶的等效性

（1）可移转性；

（2）可改装性。

三、平面力偶系的合成与平衡

1. 平面力偶系的合成

$$M = M_1 + M_2 + \cdots + M_n = \sum M_i$$

2. 平面力偶系的平衡

$$\sum M_i = 0$$

四、力的平移定理

力的平移定理：可以把作用在刚体上 A 点的力 $\boldsymbol{F}$ 平移到任一点 O，但必须同时附加一个力偶，附加力偶的矩等于原力 $\boldsymbol{F}$ 对作用点 O 的力矩。

思考与探讨

2-1 用手拔钉子拔不出来,为什么用钉锤能拔出来?

2-2 如图 2-15 所示,四个力作用在一物体上的 A、B、C、D 四点上,设 F_1 与 F_3、F_2 与 F_4 大小相等、方向相反,且作用线互相平行,该四个力所作的力多边形闭合,那么物体是否平衡?为什么?

2-3 力偶不能用一个力平衡,为什么图 2-16 所示的轮子却能平衡呢?

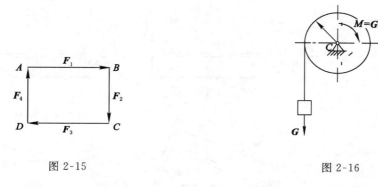

图 2-15   图 2-16

2-4 图 2-17 所示两物体均受两个力作用,它们对物体的作用效果是否一样?

2-5 图 2-18 所示四连杆机构中,若 $M_1 = -M_2$,此机构能否平衡?为什么?

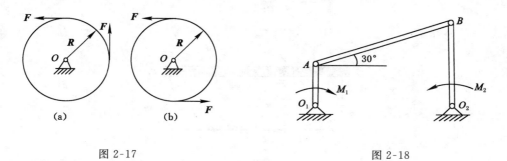

图 2-17   图 2-18

习　　题

2-1 求图 2-19 所示各力对 O 点及 A 点的力矩。其中,$F_1 = 10$ N,$F_2 = 5$ N,$F_3 = 4$ N,$F_4 = 8$ N,$F_5 = 6$ N。图中坐标轴上每格的长度为 100 mm。

2-2 如图 2-20 所示,若 F_1 和 F_2 的合力 R 对 A 点的力矩为 $M_A(R) = 60$ N·m,$F_1 = 10$ N,$F_2 = 40$ N,杆 AB 长 2 m,求 F_2 力和杆 AB 间的夹角 α。

2-3 计算图 2-21 所示各情况下力 F 对 O 点之矩。

2-4 外伸梁 AB 的受力情况和尺寸如图 2-22 所示,梁重不计。若已知 $F = F' = 1.2$ kN,$M = 8$ N·m,$a = 120$ mm,求支座 A、B 的反力。

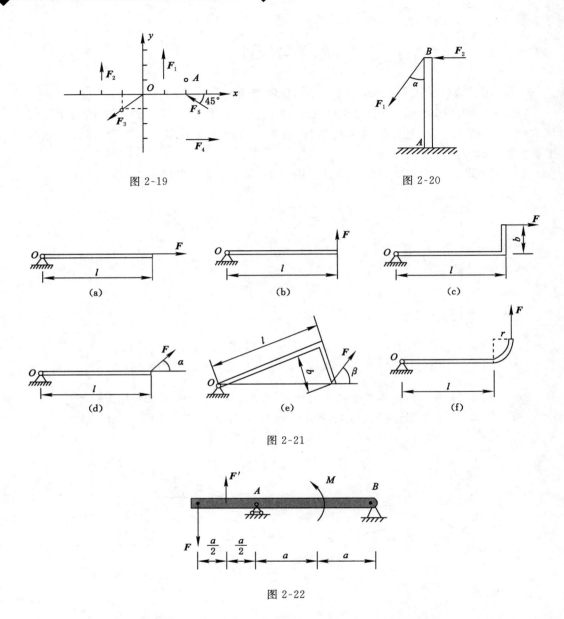

图 2-19

图 2-20

图 2-21

图 2-22

2-5　如图 2-23 所示，均质杆 AB 重 **G**，长为 l，在 A 点用铰链支承。A、C 两点在同一铅垂线上，且 AB＝AC。绳子一端拴在杆的 B 端，另一端经过滑轮 C 与重为 G_1 的重物相连。试求杆处于平衡位置时的 θ 角。

2-6　如图 2-24 所示的发动机凸轮转动时，推动杠杆 AOB 来控制阀门的启闭。设压下阀门需要对它作用 400 N 的力，求凸轮对滚子 A 的压力 **F**。

2-7　如图 2-25 所示的平行轴减速箱，所受的力可视为都在图示平面内。减速箱的输入轴 I 上作用着力偶，其力偶矩为 M_1＝500 N·m。输出轴 II 上作用着阻力偶，其力偶矩为 M_2＝2 000 N·m。设 AB 间距离 l＝1 m，不计减速箱重量，试求螺栓 A、B 以及支承面所受的力。

2-8　如图 2-26 所示的铰接四连杆机构 $OABO_1$ 在图示位置平衡，已知 OA＝400 mm，

$O_1B=600$ mm，作用在 OA 上的力偶矩 $M_1=1$ N·m，试求力偶矩 M_2 的大小及 AB 杆所受的力 $\boldsymbol{N}_{AB}$。（各杆重量不计）

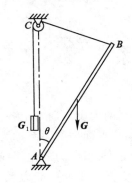

图 2-23

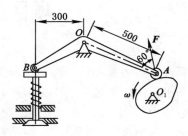

图 2-24

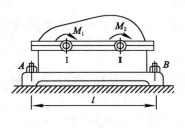

图 2-25

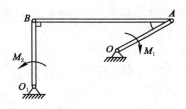

图 2-26

项目三　平面力系

力系按照各力作用线分布情况分为平面力系和空间力系两大类。通常把各力的作用线均在同一平面内的力系称为平面力系,各力的作用线不在同一平面内的力系称为空间力系。在平面力系中,若各力作用线全部汇交于一点,称为平面汇交力系;各力的作用线相互平行,称为平面平行力系;各力的作用线任意分布,称为平面任意力系或平面一般力系。

在工程实际中受平面力系作用的物体是最普遍、最常见的。因此,平面力系的简化问题和平衡问题是静力分析的重要内容,同时也是研究空间力系的基础。本项目主要研究平面汇交力系的合成和平衡、平面任意力系的简化和平衡、平面特殊力系的平衡方程以及物系的平衡问题的解法。

任务一　平面汇交力系合成与平衡的几何法

【知识要点】　平面汇交力系合成的力多边形法则、平面汇交力系平衡的几何条件。
【技能目标】　理解平面汇交力系的概念,掌握平面汇交力系合成的几何法与平衡的几何条件。

在工程实际中,我们经常会遇到平面汇交力系的问题。例如,如图 3-1 所示,用力 F 拉动碾子压平路面,当受到石块的阻碍而停止前进时,碾子受到拉力 F、重力 G、地面反力 N_B 以及石块的反力 N_A 的作用,以上各力的作用线都在铅垂平面内且汇交于碾子中心 C 点,故为平面汇交力系。平面汇交力系是工程实际中经常遇到的简单力系之一,本任务将用几何法研究它的合成和平衡问题。

一、平面汇交力系合成的几何法

(一) 两共点力的合成——力的三角形法则

如图 3-2(a) 所示,在物体上作用有汇交于 A 点的两个力 F_1 和 F_2,根据力的平行四边形公理即可求出两个力的合力 R。为了方便起见,可以用平行四边形的一半来表示这一合成过程,即依次将 F_1、F_2 首尾相接,然后将 F_1 的起点 A 和 F_2 的终点 C 连接起来,则矢量就代表 F_1 和 F_2 的合力 R,如图 3-2(b) 所示。这种通过作图求合力的方法叫力的三角形法则。其矢量表达式表示为 $R=F_1+F_2$,即两个汇交力的合力等于这两个力的矢量和。需要注意的是,它与代数式 $R=F_1+F_2$ 的意义不一样,不能混淆。

(二) 平面汇交力系的合成

对于平面汇交力系的情况,其合力可以按两个共点力的合成方法,逐次使用力的三角形法则求得。因此,平面汇交力系合成的几何法,其理论基础是力的平行四边形法则或力的三

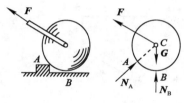

图 3-1

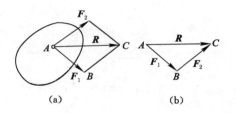

图 3-2

角形法则,也可以说,是力的平行四边形法则或力的三角形法则的连续运用与推广。

如图 3-3(a)所示,设在物体上作用有平面汇交力系 F_1、F_2、F_3、F_4,各力作用线汇交于 A 点,然后连续使用力的三角形法则,先求出力 F_1 与 F_2 的合力 R_1,再求出 R_1 和 F_3 的合力 R_2,最后将 R_2 与 F_4 合成,得到力系的合力 R,R 就是该平面汇交力系的合力,如图 3-3(b)所示。

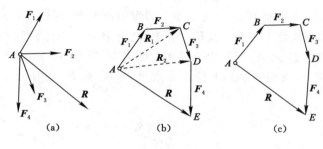

图 3-3

用这种方法求合力时,与各分力合成的先后次序并无关系,图 3-3(b)表示了这种顺序合成的过程,求出的合力 R 也作用在各力的汇交点 A,所以求合力时只需求出合力的大小和方向即可。因此,在实际作图时,R_1、R_2 可以不必画出,只需按一定的比例尺将各力矢量首尾相接,然后连接第一分力的起点和最后一个分力的终点,方向从第一个分力的起点指向最后一个分力的终点,就得到合力 R,如图 3-3(c)所示。即:

$$R = F_1 + F_2 + F_3 + F_4$$

各分力和合力构成的多边形 $ABCDE$ 称为力多边形,合力是力多边形的封闭边,这种求合力的几何作图法称为力多边形法则。

值得注意的是,用力多边形法则求合力时各分力的作图先后次序不同,得到的力多边形形状也就不同,但封闭边不变,也就是说合力的大小和方向不会改变,即从第一个分力的起点指向最后一个分力的终点。

上述情况可以推广到汇交力系有 n 个力的情况,于是可得结论:平面汇交力系合成的结果是一个合力,合力的作用点通过力系的汇交点,合力的大小和方向由力多边形的封闭边表示。写成矢量式为:

$$R = F_1 + F_2 + \cdots + F_n \quad 或 \quad R = \sum F \tag{3-1}$$

【例 3-1】　如图 3-4(a)所示,吊钩上有三个拉力 F_1、F_2、F_3,试用几何法求其合力。

解:　(1)选取比例尺,如图 3-4(b)所示。

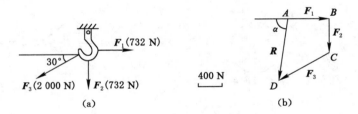

图 3-4

(2) 按相同的比例首尾相接地画出 F_1、F_2、F_3，连接其封闭边 AD，即为合力 R。

(3) 量出代表合力 R 的长度 AD，通过比例换算，故有 $R=2\ 000$ N。

(4) 量角器量得 $\alpha=60°$，合力 R 的方向如图 3-4(b)所示。

二、平面汇交力系平衡的几何条件

如图 3-5(a)所示，某物体在 A 点受 5 个力的作用而平衡。我们用力多边形法则求这 5 个力的合力，先求其中任意 4 个力 F_1、F_2、F_3、F_4 的合力 R_1，如图 3-5(b)所示，那么原力系中的 5 个力与力系 R_1、F_5 等效，因为原力系为平衡力系，所以 R_1、F_5 也是平衡力系，根据二力平衡条件，R_1 和 F_5 应等值、反向、共线。由此可见，R_1 和 F_5 的合力等于零，也即原力系的合力等于零。

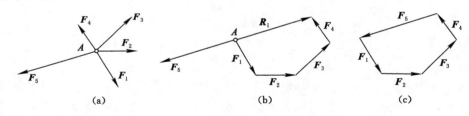

图 3-5

故平面汇交力系平衡的充分与必要条件是力系的合力等于零。

$$R = 0 \quad 或 \quad \sum F = 0 \tag{3-2}$$

若用力多边形法则将 5 个力依次合成，最后一个分力 F_5 的末端必与第一个分力 F_1 的始端相接，即这 5 个力首尾相接构成一自行封闭的力多边形，如图 3-5(c)所示。由此可知，平面汇交力系平衡的必要和充分的几何条件是：力系中各分力组成的力多边形自行封闭。

求解平面汇交力系的平衡问题时可用图解法，即按比例先画出封闭的力多边形，然后用尺和量角器在图上量得所要求的未知量，也可根据图形的几何关系，用三角公式计算出所要求的未知量，这种解题方法称为几何法。

【例 3-2】 如图 3-6(a)所示，电灯重 10 N，已知 $\alpha=60°$，$\beta=45°$，电线 AB 及绳子 BC 的重量略去不计。求电线 AB 的拉力 T_A 及绳子 BC 的拉力 T_C。

解： (1) 取 B 点为研究对象，画其受力图如图 3-6(b)所示。B 点受三个力的作用而平衡，G 力已知，T_A 和 T_C 大小未知，但方向已知。

(2) 作力三角形，如图 3-6(c)所示。利用三角形自行封闭的条件先按比例尺作出 G，然

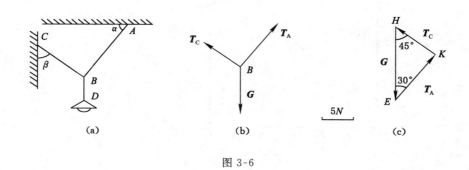

图 3-6

后在此力两端 E、H 分别作 T_A、T_C 的平行线交于 K 点,按比例尺量出 EK 和 HK 的长度即为 T_A、T_C 的大小。

也可按已知的几何条件与 G 的大小用正弦定理计算出 T_A、T_C 的大小。计算如下:

$$\frac{T_A}{\sin 45°} = \frac{T_C}{\sin 30°} = \frac{G}{\sin 105°}$$

$$T_A = \frac{\sin 45°}{\sin 105°}G = \frac{0.707}{0.966} \times 10 = 7.32 \ (\text{N})$$

$$T_C = \frac{\sin 30°}{\sin 105°}G = \frac{0.5}{0.966} \times 10 = 5.17 \ (\text{N})$$

任务二 平面汇交力系合成与平衡的解析法

【知识要点】 力在坐标轴上的投影、合力投影定理、平面汇交力系的合成与平衡的解析条件及平衡方程。

【技能目标】 掌握力在坐标轴上投影及合力投影定理,能熟练运用平面汇交力系的平衡方程求解物体平衡问题。

用几何法作图求解平面汇交力系的合力,虽然简洁直观,但精确度较差。为了克服这种缺点,可采用几何作图与利用三角公式计算相结合的方法求解,但若汇交力系中包含多个力,则用三角公式计算比较麻烦。为了简便而准确地获得结果,常采用解析法进行力学计算。下面将介绍应用解析法的方法和步骤。

一、力在坐标轴上的投影

如图 3-7 所示,设力 F 作用在物体上 A 点,在力 F 所在的平面内取直角坐标系 xOy,自力 F 两端分别向 x 轴和 y 轴作垂线,垂足分别为 a、b 和 a_1、b_1,线段 ab 称为力 F 在 x 轴上的投影,记为 F_x;线段 a_1b_1 称为力 F 在 y 轴上的投影,记为 F_y。

力在坐标轴上的投影是一个标量(代数量),其符号规定如下:从投影的起点 a 到终点 b 的方向与坐标轴的正向一致时,力的投影取正值,如图 3-7(a)中的 F_x、F_y 均为正;反之取负值,如图 3-7(b)中 F_x、F_y 均为负。

从图 3-7 中的几何关系得出投影的计算公式为:

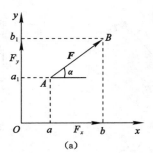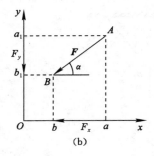

图 3-7

$$\begin{cases} F_x = \pm F\cos \alpha \\ F_y = \pm F\sin \alpha \end{cases} \tag{3-3}$$

式中，α 为力 F 与 x 轴所夹的锐角；F_x、F_y 的正负可按上面提到的规定直观判断得出。

如果 F 在 x 轴和 y 轴上的投影 F_x、F_y 已知，由图 3-7 中的几何关系可用下式确定力 F 大小和方向。

$$\begin{cases} F = \sqrt{F_x^2 + F_y^2} \\ \tan \alpha = \left| \dfrac{F_y}{F_x} \right| \end{cases} \tag{3-4}$$

式中，F 的方向可由 F_x、F_y 的正负号确定；α 为力 F 与 x 轴所夹的锐角。

特别要注意，当力 F 与 x 轴（或 y 轴）平行时，F 的投影 F_y（或 F_x）为零；F_x（或 F_y）的绝对值与 F 的大小相等，方向按上述规定的符号确定。

另外，如果把力 F 沿 x、y 轴方向分解，得到两个正交的分力 F_x、F_y，如图 3-8 所示。显然，分力 F_x 和 F_y 的大小与力 F 在同一轴上的投影 F_x 和 F_y 的绝对值相等，只是投影是代数量，分力是作用点确定的矢量。投影 F_x 和 F_y 的正负指明了 F_x 和 F_y 是沿坐标轴是正向还是负向，由此可以利用力在坐标轴上的投影来表明力沿直角坐标轴分解时分力的大小和方向。但若 x 轴和 y 轴不垂直，则力 F 在两轴上的投影 F_x、F_y 和力 F 沿 x、y 方向的分力 F_x、F_y 大小是不相等的。

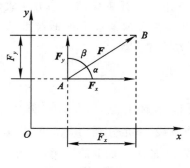

图 3-8

【例 3-3】　试分别求出图 3-9 所示各力在 x、y 轴上的投影。已知 $F_1 = 35$ N、$F_2 = 60$ N、$F_3 = 40$ N、$F_4 = 80$ N、$F_5 = 100$ N、$F_6 = 75$ N。

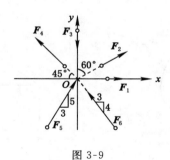

图 3-9

解： （1）求各力在 x 轴上的投影：

$$F_{1x} = F_1 \cos 0° = F_1 = 35 \text{（N）}$$

$$F_{2x} = F_2 \cos 30° \approx 60 \times 0.866 = 51.96 \text{（N）}$$

$$F_{3x} = F_3 \cos 90° = 40 \times 0 = 0$$

$$F_{4x} = -F_4 \cos 45° = -80 \times 0.707 = -56.56 \text{（N）}$$

$$F_{5x} = F_5 \times \frac{3}{\sqrt{9+25}} \approx 100 \times \frac{3}{5.83} = 51.46 \text{（N）}$$

$$F_{6x} = -F_6 \times \frac{3}{\sqrt{9+16}} = -75 \times \frac{3}{5} = -45 \text{（N）}$$

（2）求各力在 y 轴上的投影：

$$F_{1y} = F_1 \sin 0° = 0$$

$$F_{2y} = F_2 \sin 30° = 60 \times 0.5 = 30 \text{（N）}$$

$$F_{3y} = -F_3 \sin 90° = -40 \times 1 = -40 \text{（N）}$$

$$F_{4y} = F_4 \sin 45° = 80 \times 0.707 \approx 56.56 \text{（N）}$$

$$F_{5y} = F_5 \times \frac{5}{5.83} = 100 \times \frac{5}{5.83} \approx 85.76 \text{（N）}$$

$$F_{6y} = F_6 \times \frac{4}{5} = 75 \times \frac{4}{5} = 60 \text{（N）}$$

由此可以看出，当力与坐标轴垂直时，该力在轴上的投影等于零；力与坐标轴平行或重合时，其投影的绝对值等于力的大小。

二、合力投影定理

平面汇交力系各力在坐标轴上的投影与它们的合力在同一轴上的投影有什么样的关系呢？下面就讨论这个问题。

如图 3-10（a）所示，某物体上受一平面汇交力系 F_1、F_2、F_3 的作用。用力多边形法则求其合力 R，如图 3-10（b）所示。建立坐标系 xOy，将合力 R 及力系中的各分力 F_1、F_2、F_3 分别向 x 轴投影，得：

$$R_x = ad, \quad F_{1x} = ab, \quad F_{2x} = bc, \quad F_{3x} = -cd$$

由图可得：

$$ad = ab + bc - cd$$

所以

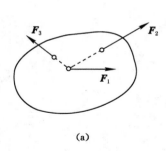

(a)

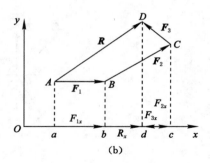

(b)

图 3-10

$$R_x = F_{1x} + F_{2x} + F_{3x}$$

同理

$$R_y = F_{1y} + F_{2y} + F_{3y}$$

如果某平面汇交力系汇交于一点有 n 个力,可以证明上述关系仍然成立,即:

$$\begin{cases} R_x = F_{1x} + F_{2x} + \cdots + F_{nx} = \sum F_x \\ R_y = F_{1y} + F_{2y} + \cdots + F_{ny} = \sum F_y \end{cases} \tag{3-5}$$

式中,"$\sum$"表示求代数和,必须注意式中各投影的正、负号。

由此可见,合力在任一轴上的投影,等于各分力在同一轴上投影的代数和。这就是合力投影定理。

三、平面汇交力系合成的解析法

设有平面汇交力系 $F_1, F_2, \cdots, F_n$,求其力系的合力。

选定坐标系 xOy,各力在坐标轴上的投影分别为 $F_{1x}, F_{2x}, \cdots, F_{nx}$ 及 $F_{1y}, F_{2y}, \cdots, F_{ny}$,合力 R 在 x、y 轴上的投影分别为 R_x、R_y,根据合力投影定理得:

$$\begin{cases} R_x = F_{1x} + F_{2x} + \cdots + F_{nx} = \sum F_x \\ R_y = F_{1y} + F_{2y} + \cdots + F_{ny} = \sum F_y \end{cases}$$

知道了 R_x、R_y 就可以求出合力的大小和方向,如图 3-11 所示。

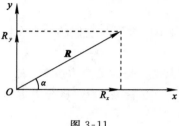

图 3-11

合力的大小和方向为:

$$R = \sqrt{R_x^2 + R_y^2} = \sqrt{\left(\sum F_x\right)^2 + \left(\sum F_y\right)^2} \tag{3-6}$$

$$\tan \alpha = \left| \frac{R_y}{R_x} \right| = \left| \frac{\sum F_y}{\sum F_x} \right| \tag{3-7}$$

α 为合力与 x 轴所夹的锐角,合力 $\boldsymbol{R}$ 的指向由 R_x 与 R_y 的正负确定。

【**例 3-4**】 用解析法求解如图 3-12 所示力系的合力,已知 $F_1 = 100$ N、$F_2 = 100$ N、$F_3 = 150$ N、$F_4 = 200$ N。

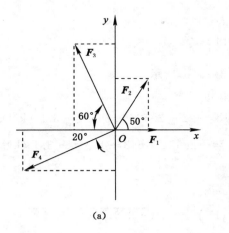 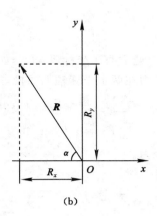

图 3-12

解: (1) 取直角坐标系 xOy,如图 3-12(a)所示。

(2) 求各力在两个坐标轴上投影的代数和。

$$R_x = \sum F_x = F_1 + F_2 \cos 50° - F_3 \cos 60° - F_4 \cos 20°$$
$$= 100 + 100 \times 0.642\ 8 - 150 \times 0.5 - 200 \times 0.939\ 7$$
$$= -98.66\ (\text{N})$$

$$R_y = \sum F_y = 0 + F_2 \sin 50° + F_3 \sin 60° - F_4 \sin 20°$$
$$= 100 \times 0.766 + 150 \times 0.866 - 200 \times 0.342$$
$$= 138.1\ (\text{N})$$

(3) 求合力。

合力大小:

$$R = \sqrt{R_x^2 + R_y^2} = \sqrt{\left(\sum F_x \right)^2 + \left(\sum F_y \right)^2} = \sqrt{(-98.66)^2 + (138.1)^2} = 169.7\ (\text{N})$$

合力方向:

$$\tan \alpha = \left| \frac{R_y}{R_x} \right| = \left| \frac{\sum F_y}{\sum F_x} \right| = \frac{138.1}{98.66} = 1.400$$

查表得

$$\alpha = 54°28'$$

因为 R_x 沿 x 轴负方向,R_y 沿 y 轴的正方向,所以合力 $\boldsymbol{R}$ 在第二象限,如图 3-12(b)所示。

【**例 3-5**】 图 3-13(a)所示为一固定圆环,受三条绳索的拉力作用,各力的方向如图示。三力大小分别为 $F_1 = 2$ kN,$F_2 = 2.5$ kN,$F_3 = 1.5$ kN。求三力的合力。

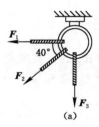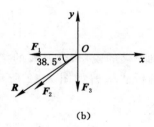

图 3-13

解： （1）建立直角坐标系 xOy，如图 3-13(b)所示。

（2）求各力在两个坐标轴上的投影代数和。

$$R_x = \sum F_x = -F_1 - F_2\cos 40° = -2 - 2.5 \times 0.766 = -3.9 \text{ (kN)}$$

$$R_y = \sum F_y = -F_2\sin 40° - F_3 = -2.5 \times 0.643 - 1.5 = -3.1 \text{ (kN)}$$

（3）求合力。

合力大小：

$$R = \sqrt{R_x^2 + R_y^2} = \sqrt{\left(\sum F_x\right)^2 + \left(\sum F_y\right)^2} = \sqrt{(-3.9)^2 + (-3.1)^2} = 5 \text{ (kN)}$$

合力方向：

$$\tan \alpha = \left|\frac{R_y}{R_x}\right| = \left|\frac{\sum F_y}{\sum F_x}\right| = \left|\frac{-3.1}{-3.9}\right| = 0.7949$$

查表得 $\qquad\qquad\qquad\qquad\qquad \alpha = 38°30'$

通过以上例题可知，用解析法求合力的关键在于正确地计算各分力在坐标轴上的投影，这里要注意两个问题：

（1）一对正交的投影轴是可以任意选定的，即力系合力的大小及方向与投影坐标轴的选取无关，但应尽可能使各分力的投影计算简便。

（2）合力 $\boldsymbol{R}$ 与 x 轴的夹角可由公式 $\tan \alpha = \left|\dfrac{R_y}{R_x}\right| = \left|\dfrac{\sum F_y}{\sum F_x}\right|$ 计算得出，而 $\boldsymbol{R}$ 的指向可根据 R_x 与 R_y 的正负号决定。

四、平面汇交力系平衡的解析条件

平面汇交力系平衡的必要与充分条件是该力系的合力等于零，用解析式表示为：

$$R = \sqrt{R_x^2 + R_y^2} = \sqrt{\left(\sum F_x\right)^2 + \left(\sum F_y\right)^2} = 0$$

式中，$\left(\sum F_x\right)^2$、$\left(\sum F_y\right)^2$ 均为非负数。则要使 $R = 0$，必有：

$$\begin{cases} \sum F_x = 0 \\ \sum F_y = 0 \end{cases} \qquad\qquad (3\text{-}8)$$

式(3-8)称为平面汇交力系的平衡方程。由此可得，平面汇交力系平衡的充分和必要的解析条件为：力系中各力在两个相互垂直的坐标轴上投影的代数和均等于零。

平面汇交力系的平衡方程是相互独立的两个方程，利用该平衡方程可以求解两个未知

数,其解题遵循以下步骤:

(1)选取研究对象,并画出研究对象的受力图。

(2)根据受力图,在力系所在的平面内合理选取坐标轴。坐标轴应尽量与未知力作用线平行或垂直,还应注意投影轴与各力作用线的夹角关系易于确定。

(3)把力系中的各力分别向两轴投影,建立平衡方程式。

(4)求解平衡方程,并讨论结果。

【例 3-6】 如图 3-14(a)所示,已知重物 $G=10$ kN,吊索夹角为 α。试分别计算:(1)$\alpha=60°$;(2)$\alpha=90°$;(3)$\alpha=120°$三种情况下吊索的拉力。又问,当 α 逐渐增加时,拉力如何变化。

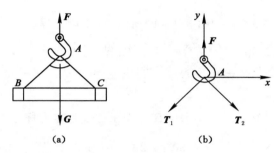

图 3-14

解: (1)取吊钩 A 为研究对象,画出其受力图,如图 3-14(b)所示。

(2)选取坐标系 xAy,如图 3-14(b)所示,列平衡方程。

$$\sum F_x = 0, \quad T_2 \sin \frac{\alpha}{2} - T_1 \sin \frac{\alpha}{2} = 0$$

$$\sum F_y = 0, \quad F - T_1 \cos \frac{\alpha}{2} - T_2 \cos \frac{\alpha}{2} = 0$$

(3)解方程。

因为 $F=G$,所以

$$T_1 = T_2 = \frac{F}{2\cos \frac{\alpha}{2}}$$

当 $\alpha=60°$时,$T_1=T_2=5.78$ kN;

当 $\alpha=90°$时,$T_1=T_2=7.07$ kN;

当 $\alpha=120°$时,$T_1=T_2=10$ kN。

(4)由上式可以看出,拉力 T_1、T_2 的大小与 $\cos \alpha$ 成反比。即与 α 成正比,α 增大,拉力也增大;反之,则拉力减小。故在起吊重物时,使用较长的吊索使 α 角减小,可减小拉力。

【例 3-7】 如图 3-15(a)所示的起重机 ABC 上装有小滑轮,$G=20$ kN 的重物由跨过滑轮的绳子用绞车 D 吊起,A、B、C 都是铰链。试求当重物匀速上升时,杆 AB 和杆 AC 所受的力。(设杆自重不计)

解: (1)取滑轮 A 为研究对象,画受力图,因为不计杆自重,所以杆 AB、AC 均为二力杆,滑轮 A 两边的绳子拉力相等,即 $T=G$。因重物匀速上升,所以滑轮 A 在上述四个力作用下处于平衡,其受力图如图 3-15(b)所示。

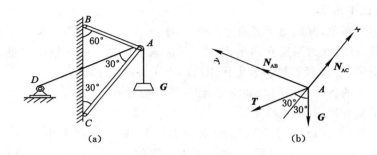

图 3-15

（2）建立直角坐标系 xAy，如图 3-15(b)所示，列平衡方程。

$$\sum F_x = 0, \quad N_{AC} - T\cos 30° - G\cos 30° = 0$$

$$\sum F_y = 0, \quad N_{AB} + T\sin 30° - G\sin 30° = 0$$

（3）解方程。

$$N_{AB} = 0 \quad （杆 AB 在图示位置是零力杆）$$

$$N_{AC} = T\cos 30° + G\cos 30° = 20 \times \frac{\sqrt{3}}{2} + 20 \times \frac{\sqrt{3}}{2} = 34.6 \text{（kN）}$$

（4）根据作用力与反作用力公理，杆 AC 受到的压力为 34.6 kN。

任务三　平面任意力系的简化与平衡方程

【知识要点】　平面任意力系的主矢、主矩，平面任意力系的平衡方程（基本形式和其他形式）。

【技能目标】　掌握平面任意力系的概念与简化方法，掌握平面任意力系的平衡条件，能熟练运用平面任意力系的平衡方程。

作用线在同一平面内，既不全部汇交于一点，也不全部平行的力系，称为平面任意力系。前面介绍的平面汇交力系和平面力偶系都是平面任意力系的特殊情况。它是工程实际中最常见的一种力系，很多实际问题都可以简化成平面任意力系问题处理。如图 3-16(a)所示的起重装置，横梁 AB 上的主动力和约束反力构成一个平面任意力系。又如图 3-16(c)所示的汽车，其上的重力和前后轮的约束反力，虽然不在同一平面内，但由于它们具有对称性，也可简化为作用在汽车对称平面内的平面任意力系。

一、平面任意力系向其作用面内任一点简化

（一）简化方法和结果

设在刚体上作用有平面任意力系 $F_1, F_2, \cdots, F_n$，如图 3-17(a)所示。为将这力系简化，首先在该力系的作用面内任选一点 O 作为简化中心，根据力的平移定理，将各力全部平移到 O 点，如图 3-17(b)所示，则原力系就为作用于 O 点的平面汇交力系 $F'_1, F'_2, \cdots, F'_n$ 及一个附加的平面力偶系 $M_1, M_2, \cdots, M_n$ 所代替。

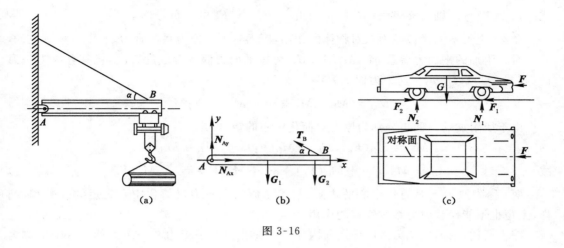

图 3-16

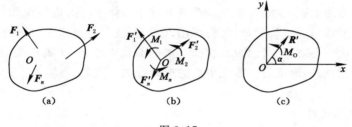

图 3-17

其中,平面汇交力系 $F'_1, F'_2, \cdots, F'_n$ 中各力的大小和方向分别与原力系中的各力相同,即:

$$F'_1 = F_1, F'_2 = F_2, \cdots, F'_n = F_n$$

因此,该平面汇交力系 $F'_1, F'_2, \cdots, F'_n$ 可进一步合成为作用于 O 点的一个力 R',如图 3-17(c)所示。这个力为:

$$R' = F'_1 + F'_2 + \cdots + F'_n = F_1 + F_2 + \cdots + F_n$$

$$R' = \sum F_i \tag{3-9}$$

R' 称为原力系的主矢量,简称主矢。它等于原力系各力的矢量和,并作用在简化中心上。求主矢 R' 的大小、方向,可应用解析法,过 O 点取直角坐标系 xOy,如图 3-17(c)所示。

主矢 R' 在 x 轴和 y 轴上的投影为:

$$\begin{cases} R'_x = F'_{1x} + F'_{2x} + \cdots + F'_{nx} = F_{1x} + F_{2x} + \cdots F_{nx} = \sum F_x \\ R'_y = F'_{1y} + F'_{2y} + \cdots + F'_{ny} = F_{1y} + F_{2y} + \cdots F_{ny} = \sum F_y \end{cases}$$

主矢 R' 的大小、方向为:

$$\begin{cases} R' = \sqrt{R'^2_x + R'^2_y} = \sqrt{\left(\sum F_x\right)^2 + \left(\sum F_y\right)^2} \\ \tan \alpha = \left| \dfrac{R'_y}{R'_x} \right| = \left| \dfrac{\sum F_y}{\sum F_x} \right| \end{cases} \tag{3-10}$$

式中，α 为 $\boldsymbol{R}'$ 与 x 轴所夹锐角；$\boldsymbol{R}'$ 的指向由 $\sum F_x$、$\sum F_y$ 的正负号确定。

显然，主矢不能代替原力系对物体的作用，因而它不是原力系的合力。

对于附加的平面力偶系 $M_1,M_2,\cdots,M_n$，可按平面力偶系合成的方法，将其合成为一力偶，如图 3-17(c)所示。这个力偶矩为：

$$M_O = M_1 + M_2 + \cdots + M_n = \sum M_i$$

由于所附加的力偶矩分别为原力对简化中心的矩，即：

$$M_1 = M_O(\boldsymbol{F}_1), M_2 = M_O(\boldsymbol{F}_2), \cdots, M_n = M_O(\boldsymbol{F}_n)$$

故
$$M_O = M_O(\boldsymbol{F}_1) + M_O(\boldsymbol{F}_2) + \cdots + M_O(\boldsymbol{F}_n) = \sum M_O(\boldsymbol{F}_i) \tag{3-11}$$

M_O 称为原力系对简化中心的主矩，它等于原力系各力对简化中心之矩的代数和，同样，主矩也不能代替原力系对物体的作用。

综上所述，平面任意力系向作用面内任一点简化可得一个力和一个力偶。这个力称为原力系的主矢，主矢等于原力系中各力的矢量和，作用于简化中心；这个力偶的力偶矩称为原力系对简化中心的主矩，主矩等于原力系各力对于简化中心力矩的代数和。

由于主矢等于各力的矢量和，与各力作用点无关，故主矢与简化中心的选择无关。而主矩等于各力对简化中心之矩的代数和，故选不同的简化中心，各力臂改变，致使各力对简化中心的矩也改变，因而一般主矩与简化中心的选择有关。因此，说明主矩时必须指明是对哪一点的矩。

（二）简化结果的讨论

平面任意力系向其平面内任一点简化，一般可得到一个力和一个力偶，但这并不是最后的简化结果。根据主矢 $\boldsymbol{R}'$ 和主矩 M_O 是否为零，可能出现下列几种情况：

（1）$\boldsymbol{R}'=0,M_O\neq0$，力系合成为一合力偶

$\boldsymbol{R}'=0$ 表明简化所得的平面汇交力系为一平衡力系，即原力系与一平面力偶系等效，故原力系简化的最后结果为一合力偶，其合力偶矩就是主矩 M_O，即 $M = M_O = \sum M_O(\boldsymbol{F}_i)$。

（2）$\boldsymbol{R}'\neq0,M_O=0$，力系合成为一合力

$M_O=0$ 表明简化所得的平面力偶系为一平衡力系，从而原力系与一平面汇交力系等效，故主矢 $\boldsymbol{R}'$ 就是原力系的合力 $\boldsymbol{R}$，即 $\boldsymbol{R}=\boldsymbol{R}'$，合力的作用线通过简化中心。

（3）$\boldsymbol{R}'\neq0,M_O\neq0$，力系合成为一合力

如图 3-18(a)所示，可将主矢 $\boldsymbol{R}'$ 和主矩 M_O 应用力的平移定理的逆定理进一步合成。将主矩为 M_O 的力偶用两个反向平行力 $\boldsymbol{R}$ 和 $\boldsymbol{R}''$ 表示，并使 $\boldsymbol{R}=-\boldsymbol{R}''=\boldsymbol{R}'$，如图 3-18(b)所示。这样 $\boldsymbol{R}'$ 和 $\boldsymbol{R}''$ 彼此平衡，可去掉，于是只剩下一个作用线通过点 O' 的力 $\boldsymbol{R}$ 与原力系等效，如图 3-18(c)所示。因此这个力 $\boldsymbol{R}$ 就是原力系的合力，即原力系简化的最后结果仍为一合力。合力 $\boldsymbol{R}$ 的大小和方向与力系的主矢相同，即 $\boldsymbol{R}=\boldsymbol{R}'$，合力 $\boldsymbol{R}$ 的作用线到简化中心 O 点的垂直距离为：

$$d = \frac{|M_O|}{R'} \tag{3-12}$$

（4）$\boldsymbol{R}'=0,M_O=0$，力系平衡

这表明原力系与两个平衡力系等效，故原力系亦为平衡力系。

综上所述，平面任意力系的合成结果，或为一合力，或为一合力偶，或处于平衡，三者必

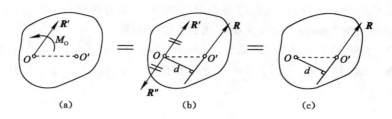

图 3-18

居其一。

（三）平面任意力系的合力矩定理

由图 3-18(c)可以看出,平面任意力系的合力 R 对 O 点之矩为:

$$M_O(R) = Rd$$

而

$$Rd = M_O,且 M_O = \sum M_O(F)$$

故有

$$M_O(R) = \sum M_O(F) \tag{3-13}$$

由于简化中心 O 是任意选取的,故上式有普遍意义。

即平面任意力系的合力对其作用面内任一点之矩,等于力系中各力对同一点力矩的代数和。这就是平面任意力系的合力矩定理。

二、平面任意力系的平衡方程及其应用

（一）平面任意力系平衡方程的基本形式

平面任意力系向其平面内任一点简化后,若主矢和主矩都为零,则该力系为平衡力系。即:

$$R' = 0, \quad M_O = 0$$

而

$$R' = \sqrt{R_x'^2 + R_y'^2} = \sqrt{\left(\sum F_x\right)^2 + \left(\sum F_y\right)^2}$$

$$M_O = M_O(F_1) + M_O(F_2) + \cdots + M_O(F_n) = \sum M_O(F_i) \tag{3-14}$$

根据以上公式,可得到平面任意力系的平衡条件为:

$$\begin{cases} \sum F_x = 0 \\ \sum F_y = 0 \\ \sum M_O(F) = 0 \end{cases} \tag{3-15}$$

由此可知,平面任意力系平衡的充分与必要条件是:力系中各力在相互垂直的坐标轴上投影的代数和分别等于零;各力对平面内任意一点力矩的代数和等于零。式(3-15)称为平面任意力系平衡方程的基本形式。通常前两个方程称为投影方程,后一个方程称为力矩方程。这三个方程式是彼此独立的,用来解平面任意力系的平衡问题时,能够而且最多只能求解三个未知数。

这里需要指出的是,为了使所列平衡方程求未知数更方便,选择坐标系的原则是:与坐标轴平行和垂直的力越多越好;选矩心的原则是:选两未知力的交点为矩心。

现举例说明求解平面任意力系平衡问题的方法与步骤。

【例 3-8】　悬臂吊车如图 3-19(a)所示,A、B、C 处均为铰接,AB 梁自重 $G_1 = 4$ kN,载荷重 $G = 10$ kN,BC 杆自重不计,其余有关尺寸如图 3-19(a)所示。求 BC 杆所受的力和铰 A 处的约束反力。

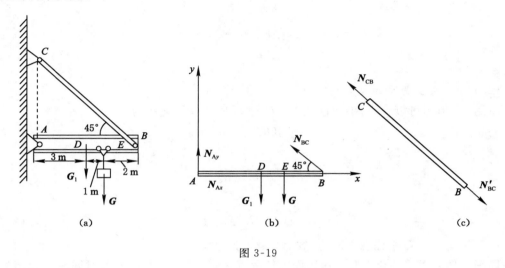

图 3-19

解:　(1) 取 AB 梁为研究对象,画受力图,在 AB 梁上主动力有 G_1 和 G,约束反力有支座 A 处的约束反力 N_{Ax}、N_{Ay},由于 BC 为二力杆,故 B 处反力为 N_{BC},如图 3-19(b)所示,该力系为平面任意力系。

(2) 选取直角坐标系 xAy,列平衡方程。

$$\sum F_x = 0, \quad N_{Ax} - N_{BC}\cos 45° = 0$$

$$\sum F_y = 0, \quad N_{Ay} + N_{BC}\sin 45° - G_1 - G = 0$$

$$\sum M_A(\boldsymbol{F}) = 0, \quad 6N_{BC}\sin 45° - 3G_1 - 4G = 0$$

(3) 解方程。

$$N_{BC} = \frac{3G_1 + 4G}{6\sin 45°} = \frac{3 \times 4 + 4 \times 10}{6 \times 0.707} = 12.26 \text{ (kN)}$$

$$N_{Ax} = N_{BC}\cos 45° = 12.26 \times 0.707 = 8.67 \text{ (kN)}$$

$$N_{Ay} = G_1 + G - N_{BC}\sin 45° = 4 + 10 - 12.26 \times 0.707 = 5.33 \text{ (kN)}$$

根据作用力与反作用力,$N'_{BC} = N_{BC} = 12.26$ kN,N'_{BC} 为正值,说明杆 BC 受拉。

【例 3-9】　如图 3-20(a)所示上料小车 $G = 10$ kN,沿着与水平成 60°的轨道匀速提升,料车的重心在 C 点。试求提升料车的牵引力 T 和料车对轨道的压力。

解:　(1) 取料车为研究对象,其受力图如图 3-20(b)所示。略去车轮与轨道的摩擦力,作用在其上的力有重力 G、牵引力 T 和轨道对车轮的约束反力 N_A、N_B。

(2) 选取如图 3-20(b)所示的直角坐标系,列平衡方程。

$$\sum F_x = 0, \quad T - G\sin 60° = 0$$

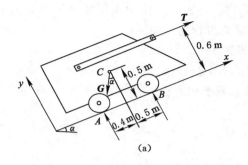
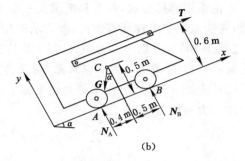

图 3-20

$$\sum F_y = 0, \quad N_A + N_B - G\cos 60° = 0$$

$$\sum M_B(\boldsymbol{F}) = 0, \quad -T \times 0.6 + G\sin 60° \times 0.5 + G\cos 60° \times 0.5 - N_A \times 0.9 = 0$$

（3）解方程。

$$T = G\sin 60° = 8.66 \text{ (kN)}$$

$$N_A = \frac{-0.6T + 0.5G\sin 60° + 0.5\cos 60° \cdot G}{0.9} = 1.82 \text{ (kN)}$$

$$N_B = G\cos 60° - N_A = 3.18 \text{ (kN)}$$

校核得

$$\sum M_C = -N_A \times 0.4 + N_B \times 0.5 - T \times 0.1$$
$$= -1.82 \times 0.4 + 3.18 \times 0.5 - 8.66 \times 0.1$$
$$= 0$$

说明计算无误。

（二）平面任意力系平衡方程的其他形式

前面我们通过平面任意力系的平衡条件导出了平面任意力系平衡方程的基本形式，除了这种形式外，还可将平衡方程表示为二力矩形式及三力矩形式。

（1）二力矩式

$$\begin{cases} \sum F_x = 0 \\ \sum M_A(\boldsymbol{F}) = 0 \\ \sum M_B(\boldsymbol{F}) = 0 \end{cases} \qquad (3\text{-}16)$$

其中，A、B 两点的连线不与 x 轴垂直。

（2）三力矩式

$$\begin{cases} \sum M_A(\boldsymbol{F}) = 0 \\ \sum M_B(\boldsymbol{F}) = 0 \\ \sum M_C(\boldsymbol{F}) = 0 \end{cases} \qquad (3\text{-}17)$$

其中，A、B、C 三点不在同一直线上。

这样，平面任意力系有三种不同形式的平衡方程，每种形式都有且只有三个独立的方程。不论采用哪种形式,最多只能求出三个未知数。在实际应用中采用哪一种形式的平衡方程,完全取决于怎样计算方便,要力求避免解联立方程的麻烦。

【例 3-10】 分别用二力矩式、三力矩式重解例 3-8。

解: (1) 取梁 AB 为研究对象,画其受力图如图 3-19(b)所示。

(2) 选如图 3-19(b)所示的直角坐标系 xAy,列平衡方程。

由二力矩式有

$$\sum F_x = 0, \quad N_{Ax} - N_{BC}\cos 45° = 0$$

$$\sum M_A(\boldsymbol{F}) = 0, \quad 6N_{BC}\sin 45° - 3G_1 - 4G = 0$$

$$\sum M_B(\boldsymbol{F}) = 0, \quad 2G + 3G_1 - 6N_{Ay} = 0$$

(3) 解方程。

$$N_{BC} = \frac{3G_1 + 4G}{6\sin 45°} = \frac{3 \times 4 + 4 \times 10}{6 \times 0.707} = 12.26 \ (\text{kN})$$

$$N_{Ay} = \frac{2G + 3G_1}{6} = \frac{2 \times 10 + 3 \times 4}{6} = 5.33 \ (\text{kN})$$

$$N_{Ax} = N_{BC}\cos 45° = 12.3 \times 0.707 = 8.67 \ (\text{kN})$$

若用三力矩式求解,列出的平衡方程为:

$$\sum M_A(\boldsymbol{F}) = 0, \quad 6N_{BC}\sin 45° - 3G_1 - 4G = 0$$

$$\sum M_B(\boldsymbol{F}) = 0, \quad 2G + 3G_1 - 6N_{Ay} = 0$$

$$\sum M_C(\boldsymbol{F}) = 0, \quad 6N_{Ax}\tan 45° - 3G_1 - 4G = 0$$

解得结果同上,显然三力矩式避免了解联立方程。

三、平面力系的特殊情况

平面任意力系是平面力系的一般情况。除前面讲的平面汇交力系、平面力偶系外,还有平面平行力系,都可以看作平面任意力系的特殊情况,它们的平衡方程都可以从平面任意力系的平衡方程得到。

(一) 平面汇交力系

对于平面汇交力系,可取力系的汇交点作为坐标的原点,如图 3-21(a)所示,因各力的作用线均通过坐标原点 O,各力对 O 点的矩必为零,即恒有 $\sum M_O(\boldsymbol{F}) = 0$。因此,只剩下两个投影方程:

$$\sum F_x = 0, \quad \sum F_y = 0$$

此即为平面汇交力系的平衡方程。

(二) 平面力偶系

平面力偶系如图 3-21(b)所示,因构成力偶的两个力在任何轴上的投影必为零,则恒有 $\sum F_x = 0$ 和 $\sum F_y = 0$,只剩下第三个力矩方程:

$$\sum M = 0$$

此即为平面力偶系的平衡方程。

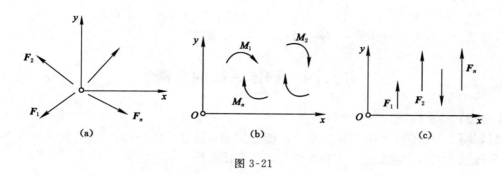

图 3-21

（三）平面平行力系

平面平行力系是指其各力作用线在同一平面上且相互平行的力系，如图 3-21（c）所示，选择 Oy 轴与力系中的各力平行，则各力在 x 轴上的投影恒为零，即 $\sum F_x = 0$，则平衡方程只剩下两个独立的方程：

$$\begin{cases} \sum F_y = 0 \\ \sum M_O(\boldsymbol{F}) = 0 \end{cases} \quad (3\text{-}18)$$

若采用二力矩式，可得：

$$\begin{cases} \sum M_A(\boldsymbol{F}) = 0 \\ \sum M_B(\boldsymbol{F}) = 0 \end{cases} \quad (3\text{-}19)$$

式中，A、B 两点的连线不与各力作用线平行。

【例 3-11】 如图 3-22（a）所示，外伸梁 AB 受均布载荷 $q = 8$ kN/m，$F_1 = 8$ kN，$M_e = 2$ kN·m，$a = 1$ m。试求 A、B 支座的反力。

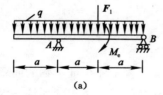
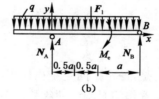

图 3-22

解： （1）取梁 AB 为研究对象，画其受力图如图 3-22（b）所示。作用在其上的主动力有 F_1、均布载荷 q、力偶 M_e 以及约束反力 N_A 和 N_B，其中均布载荷作用在梁的中点，其合力 $Q = 3qa$，该力系为平面平行力系。

（2）选取如图 3-22（b）所示的直角坐标系 xAy，列平衡方程。

$$\sum F_y = 0, \quad N_A + N_B - F_1 - 3qa = 0$$

$$\sum M_A(\boldsymbol{F}) = 0, \quad N_B \cdot 2a - M_e - F_1 a - 3qa \times 0.5a = 0$$

（3）解方程。

$$N_B = \frac{M_e + F_1 a + 0.5a \times 3qa}{2a} = \frac{2 + 8 \times 1 + 0.5 \times 3 \times 8 \times 1}{2 \times 1} = 11 \ (\text{kN})$$

$$N_A = F_1 + 3qa - N_B = 8 + 3 \times 8 \times 1 - 11 = 21 \text{ (kN)}$$

式中,正号表明各力方向与图中方向相同。

任务四　物体系统的平衡

【知识要点】　物体系统,静定与静不定。

【技能目标】　掌握求解物体系统平衡问题的方法和步骤,尤其是研究对象的选择,并能熟练运用平面任意力系的平衡方程求解物体和简单物体系统的平衡问题。

一、静定与静不定的概念

由平面力系的平衡方程可知,不同力系独立平衡方程数目是一定的,能求解的未知数的数目也是一定的。对于一个平衡物体,如果未知数的数目少于或等于独立的平衡方程数目,则全部未知数都可由平衡方程求出,这类用静力学平衡方程能求解全部未知数的问题称为静定问题;反之,若未知数的数目多于独立的平衡方程数目,仅用静力学平衡方程不能求出全部未知数,这类问题称为静不定问题或超静定问题。我们把总未知数的数目与独立的平衡方程数目之差称为超静定的次数。如图 3-23(a)、(b)所示的简支梁和三铰拱都是静定问题,而图 3-23(c)、(d)所示的三支梁和两铰拱都是一次静不定问题。

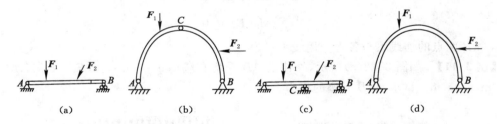

(a)　　　　　　(b)　　　　　　(c)　　　　　　(d)

图 3-23

需要指出的是,静不定问题是指仅用静力学平衡方程不能全部求解的问题,这是由于在静力学中把物体看作绝对刚体的缘故。要求解此类问题,需要考虑变形这一因素,找出受力与变形间的关系,列出相应的补充方程,这样才能求出全部未知数,但这已超出了刚体静力学的范围。因此,本任务只研究静定问题,静不定问题在材料力学中再进行研究。

二、物体系统的平衡问题

前面我们主要研究单个物体的平衡问题。但在工程实际中常会遇到有多个物体通过一定的约束组成的系统,称为物体系统,简称物系。在一个物体系统中,一个物体的受力与其他物体是紧密相关的,整体受力又与局部受力紧密相关。当整个物体系统处于平衡时,其中每一个或每一部分物体也必然处于平衡。所以,物体系统的平衡是指组成系统的每一个物体及系统的整体都处于平衡状态。在研究物系的平衡问题时,不仅要知道外界物体对这个系统的作用力,同时还应分析系统内部物体之间的相互作用力。我们把物系以外的其他物体作用于物系上的力,称为物系的外力;而把物系内部物体与物体间相互作用的力,称为物系的内力。对整个物系来说，内力总是成对出现的，所以在研究物系的平衡问题时，内力不必画出。

物体系统平衡问题的解题步骤与单个物体的平衡问题基本相同。具体方法有两种：

（1）选取物系中的单个物体为研究对象，画受力图，列平衡方程，求出所有未知数。

（2）选取物系中的单个物体为研究对象求不出所有未知数，只能先选物系为研究对象求出部分未知数，再选取其中部分物体为研究对象直到求出所有未知数为止。

【例 3-12】 如图 3-24(a)所示的位置是铰链四杆机构 $ABCD$ 的平衡状态，已知 $M_e = 20\ \text{kN} \cdot \text{m}$，$CD = 0.4\sqrt{2}\ \text{m}$。求平衡时作用在 AB 中点的力 $\boldsymbol{F}$ 的大小及 A、D 处的约束反力。

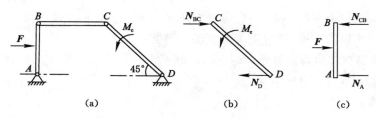

(a)　　　　　(b)　　　　　(c)

图 3-24

解：（1）取 CD 杆为研究对象，画其受力图，因 BC 为二力杆，故 C 点受力为 N_{BC}。因为力偶必须用力偶来平衡，因此 D 处的约束反力 $N_D = N_{BC}$，受力图如图 3-24(b)所示。

列平衡方程：

$$\sum M = 0, \quad M_e - N_{BC} \times CD \times \sin 45° = 0$$

解方程得：

$$N_{BC} = \frac{M_e}{CD \sin 45°} = \frac{4}{0.4\sqrt{2} \times \dfrac{\sqrt{2}}{2}} = 10\ (\text{N})$$

因此

$$N_D = N_{BC} = 10\ (\text{N})$$

（2）再选杆 AB 为研究对象，画其受力图如图 3-24(c)所示。

列平衡方程：

$$\sum M_A(\boldsymbol{F}) = 0, \quad N_{CB} \times AB - F \times \frac{1}{2}AB = 0$$

$$\sum M_B(\boldsymbol{F}) = 0, \quad F \times \frac{1}{2}AB - N_A \times AB = 0$$

解方程得：

$$F = 2N_{CB} = 2N_{BC} = 20\ (\text{N})$$

$$N_A = \frac{1}{2}F = 10\ (\text{N})$$

【例 3-13】 图 3-25(a)所示为三铰拱。试求在载荷 $\boldsymbol{F}_1$ 及 $\boldsymbol{F}_2$ 作用下，铰链 A、B、C 处的反力。

解： 如图 3-25(b)所示，若以整个三铰拱为研究对象，虽有四个未知力 $\boldsymbol{N}_{Ax}$、$\boldsymbol{N}_{Ay}$、$\boldsymbol{N}_{Bx}$、

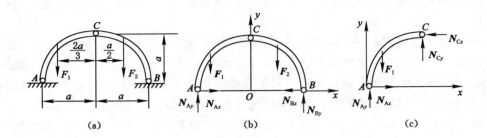

图 3-25

N_{By}，但根据平面任意力系的平衡方程，可以方便地求出 N_{Ay} 和 N_{By}，并可知 $N_{Ax} = N_{Bx}$。然后再考虑左（或右）半拱的平衡，就可以求出全部未知量。

（1）取三铰拱整体为研究对象，画其受力图，其上作用有主动力 F_1、F_2，约束反力 N_{Ax}、N_{Ay}、N_{Bx}、N_{By}，如图 3-25（b）所示。

列平衡方程：

$$\sum F_x = 0, \quad N_{Ax} - N_{Bx} = 0$$

$$\sum M_A(\boldsymbol{F}) = 0, \quad N_{By} \cdot 2a - F_1 \cdot \frac{1}{3}a - F_2 \cdot (a + \frac{1}{2}a) = 0$$

$$\sum M_B(\boldsymbol{F}) = 0, \quad F_1(a + \frac{2}{3}a) + F_2 \cdot \frac{1}{2}a - N_{Ay} \cdot 2a = 0$$

解方程得：

$$N_{Ay} = \frac{F_1(a + \frac{2}{3}a) + F_2 \frac{a}{2}}{2a} = \frac{5}{6}F_1 + \frac{1}{4}F_2$$

$$N_{By} = F_1 + F_2 - N_{Ay} = \frac{1}{6}F_1 + \frac{3}{4}F_2$$

$$N_{Ax} = N_{Bx}$$

（2）再取左半拱 AC 为研究对象，画其受力图，作用于左半拱 AC 上的力有主动力 F_1，约束反力 N_{Ax}、N_{Ay}、N_{Cx}、N_{Cy}。需要注意的是，由于此时考虑的是物系中单个物体 AC 的平衡，因此 N_{Cx}、N_{Cy} 转化为外力，如图 3-25（c）所示。

列左半拱 AC 的平衡方程：

$$\sum F_x = 0, \quad N_{Ax} - N_{Cx} = 0$$

$$\sum F_y = 0, \quad N_{Ay} + N_{Cy} - F_1 = 0$$

$$\sum M_C(\boldsymbol{F}) = 0, \quad F_1 \times \frac{2}{3}a - N_{Ay} \cdot a + N_{Ax} \cdot a = 0$$

解方程得：

$$N_{Ax} = \frac{N_{Ay} \cdot a - F_1 \times \frac{2}{3}a}{a} = \frac{1}{6}F_1 + \frac{1}{4}F_2$$

$$N_{Cx} = N_{Ax} = \frac{1}{6}F_1 + \frac{1}{4}F_2$$

$$N_{Cy} = F_1 - N_{Ay} = \frac{1}{6}F_1 - \frac{1}{4}F_2$$

因此

$$N_{Bx} = N_{Ax} = \frac{1}{6}F_1 + \frac{1}{4}F_2$$

小　结

一、平面汇交力系合成与平衡的几何法

（1）平面汇交力系合成的几何法：平面汇交力系合成的结果是一个合力，合力的作用线通过力系的汇交点，合力的大小和方向由力多边形的封闭边表示。

（2）平面汇交力系平衡的几何条件是：力系中各分力组成的力多边形自行封闭。

二、平面汇交力系合成与平衡的解析法

（1）力在坐标轴上的投影：

$$\begin{cases} F_x = \pm F\cos\alpha \\ F_y = \pm F\sin\alpha \end{cases}$$

式中，α 为力 $\boldsymbol{F}$ 与 x 轴所夹的锐角。

（2）合力投影定理：合力在任一轴上的投影，等于各分力在同一轴上投影的代数和。即

$$\begin{cases} R_x = \sum F_x \\ R_y = \sum F_y \end{cases}$$

（3）平面汇交力系合成的解析法：

合力的大小：

$$R = \sqrt{R_x^2 + R_y^2} = \sqrt{\left(\sum F_x\right)^2 + \left(\sum F_y\right)^2}$$

合力的方向：

$$\tan\alpha = \left|\frac{R_y}{R_x}\right| = \left|\frac{\sum F_y}{\sum F_x}\right|$$

式中，α 为合力与 x 轴所夹的锐角；合力 $\boldsymbol{R}$ 的指向由 R_x 与 R_y 的正负确定。

（4）平面汇交力系平衡的充分与必要条件是该力系的合力等于零。即：

$$R = \sqrt{R_x^2 + R_y^2} = \sqrt{\left(\sum F_x\right)^2 + \left(\sum F_y\right)^2} = 0$$

则得平面汇交力系的平衡方程：

$$\begin{cases} \sum F_x = 0 \\ \sum F_y = 0 \end{cases}$$

三、平面任意力系的简化与平衡方程

1. 平面任意力系的简化

（1）简化方法与结果：

$$平面任意力系 \rightarrow \begin{cases} 平面汇交力系 \xrightarrow{合成} 主矢 \bm{R}',\bm{R}' = \sum \bm{F},主矢与简化中心的位置无关 \\ 平面力偶系 \xrightarrow{合成} 主矩 M_O,M_O = \sum M_O(\bm{F}),主矩与简化中心的位置有关 \end{cases}$$

（2）简化的最后结果或是一个力，或是一个力偶，或是平衡，具体见表 3-1。

表 3-1   平面任意力系的简化

主矢 $\bm{R}'$	主矩 M_O	简化最后结果	说明
$\bm{R}' \neq 0$	$M_O = 0$	合力	合力 $\bm{R} = \bm{R}'$，作用线通过简化中心
	$M_O \neq 0$	合力	合力 $\bm{R} = \bm{R}'$，作用线与简化中心相距 $d = \dfrac{|M_O|}{R'}$
$\bm{R}' = 0$	$M_O \neq 0$	合力偶	$\bm{M} = M_O$，与简化中心的位置无关
	$M_O = 0$	平衡	

2. 平面一般力系的平衡方程（表 3-2）

表 3-2   平面一般力系的平衡方程

形式	基本形式	二力矩式	三力矩式
平衡方程	$\begin{cases} \sum F_x = 0 \\ \sum F_y = 0 \\ \sum M_O(\bm{F}) = 0 \end{cases}$	$\begin{cases} \sum F_x = 0 \\ \sum M_A(\bm{F}) = 0 \\ \sum M_B(\bm{F}) = 0 \end{cases}$	$\begin{cases} \sum M_A(\bm{F}) = 0 \\ \sum M_B(\bm{F}) = 0 \\ \sum M_C(\bm{F}) = 0 \end{cases}$
附加条件		A、B 两点的连线不与 x 轴垂直	A、B、C 三点不在一直线上

3. 平面平行力系的平衡方程（表 3-3）

表 3-3   平面平行力系的平衡方程

形式	基本形式	二力矩式
平衡方程	$\begin{cases} \sum F_y = 0 \\ \sum M_O(\bm{F}) = 0 \end{cases}$	$\begin{cases} \sum M_A(\bm{F}) = 0 \\ \sum M_B(\bm{F}) = 0 \end{cases}$
附加条件		两点的连线不与各力作用线平行

四、物体系统的平衡

1. 静定问题

用静力学平衡方程能求解全部未知数的问题,称为静定问题。

2. 静不定问题

未知数的数目多于独立的平衡方程数目,仅用静力学平衡方程不能求出全部未知数的问题,称为静不定问题或超静定问题。

3. 物系平衡问题的解法

(1)选取物系中的单个物体为研究对象,画受力图,列平衡方程,求出所有未知数。

(2)选取物系中的单个物体为研究对象求不出所有未知数,只能先选物系为研究对象求出部分未知数,再选取其中部分物体为研究对象直到求出所有未知数为止。

思考与探讨

3-1　如何根据平面汇交力系的力多边形法则判断力系有合力或是平衡? 试判断图 3-26 所示图形中哪个力系是平衡的,哪个力系有合力,其合力是哪个力。

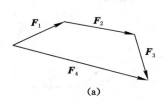 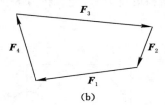

(a)   (b)

图 3-26

3-2　同一个力在两个相互平行的坐标轴上的投影是否一定相等? 两个大小相等的力在同一坐标轴上的投影是否一定相等?

3-3　用解析法求平面汇交力系合力时,若取不同的直角坐标轴,所求得的合力是否相同? 为什么?

3-4　力在两坐标轴上的投影与沿两坐标轴方向的分解意义是否相同? 试用图 3-27 所示的两种情况比较说明:(1) x 轴与 y 轴垂直;(2) x 轴与 y 轴不垂直。

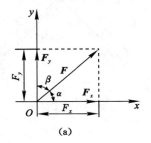 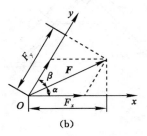

(a)   (b)

图 3-27

3-5   求解平面汇交力系问题时,如果力的方向不能预先确定,应如何解决?

3-6   如图 3-28 所示,在刚体上 A、B、C 三点分别作用三个力 $\boldsymbol{F}_1$、$\boldsymbol{F}_2$、$\boldsymbol{F}_3$,其大小正好与 $\triangle ABC$ 的边长成正比。试判断此刚体是否平衡,并说明为什么。

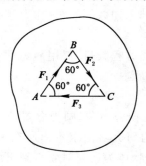

图 3-28

3-7   设一平面任意力系向一点简化时,得到的是一个力偶,能否选一适当的简化中心,使力系简化为一个合力? 为什么?

3-8   在如图 3-29 所示的三铰拱中,构件 BC 上分别作用一力 $\boldsymbol{F}$ 和一力偶 M_e,当求铰链 A、B、C 处的约束反力时,能否将力 $\boldsymbol{F}$ 或力偶 M_e 分别移到构件 AC 上? 为什么?

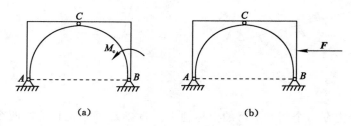

图 3-29

3-9   如图 3-30 所示,已知 BC 杆上作用的力 $\boldsymbol{F}$ 或力偶 M_e,如何用简便方法求出 A 处的约束反力?

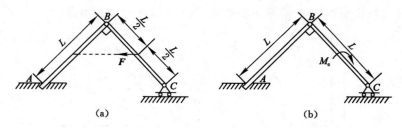

图 3-30

3-10   如图 3-31 所示,梁 AB 能否用平衡方程式 $\sum F_y = 0$,$\sum M_\text{A}(\boldsymbol{F}) = 0$,

$\sum M_{\mathrm{B}}(\boldsymbol{F})=0$，求出支座三个未知反力?为什么?

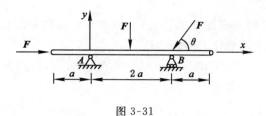

图 3-31

3-11 如图 3-32 所示,在 AB 梁上作用有由四个力组成的平面平行力系。此力系平衡吗?

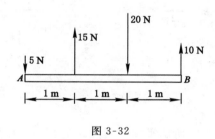

图 3-32

3-12 平面任意力系的平衡方程有几种形式? 应用时有什么限制条件?

3-13 如图 3-33 所示的物体处于平衡状态,如要计算各支座的约束反力,应怎样选取研究对象?

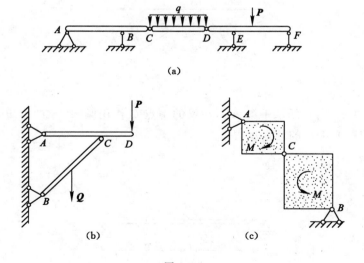

图 3-33

习 题

3-1 一个固定环受到三根绳索的拉力，$T_1 = 1.5$ kN，$T_2 = 2.2$ kN，$T_3 = 1$ kN，方向如图 3-34 所示，用几何法求三个拉力的合力。

3-2 已知 $F_1 = 100$ N，$F_2 = 50$ N，$F_3 = 60$ N，$F_4 = 80$ N，各力方向如图 3-35 所示，试分别求各力在 x 轴及 y 轴上的投影。

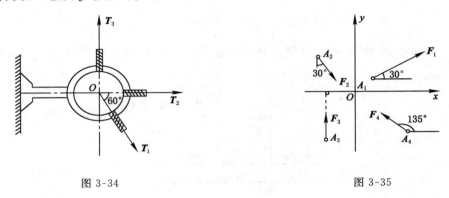

图 3-34　　　　　　　　　　　　　　图 3-35

3-3 用解析法求如图 3-36 所示平面汇交力系的合力。已知 $F_1 = 500$ N，$F_2 = 300$ N，$F_3 = 600$ N，$F_4 = 1\ 000$ N。

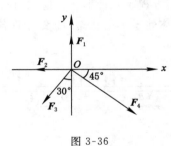

图 3-36

3-4 如图 3-37 所示的水平梁 AB，在梁的中点 C 作用倾斜 45° 的力 $F = 20$ kN。不计梁自重，试求支座 A 和 B 的约束反力。

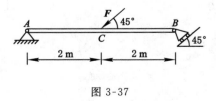

图 3-37

3-5 支架由杆 AB、AC 构成，A、B、C 三处都是铰链连接，在 A 点作用有铅垂力 G。试求在图 3-38 所示的三种情况下，AB 与 AC 杆所受的力。（杆自重不计）

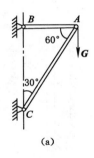 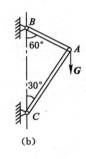 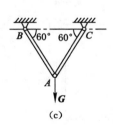

图 3-38

3-6 如图 3-39 所示的混凝土浇灌器连同载荷共重 $G=60$ kN(重心在 C 处),用缆索沿铅垂导轨匀速吊起。已知 $a=0.3$ m,$b=0.6$ m,$\alpha=10°$,不计摩擦,求导轨对导轮 A 和 B 的约束反力以及缆索的拉力。

3-7 铰接四杆机构 $OABO_1$ 在如图 3-40 所示位置平衡,已知 $OA=400$ mm,$O_1B=600$ mm,作用在 OA 上的力偶矩 $M_1=1$ N·m,不计各杆自重,试求力偶矩 M_2 的大小及 AB 杆所受的力 N_{AB}。

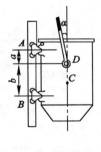

图 3-39

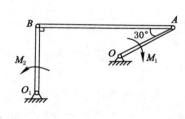

图 3-40

3-8 如图 3-41 所示,已知 $F_1=2$ kN,$F_2=4$ kN,$a=1$ m,试求图示各梁的支座反力。

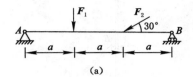 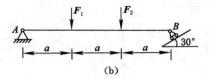

图 3-41

3-9 一个重 $G=4$ kN 物体,按图 3-42 所示三种方式悬挂在支架上。已知滑轮直径 $d=300$ mm,其余尺寸如图 3-42(a)所示。求这三种情况下立柱固定端支座 A 的反力。

3-10 如图 3-43 所示水平梁 AB 由铰 A 和杆 BC 所支承,已知重物 $G=1.8$ kN,其余尺寸如图所示,不计梁、杆及滑轮的重量,试求铰链 A 和杆 BC 所受的力。

3-11 如图 3-44 所示三铰拱结构中,已知每半拱重量 $G=300$ kN,$l=32$ m,$a=10$ m,试求支座 A、B 的约束反力及铰链 C 的约束反力。

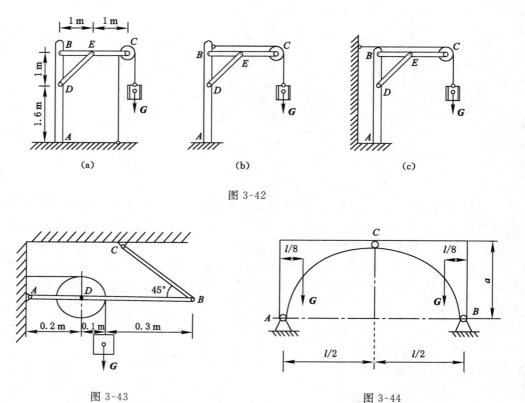

图 3-42

图 3-43

图 3-44

3-12　台秤的简图如图 3-45 所示，BCE 为一整体台面，AOB 为杠杆，CD 为水平杆，其尺寸如图所示。试求平衡时砝码重量 P 与被称物体的重量 G 之间的关系。

3-13　如图 3-46 所示构架，不计自重，A、B、D、E、F、G 都是铰链，设 $p=5$ kN，$Q=3$ kN，$a=2$ m。试求铰链 G 和杆 ED 所受的力。

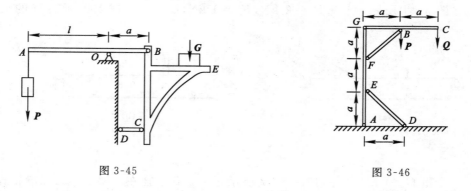

图 3-45

图 3-46

3-14　一均质圆球 $G=450$ N，置于墙与斜杆 AB 之间，斜杆 AB 与直杆 BC 在 B 点用铰链连接，如图 3-47 所示。已知斜杆 AB 长 l，$AD=0.4l$，不计各杆的重量及摩擦。试求铰链支座 A 的约束反力和直杆 BC 所受的力。

3-15　如图 3-48 所示塔式起重机，已知轨距 $b=3$ m，机身自重 $G_1=500$ kN，其作用线距右轨 $e=1.5$ m，起重机的最大起重量 $G_2=250$ kN，其作用线距右轨 $l=10$ m，设平衡锤 G

的作用线距左轨 $a = 6$ m,试求:(1) 能保证起重机不致翻倒时 G 的取值范围;(2) 当 $G = 365$ kN 而起重机满载时,轮子 A、B 对轨道的压力。

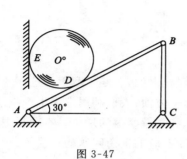

图 3-47

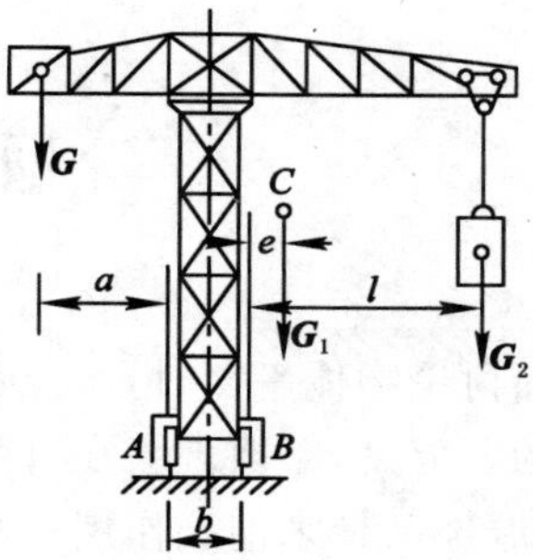

图 3-48

项目四   摩   擦

在前面讨论物体平衡时,假定物体间的接触是绝对光滑的,忽略了摩擦。这在一定条件下是允许的。但是,摩擦现象在自然界是普遍存在的,一方面,人们利用它为生产生活服务;另一方面,摩擦又带来消极作用,因此就要求我们认识和掌握摩擦的规律。本项目主要研究滑动摩擦和滚动摩擦、摩擦角和自锁的概念以及考虑摩擦时的平衡问题的解法等。

任务一   滑动摩擦和滚动摩擦

【知识要点】   摩擦的分类、滑动摩擦、滚动摩擦。
【技能目标】   理解摩擦的定义和分类,掌握摩擦力的计算方法。

在中学物理的学习中,我们经常听说一句话:没有摩擦力,我们将寸步难行。这说明摩擦力在我们的日常生活中无处不在。在前面几个项目的学习中,都是在刚体假设和光滑面假设的前提下进行的,在一定条件下是允许的。但无论是在生活实际还是在工程实践中,物体的接触表面都有一定的粗糙度,物体受力后都会发生一定的变形,所以,摩擦力是客观存在的。如图 4-1 所示,梯子靠墙立着,假如没有地面的摩擦力,梯子将向后滑倒,人根本上不去。如图 4-2 所示,摩擦式汽车离合器正是靠摩擦力工作的。车辆的启动和制动、带轮和摩擦轮的传动、螺纹连接及工件的夹具等,都是摩擦有利的一面。因此,有些问题中摩擦是主要矛盾时是不能忽略的。

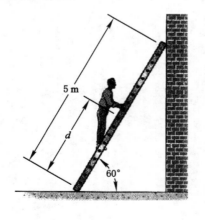

图 4-1

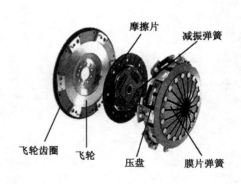

图 4-2

一、摩擦的定义及分类

当物体与另外一物体沿接触面的切线方向运动或有相对运动的趋势时,在两物体的接触部位就会产生阻碍物体相对运动的现象,这种现象称为摩擦。相互之间产生的阻碍运动的力称为摩擦阻力,简称摩擦力。摩擦是普遍存在的自然现象,没有摩擦而绝对光滑的接触表面是不存在的。在日常生活和工程实际中,摩擦有利也有害,但在多数情况下是不利的。如机器运转时的摩擦,造成能量的无益损耗和机器寿命的缩短,并降低了机械效率。因此,常用各种方法减少摩擦,如在机器中加润滑油、轴承中加钢珠等,如图 4-3 所示。但摩擦有时又是有利的。如人走路、汽车的行驶都必须依靠地面与脚和车轮的摩擦。汽车在冰雪覆盖的道路上,因摩擦太小不易行驶,必须在轮胎上加上防滑链来增大摩擦,如图 4-4 所示。摩擦的类别很多,按摩擦的运动形式可分为滑动摩擦和滚动摩擦;滑动摩擦又根据是否发生相对运动分为静滑动摩擦和动滑动摩擦。

图 4-3　　　　　　　　　　　　　　　　　图 4-4

当物体与另外一物体沿接触面有相对滑动或有相对滑动趋势时的摩擦称为滑动摩擦;两相互接触的物体有相对滚动或有相对滚动趋势时的摩擦称为滚动摩擦。这两种摩擦在计算时必须保证的条件是:物体处于静止或匀速直线运动的状态,这时摩擦力等于物体所受的阻力。通常情况下,滚动摩擦小于滑动摩擦。

二、滑动摩擦

当物体与另外一物体沿接触面有相对滑动或有相对滑动趋势时的摩擦称为滑动摩擦。其中,两物体只有相对滑动趋势时的摩擦称为静滑动摩擦,产生的摩擦阻力称为静摩擦力;两物体发生相对滑动时的摩擦则称为动滑动摩擦,产生的摩擦阻力称为动摩擦力。

（一）静滑动摩擦

相互接触的两物体之间有相对滑动的趋势,但仍保持静止时,彼此产生阻碍相对滑动的摩擦称为静摩擦,产生的阻力称为静滑动摩擦力,简称静摩擦力,此时物体处于平衡状态。如图 4-5(a)所示,重量为 G 的物体在水平推力 P 的作用下,物体没有被推动而保持平衡状态;通过受力分析可知:物体在水平面不仅有一个法向反力 N,还有一个阻碍物体运动的力 F,这个力 F 就是地面给物体的静摩擦力,如图 4-5(b)所示;静摩擦力的大小随主动力 P 的变化而变化,此时 $F=P$,方向与物体的运动趋势相反,作用线沿接触面的公切线。但是静

摩擦力 F 并不能一直增大,当推力 P 增大到一定值时,物体会处于要滑动还没有滑动的临界状态,P 达到最大值 P_{max} 再增大一点点力都会使物体动起来,如图 4-5(c)所示;物体所受的静摩擦力达到最大值 F_{max},称为最大静摩擦力。由上述分析可知,静摩擦力 F 的大小满足下面条件:

$$0 \leqslant F \leqslant F_{max} \tag{4-1}$$

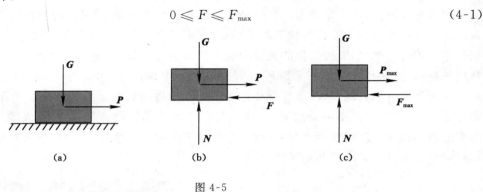

图 4-5

静滑动摩擦力是被动力,具有约束反力的性质。对给定的平衡问题,静摩擦力与约束反力一样是未知力,可由平衡方程求出。但对于最大静摩擦力,库仑静摩擦定律指出:最大静摩擦力的大小与物体的法向反力 N 成正比,即:

$$F_{max} = fN \tag{4-2}$$

式中,f 称为静摩擦系数,是无量纲的量。它主要取决于物体接触表面的材料性质、物理状态(湿度、温度、光滑程度)等,与接触面积大小无关。常用材料之间的静摩擦系数见表 4-1。

表 4-1　　　　　　　　　　　　常用材料的摩擦系数

材料名称	摩擦系数			
	静摩擦系数 f		动摩擦系数 f'	
	无润滑剂	有润滑剂	无润滑剂	有润滑剂
钢—钢	0.15	0.1～0.2	0.15	0.05～0.1
钢—铸铁	0.3		0.18	0.05～0.15
钢—青铜	0.15	0.1～0.15	0.15	0.1～0.15
钢—橡胶	0.9		0.6～0.8	
铸铁—铸铁		0.18	0.15	0.07～0.12
铸铁—青铜			0.15～0.2	0.07～0.15
铸铁—皮革	0.3～0.5	0.15	0.2	0.15
铸铁—橡胶			0.8	0.5
青铜—青铜		0.1	0.2	0.07～0.1
木材—木材	0.4～0.6	0.1	0.2～0.5	0.07～0.15

（二）动滑动摩擦

相互接触的两物体之间有相对滑动时,接触面上产生彼此阻碍滑动的阻力称为动滑动摩擦力,简称动摩擦力。动摩擦力的方向与物体相对滑动的方向相反,大小与接触面间的法

向反力 N 成正比,即:

$$F' = f'N \tag{4-3}$$

式中,f' 称为动摩擦系数。它主要取决于物体接触表面的材料性质、物理状态(湿度、温度、光滑程度等),与接触面积大小无关。

实验证明,动摩擦系数还与物体间的相对滑动速度有关,在一定范围内,滑动摩擦系数随着物体运动的速度的增大而有所减小,但一般变化比较微小。工程上通常不考虑这种微小影响,而将 f' 看成常量。常用材料之间的动摩擦系数见表 4-1。

三、滚动摩擦

当物体与另外一物体沿接触面有相对滚动或有相对滚动趋势时的摩擦称为滚动摩擦。物体滚动时,接触面一直在变化着,物体所受的摩擦力实质上是静摩擦力。接触面越软,形状变化越大,则滚动摩擦力就越大。一般情况下,物体之间的滚动摩擦力远小于滑动摩擦力。如图 4-6 所示,火车主动轮的摩擦力是推动火车前进的动力,而被动轮所受的摩擦力则是火车前进的阻力。又如在交通运输以及机械制造工业上广泛应用的滚动轴承,就是为了减少摩擦力而设置的,如图 4-7 所示。

图 4-6   图 4-7

(一)滚动摩擦的本质

滚动摩擦其实并不单纯是一个摩擦力,而是一对力,即我们之前学过的力偶。滚动摩擦一般用阻力矩来度量,其大小与物体的性质、表面的形状以及运动物体的重量有关。滚动摩擦实际上是一种阻碍滚动的力矩。当一个物体在粗糙的平面上滚动时,如果不再受动力或动力矩作用,它的运动将会逐渐地慢下来,直到静止。这个过程中,滚动的物体除了受重力、法向反力外,接触处还受静摩擦力。物体接触处产生形变,物体受重力作用而陷入支承面,同时物体本身也受压而变形,当物体向前滚动时,接触处前方的支承面隆起,而使支承面作用于物体的法向反力的作用点从最低点向前移,相对于物体的质心产生一个阻碍物体滚动的力矩,这就是滚动摩擦的实质。

如图 4-8(a)所示,圆轮半径为 r、重为 G,置于水平面上,在轮心 O 施加一水平力 P,水平面可提供足够的摩擦力 F,使圆轮不产生相对滑动。由 $\sum F_x = 0$,有 $P = F$,此时,力 P 与摩擦力 F 组成一力偶。如果圆轮与水平面都是绝对刚性的,圆轮在力偶的作用下就会产生滚动。实际上,当力 P 不太大时,圆轮既不滑动也不滚动而保持平衡,这是因为圆轮与水平面之间并非刚性接触,彼此都会产生变形,使圆轮在滚动时受到阻碍。为了简单计算,假设圆轮不变形,水平面有变形,如图 4-8(b)所示。水平面给圆轮的约束反力为一分布力系,向 A 点简化得法向反力 N、摩擦力 F 和阻力偶 M_f,如图 4-8(c)所示。接触面间产生的这种阻碍滚动趋势的阻力偶称为静滚动摩擦阻力偶,简称静滚阻力偶,用 M_f 表示。由力偶的平衡条件得静滚阻力偶的大小为 $M_f = Pr$,转向与圆轮相对滚动趋势相反,作用于圆轮与水平面接触部位。当力 P 逐渐增大时,圆轮会达到将要滚动而未滚动的临界平衡状态,此时 M_f 将达到最大静滚摩阻力偶 $M_{f\max}$。因此,静滚摩阻力偶 M_f 应满足以下条件:

$$0 \leqslant M_f \leqslant M_{f\max} \tag{4-4}$$

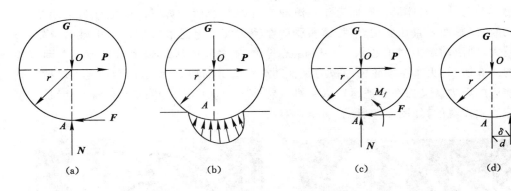

图 4-8

实验证明:最大静滚动摩阻力偶与接触物体的法向反力成正比,方向与滚动趋势方向相反。因此,有滚动摩擦定律:

$$M_{f\max} = \delta N \tag{4-5}$$

式中,δ 为滚动摩阻系数,其单位为厘米(cm)或毫米(mm),与接触面的变形程度有关,而与接触面的粗糙度无关。

滚动摩阻系数见表 4-2。根据力的平移定理,如图 4-8(d)所示,将 N 与 M_f 合成一个力 N',其中 $N' = N$,则,$M_{f\max} = dN$,即 $d = \delta$,这就是滚动摩阻系数 δ 的物理意义。

表 4-2 　　　　　　　　　　　　　　滚动摩阻系数

材料名称	软钢—软钢	淬火钢—淬火钢	铸铁—铸铁	木材—钢	木材—木材	钢轮—钢轨
滚动摩阻系数 δ/cm	0.005	0.001	0.005	0.03~0.04	0.05~0.08	0.05

(二)滚动摩擦分类

物体的滚动情况与接触面有关,滚动物体在接触面上滚动或有滚动趋势时,物体和接触面都会发生形变。根据滚动物体和接触面的实际情况可分为四种类型:

(1)滚动物体可以近似看作是刚体,接触面发生形变较大。如压路机的碾子在碾压泥土路基时,可简化为这类问题。

(2)接触面为刚性,滚动物体产生形变。如汽车、自行车的轮胎在水泥路面上行驶时,可简化为这类问题。

（3）滚动物体和接触面均为刚性。这是理想情况，如火车钢轮在钢轨上的运动，可以简化为这类问题。

（4）滚动物体和接触面均有形变。这种情况最为普遍，也最复杂，可以根据具体情况，具体分析。

综上所述，滚动摩擦的研究比较复杂，需要在实践中不断地探索。摩擦是普遍存在的自然现象，不管是滑动还是滚动，都存在摩擦，而且滚动摩擦比滑动摩擦小。学习摩擦的目的是为了充分利用摩擦有利的一面，避免和克服有害的一面。

任务二　摩擦角与自锁

【知识要点】　摩擦角，自锁现象。

【技能目标】　理解摩擦角的概念及计算方法；了解自锁现象，会用其原理来解决工程实践问题。

如图 4-9 所示，在实际生活中，由于摩擦的存在，有时会出现无论主动力如何增大，物体也无法运动的现象。同样，在工程实践中，有些机械，就其机构情况分析是可以运动的，但由于摩擦的存在，也会出现无论驱动力如何增大都无法运动的现象。这究竟是什么原因呢？

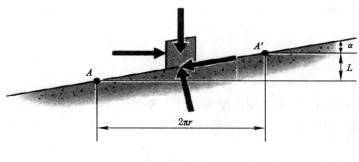

图 4-9

一、摩擦角

（一）摩擦角的定义

如图 4-10 所示，主动力 P 与 G 合成为一个主动力 Q，在不超出最大静摩擦力的范围内，静摩擦力 F 与法向反力 N 合成为一个约束反力 R，我们把它叫作全反力，则物体便在 Q 和 R 的作用下处于平衡状态。根据二力平衡公理，若改变主动力 Q，全反力 R 也随之改变，且随主动力方向角 α 的增大，全反力与接触面法向的夹角 φ 随之增大，此时，摩擦力 F 也随之增大，当 F 达到最大值 F_{max} 时，φ 达到最大值 φ_m，称为两接触物体的摩擦角。

（二）摩擦角的计算与测定

$$\tan \varphi_m = \frac{F_{max}}{N} = \frac{fN}{N} = f \tag{4-6}$$

式（4-6）表明，摩擦角的正切等于静摩擦系数 f。

摩擦角是静摩擦系数的几何表示,利用二者之间的关系,能够很方便地测定材料之间的静摩擦系数。

把要测定静摩擦系数的材料分别做成一物块 B 和一可绕 O 轴转动的平板 OA,使二者的接触表面符合预定要求。如图 4-11 所示,将物块 A 置于平板面 OA 上,缓慢抬起板的 A 端,由于存在摩擦,当 α 较小时,物块在斜面上保持静止,物块仅受重力 G 和全反力 R 的作用,所以 G 与 R 等值、反向、共线,与斜面法线的夹角 φ 等于斜面倾角 α,逐渐增大斜面倾角,直至物块刚刚开始下滑为止,此时既为临界状态,量出斜面倾角 α,这时的角 α 就是要测定的摩擦角 φ_m,其正切值就是要测定的静摩擦系数,即:

$$f = \tan \varphi_m = \tan \alpha \tag{4-7}$$

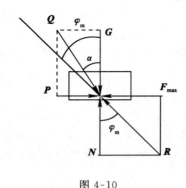

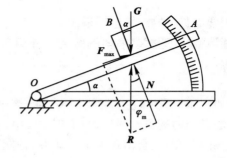

图 4-10 　　　　　　　　　　　　　　图 4-11

二、自锁现象及原理

(一) 自锁的定义及条件

当物体依靠接触面间相互作用的摩擦力与法向反力的合力(即全反力)作用线在摩擦角范围内变化时,此时可以认为物体自己把自己卡紧,无论外力多大都不会松开,这种现象称为自锁。

由于物体在接触面上运动趋势的方向是任意的,且接触面各方向的摩擦系数相同,所以过全反力作用点所作的极限摩擦情况下的全反力作用线,将形成一个顶角为 $2\varphi_m$ 的圆锥面,如图 4-12 所示,这个圆锥面称为摩擦锥。物体平衡时,由于全反力 R 的作用线不能超出摩擦锥,所以,当物体所受主动力的合力 Q 的作用线位于摩擦锥内,即 $0 \leqslant \alpha \leqslant \varphi_m$ 时,无论主动力 Q 大小如何,总有相应的全反力 R 与之平衡,使物体处于平衡状态,这就是自锁的原理。通常把主动力的合力与法线的夹角 α 小于摩擦角 φ_m,无论主动力有多大物体始终保持平衡的现象称为自锁现象。此时摩擦力 F 满足 $0 \leqslant F \leqslant F_{max}$,而主动力与接触面法线间的夹角小于摩擦角:

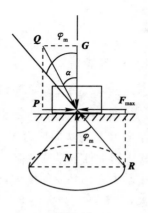

图 4-12

$$\alpha < \varphi_m \tag{4-8}$$

式(4-8)称为自锁条件。

$\alpha > \varphi_m$ 时,不论 F 值多么小,物体都不会平衡;当 $\alpha < \varphi_m$ 时,则物体永远保持平衡。

（二）自锁条件的应用

螺旋千斤顶如图 4-13(a)所示，转动手柄 1，使矩形螺纹丝杠 2 沿底座螺纹槽（螺母）旋转，丝杠缓慢上升而顶起重物 4。工作时，为了使螺纹丝杠在载荷 **G** 的作用下不产生反向旋转而维持重物的高度位置，丝杠螺纹与底座螺纹槽之间必须满足自锁条件。螺纹可以看成绕在圆柱体上的斜面，如图 4-13(b)所示，螺纹升角 α 就是斜面的倾角。将丝杠简化成物块置于斜面上，在轴向载荷 **G** 作用下，丝杠的矩形螺纹与底座的螺纹槽之间会产生一定的压力和摩擦力，全反力为 **R** 如图 4-13(c)所示。要使螺纹自锁，必须使螺纹升角 α 小于或等于摩擦角 φ_m。因此，螺纹的自锁条件是 $\alpha \leqslant \varphi_m$，确定了千斤顶螺杆和螺母材料间的静摩擦系数 f 后，可由下式确定千斤顶的螺纹升角：

$$\alpha \leqslant \varphi_m = \arctan f$$

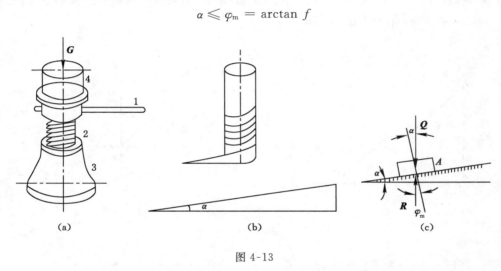

图 4-13

如千斤顶螺杆和螺母材料间的静摩擦系数 $f = 0.1$，则

$$\varphi_m = \arctan f = \arctan 0.1 = 5°43'$$

因此，为了保证千斤顶自锁，一般螺纹升角的角度取值范围为 $4° \sim 4°30'$。

任务三　考虑摩擦时的平衡问题

【知识要点】 滑动平衡的条件

【技能目标】 掌握滑动平衡的条件，能用平衡条件求解考虑摩擦的平衡问题。

一、滑动平衡的条件

考虑摩擦时的平衡问题，与不考虑摩擦时的平衡问题有着共同特点，即物体平衡时应满足平衡条件，解题方法与过程也基本相同。但是，这类平衡问题的分析过程也有其特点：

（1）受力分析时必须考虑摩擦力，而且要注意摩擦力的方向与相对滑动趋势的方向相反。

（2）在滑动之前，即处于静止状态时，摩擦力不是一个定值，而是在一定的范围内取值。

所以,在列出静力学平衡方程的同时,还必须列出 $F_{\max} = fN$ 的补充方程。即:

$$\sum F_x = 0, \quad \sum F_y = 0, \quad \sum M_A(\boldsymbol{F}) = 0, \quad F_{\max} = fN$$

必须引起注意的是,滑动摩擦力和最大静摩擦力的方向总是与物体的相对滑动(或趋势)的方向相反,不可任意假设。但是,在静摩擦力没有达到最大静摩擦力之前,摩擦力的方向具有不确定性,可以假设其方向,由平衡条件求得最终结果后,再根据摩擦力的正负号来判定假设的方向是否正确。

二、滑动平衡的工程实例

【例 4-1】 如图 4-14(a)所示,梯子长 $AB = l$,重为 $\boldsymbol{G}$,若梯子与墙和地面的静摩擦系数 $f = 0.5$,求 α 多大时,梯子能处于平衡。

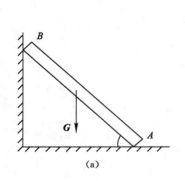 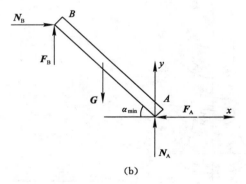

图 4-14

解: (1)取梯子为研究对象,分析受力,画受力图如图 4-14(b)所示。

(2)建立坐标系 xAy,列平衡方程。

$$\sum F_x = 0, \quad N_B - F_A = 0$$

$$\sum F_y = 0, \quad F_B - G + N_A = 0$$

$$\sum M_A(\boldsymbol{F}) = 0, \quad -N_B l\sin\alpha - F_B l\cos\alpha + G\frac{l}{2}\cos\alpha = 0$$

$$F_B = fN_B$$

$$F_A = fN_A$$

$$N_A = \frac{G}{1+f^2}, \quad N_B = \frac{fG}{1+f^2}, \quad F_B = G - \frac{G}{1+f^2}$$

$$\alpha_{\min} = \arctan\frac{1-f^2}{2f} = \arctan\frac{1-0.5^2}{2\times0.5} = 36°87'$$

注意,由于 α 不可能大于 $90°$,所以梯子平衡倾角 α 应满足:

$$36°87' \leqslant \alpha \leqslant 90°$$

【例 4-2】 攀登电线杆的脚套钩如图 4-15 所示。已知电线杆直径为 d,A、B 两接触点的垂直距离为 b,套钩与电线杆间的静摩擦系数为 0.5,欲使套钩不致下滑,人站在套钩上的最小距离 L 应为多大?

解: 取脚套钩为研究对象,画受力图如图 4-15(c)所示,列平衡方程。

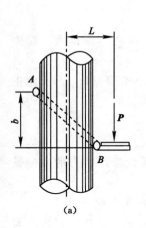 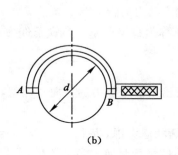 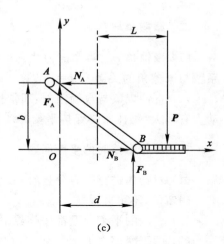

图 4-15

$$\sum F_x = 0, \quad N_B - N_A = 0$$

$$\sum F_y = 0, \quad F_B + F_A - P = 0$$

$$\sum M_A(\boldsymbol{F}) = 0, \quad N_B b + F_B d - P(l + \frac{d}{2}) = 0$$

因套钩处于临界平衡状态,还需建立物理方程:

$$F_B = fN_B$$
$$F_A = fN_A$$

解方程得:

$$l = \frac{b}{2f}$$

小 结

一、滑动摩擦和滚动摩擦

(1)静滑动摩擦力:相互接触的两物体之间有相对滑动的趋势,但仍保持静止时,彼此产生阻碍相对滑动的摩擦称为静摩擦,产生的阻力称为静滑动摩擦力,简称静摩擦力。满足:

$$0 \leqslant F \leqslant F_{\max}$$

(2)最大静摩擦力:

$$F_{\max} = fN$$

(3)动滑动摩擦力:相互接触的两物体之间有相对滑动时,接触面上产生彼此阻碍滑动的阻力称为动滑动摩擦力,简称动摩擦力。计算公式:

$$F' = f'N$$

(4)滚动摩擦:滚动摩擦其实质是阻力偶,静滚摩阻力偶 $0 \leqslant M_f \leqslant M_{f\max}$,最大静滚动摩擦阻力偶 $M_{f\max} = \delta N$。

二、摩擦角与自锁

（1）摩擦角 φ_m：当摩擦力达到最大值 F_{max}，全反力与法线的夹角 φ_m 叫作摩擦角。摩擦系数与摩擦角的关系为 $f=\tan\varphi_m$。

（2）自锁现象与自锁条件：通常把主动力的合力与法线的夹角 α 小于摩擦角 φ_m，无论主动力有多大，物体始终保持平衡的现象称为自锁现象。自锁条件为 $\alpha\leqslant\varphi_m$。

三、考虑摩擦时的平衡问题

（1）对物体进行受力分析时，必须给出静摩擦力的方向。注意，最大静摩擦力的方向是唯一确定的，不可假设。

（2）一般的平衡问题都按临界平衡状态考虑，将 $F_{max}=fN$ 作为补充方程。

（3）由于摩擦力 F 是变化的，物体的平衡具有一定的范围，所以问题的分析结果也具有一定的范围。

思考与探讨

4-1　一般认为：接触面越光滑，摩擦力越小。但在现实中，摩擦面太光滑反而摩擦力会增大，比如两块儿光滑的玻璃相互推动时，要比不那么光滑的木块儿困难得多。那么，摩擦力的本质究竟是什么？是不是推翻了我们的摩擦理论？为什么会出现这种情况？

4-2　为什么说滚动摩擦力不是一个"力"？

4-3　静摩擦力与动摩擦力的特征分别是什么？

4-4　现实中，静摩擦系数与动摩擦系数的关系是什么？

4-5　路面有坚硬路面、松软路面两种，车轮有直径大、小两种，轮胎有充气较足、充气不足两种。车辆行驶时，下面哪种情况最省力？哪种情况最费力？为什么？

（1）充气较足、直径小的车轮在坚硬的路面上行驶；

（2）充气不足、直径小的车轮在松软的路面上行驶；

（3）充气不足、直径大的车轮在松软的路面上行驶；

（4）充气较足、直径大的车轮在坚硬的路面上行驶。

4-6　均质轮在地面上只滚不滑时，轮与地面的摩擦力是静摩擦力还是动摩擦力？

习　　题

4-1　如图 4-16 所示，一物块放在倾角为 α 的斜面上，物体重 600 N，倾角 α 等于 30°，受到的推力 P 等于 400 N，物块与斜面间的静摩擦系数为 0.25，那么物体受到的是哪种摩擦力？大小是多少？

4-2　带式输送机如图 4-17 所示，砂石与胶带间的静摩擦系数 $f=0.4$，求所允许的输送带的最大倾角 α。

4-3　如图 4-18 所示，物体 A 重 G_A 为 200 N，物体 B 重 G_B 为 600 N，A、B 间的摩擦系数 $f_1=0.2$，B 与地面的静摩擦系数 $f_2=0.25$，两物体由不可伸长的水平绳相连，求能使系统运动的水平力的最小值 **F**。

4-4　机床所用偏心夹具如图 4-19 所示，偏心轮直径为 D，偏心轮与台面间的静摩擦系数为 f，因夹紧工件时要求偏心轮自锁，求 O、A、B 在同一直线时偏心距 e 的大小。

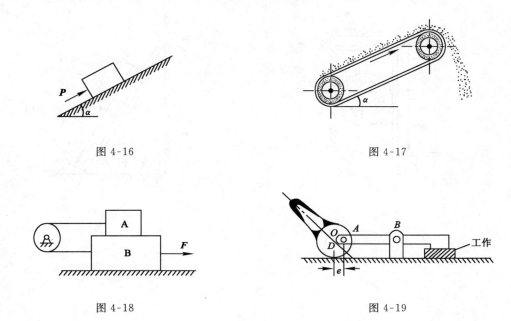

图 4-16　　　　　　　　　　　　　图 4-17

图 4-18　　　　　　　　　　　　　图 4-19

4-5　起重绞车的制动器由带制动块的手柄和制动轮组成，如图 4-20 所示。已知制动轮半径 $R＝50$ cm，鼓轮半径 $r＝30$ cm，制动轮和制动块间的摩擦系数 $f＝0.4$，提升的重量 $G＝1\,000$ N，手柄长 $L＝300$ cm，$a＝60$ cm，$b＝10$ cm。不计手柄和制动轮的重量，求能制动所需 **P** 力的最小值。

4-6　热轧机工作简图如图 4-21 所示，两轧辊直径 d 均为 500 mm，辊间开度 a 为 5 mm，两轧辊反向转动，现欲将加热的钢板进行轧制，若钢板与轧辊间的摩擦系数为 0.1，求原始钢板的最大厚度 b。

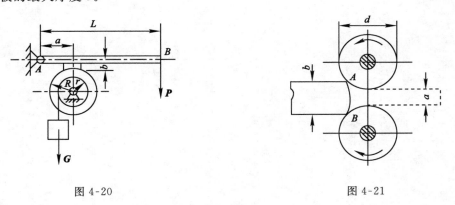

图 4-20　　　　　　　　　　　　　图 4-21

4-7　如图 4-22 所示，球重 600 N，接触面间的滑动摩擦系数 $f＝0.2$，$l_1＝0.3$ m，$l_2＝0.2$ m，问使球不致下落的力 **F** 最小应为多大。

4-8　如图 4-23 所示,长 4 m、重 200 N 的梯子,斜靠在光滑的墙上,梯子与地面成 60°角,梯子与地面的静摩擦系数 $f=0.4$,有一重 600 N 的人登梯而上,问他上到何处时梯子开始滑倒。

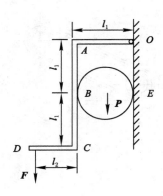

图 4-22

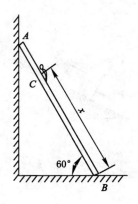

图 4-23

项目五　构件承载能力分析概述

前几个项目主要研究了物体在力的作用下的平衡规律。项目五开始将研究工程构件的受力、变形和破坏之间的规律,即通过研究构件的强度、刚度和稳定性,为工程构件的设计提供理论基础和计算方法。工程构件设计的理论基础是在抽象假设基础上建立的。本项目主要介绍构件正常工作的基本要求,变形固体基本假设,构件的基本变形以及内力、应力和截面法的概念。

任务一　对构件的基本要求

【知识要点】　强度、刚度、稳定性的概念。
【技能目标】　构件正常工作必须具有足够的强度、必要的刚度和足够的稳定性。

在工程实际中,各种机械装置和工程结构都是由若干构件组成的。当它们承受载荷时,每个构件都必须安全可靠,才能保证整个结构和机械正常工作。材料力学的任务就是研究构件的受力、变形和破坏之间的规律;通过研究构件的强度、刚度和稳定性,在保证构件安全可靠工作的前提下,为选用合适的材料,设计合理的截面形状和尺寸,解决安全和经济的矛盾,提供必要的理论基础和计算方法。构件在工作时,会因受力过大而引起过大的变形甚至破坏,从而影响构件的正常工作。为保证构件安全可靠地工作,要求构件必须具有足够的强度、必要的刚度和足够的稳定性。

（1）足够的强度——保证构件在外力的作用下不发生破坏。工程上把构件具有的抵抗破坏的能力称为强度。

（2）必要的刚度——保证构件在外力的作用下不产生过大变形而影响正常工作。工程上把构件具有的抵抗变形的能力称为刚度。

（3）足够的稳定性——保证构件在外力的作用下能保持原来直线平衡状态。工程上把构件具有的维持原有直线平衡状态的能力称为稳定性。一些细长或薄壁构件在轴向压力达到一定程度时,会出现失去原有直线平衡形式而突然变弯的现象,这种现象称为构件丧失稳定性,简称为失稳。因此,对细长杆要求在规定的条件下不能发生失稳现象。

因此,足够的强度、必要的刚度和足够的稳定性是保证构件安全可靠工作的基本要求。

任务二　变形固体的基本假设

【知识要点】　均匀连续性、各向同性、小变形假设。
【技能目标】　了解变形固体的基本假设。

任何物体当受到载荷作用时,其形状和尺寸都会发生改变。在静力学中,把物体看成是刚体。材料力学所研究的物体,其材料的物质结构和性质虽然是千差万别的,但却具有一个共同的特性,即它们都是固体,而且在载荷作用下会产生变形。因此,在材料力学中,把物体抽象为变形固体。由于构件材料品种繁多、结构复杂,在对变形固体进行强度、刚度和稳定性计算时,为了简化计算,针对与研究问题相关的主要因素,忽略一些次要因素,将它们抽象为一种理想的模型,作为材料力学理论分析的基础。因此,对变形固体作如下基本假设:

（1）均匀连续性假设——假设构成构件的几何体内毫无空隙、均匀地充满了物质,且各点处的力学性质都相同。

（2）各向同性假设——假设构件在各个方向上的力学性质都相同。

（3）小变形假设——假设构件在载荷作用下所产生的变形远小于其原始尺寸。在进行平衡计算时,变形可以忽略不计,使计算简化。

变形固体在外力作用下的变形可分为两类:一类是外力作用时物体产生变形,当外力撤除后变形随之消失,这种变形称为弹性变形;另一类是外力作用时物体产生变形,当外力撤除后保留下来的变形,这种变形称为塑性变形,也称为残余变形。多数构件在正常工作条件下只产生弹性变形,而且这些变形与构件原始几何尺寸相比是很小的。所以,在材料力学中只限于对弹性变形的研究,并且在研究平衡和运动问题时,变形均可忽略不计。

因此,材料力学中将构件看成均匀、连续、各向同性的变形固体,而且只研究微小的弹性变形。

任务三　杆件变形的基本形式

【知识要点】　四种基本变形:轴向拉伸和压缩、剪切、扭转、弯曲。
【技能目标】　四种基本变形的特征。

工程实际中,构件的形状是多种多样的,经过简化、归纳后,一般可以分为杆、板、块、壳等。凡是纵向尺寸远大于横向尺寸的构件称为杆。杆件横截面形心的连线称为杆的轴线。轴线是直线的杆称为直杆,轴线是曲线的杆称为曲杆。各横截面相同的直杆称为等直杆。材料力学主要的研究对象是等直杆。

外力的作用方式不同,杆件的变形形式也就不同,但最基本的变形可归纳为四种基本形式:轴向拉伸和压缩、剪切、扭转、弯曲。其受力、变形情况列于表 5-1。

表 5-1　　　　　　　　　　　　　　　杆件的基本变形

变形形式	工程实例	受力简图
拉伸和压缩	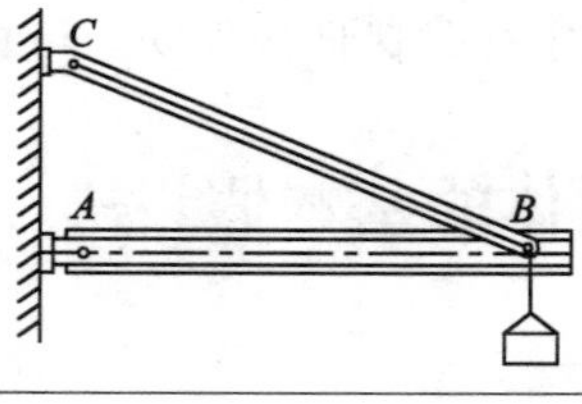	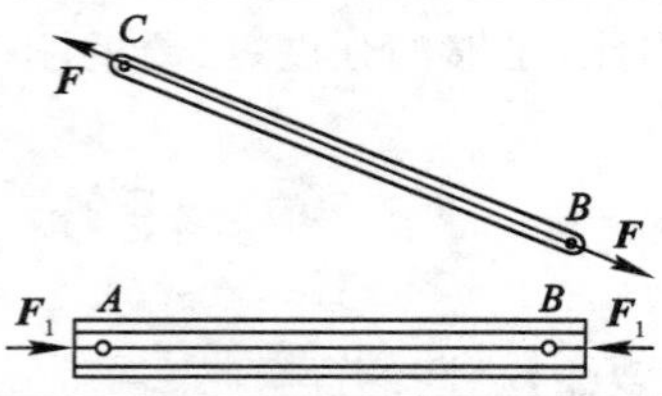

变形形式	工程实例	受力简图
剪切	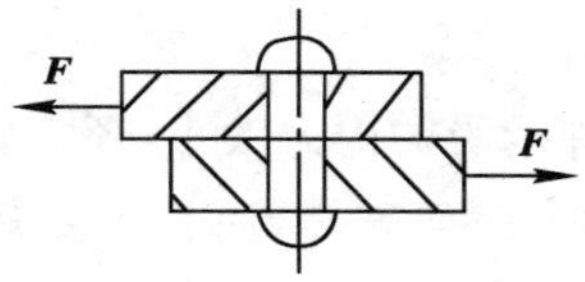	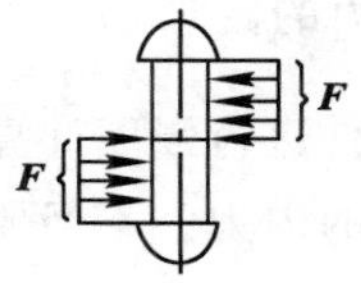
扭转	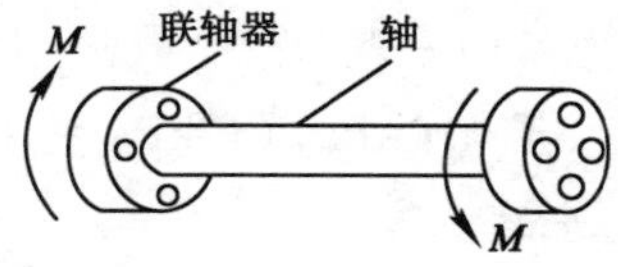	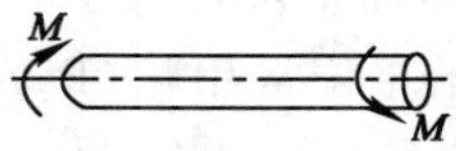
弯曲	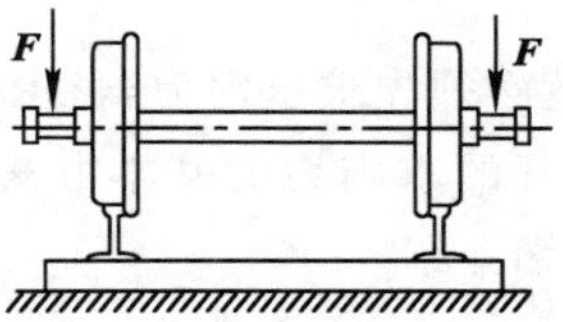	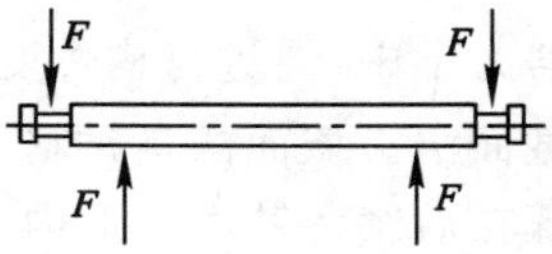

任务四　内力、应力和截面法

【知识要点】　内力、应力和截面法。
【技能目标】　掌握内力、应力和截面法的概念。

一、内力的概念

1. 外力

外力是指某一物体受到其他物体所作用的力,它包括主动力和约束反力。在工程实践中,构件受到的外力按力的分布情况,将其分为集中力、集中力偶和均匀分布载荷;按载荷作用的性质,将其分为静载荷和动载荷。静载荷是由零缓慢的增加到某一数值后保持不变或变化很小的载荷。动载荷是指随时间有显著变化的载荷。在材料力学中,重点研究构件在静载荷作用下的问题。

2. 内力

构件是由无数质点组成的。在未受外力作用时,为了保持构件的形状和尺寸,构件内部的各质点之间存在着相互作用的内部作用力;它力图保持质点间原有的距离和联系,以抵抗外力使构件发生变形和破坏。当构件受外力作用而产生变形时,构件内部质点间的内部作用力也随之改变,这种因外力而引起的内部作用力的改变量,称为附加内力,在材料力学中简称为内力。

内力是由外力引起的,并随着外力的改变而改变,但它的增加是有一定限度的。若内力超过一定的限度,就会引起构件材料过大的变形甚至破坏,构件将不能正常工作。内力与构件的强度、刚度和稳定性密切相关。因此,内力分析是材料力学研究的重要内容。

二、应力的概念

要对构件进行强度计算,不仅需要知道构件承受的内力大小,还需要知道在单位截面积上构件受到的内力。不但要知道构件可能沿哪个截面破坏,而且还要知道从哪一点开始破坏。因此,仅仅知道截面上的内力总和是不够的,还必须知道内力在截面上各点的分布情况。材料力学中,把单位面积上的内力称为应力。其中,与截面垂直的应力称为正应力,用 σ 表示;与截面相切的应力称为切应力(或剪应力),用 τ 表示。

应力的单位常用帕(Pa)($1\ \text{Pa} = 1\ \text{N/m}^2$)、千帕(kPa)($1\ \text{kPa} = 10^3\ \text{Pa}$)、兆帕(MPa)($1\ \text{MPa} = 10^6\ \text{Pa}$)、吉帕(GPa)($1\ \text{GPa} = 10^9\ \text{Pa}$)来表示。

三、截面法

材料力学中,要进行构件变形的内力分析就必须先求出内力,显示并计算构件内力的方法称为截面法。截面法是材料力学中始终离不开的求内力的基本方法,截面法求内力的方法和步骤在后续各基本变形内力分析时再做详细介绍。

小　　结

一、对构件的基本要求

(1) 构件必须具有足够的强度、必要的刚度和足够的稳定性。
(2) 强度:构件具有的抵抗破坏的能力称为强度。
(3) 刚度:构件具有的抵抗变形的能力称为刚度。
(4) 稳定性:构件具有的维持原有直线平衡状态的能力称为稳定性。

二、变形固体的基本假设

变形固体的基本假设:材料力学将构件看成均匀、连续、各向同性的变形固体,而且只研究微小的弹性变形。

三、杆件变形的基本形式

杆件变形的基本形式:拉伸和压缩、剪切、扭转、弯曲。

四、内力、应力和截面法

(1) 内力:因外力而引起的内部作用力的改变量,称为附加内力,在材料力学中简称为内力。
(2) 应力:单位面积上的内力称为应力。
(3) 截面法:显示并计算构件内力的方法称为截面法。

思考与探讨

5-1　举出工程实际和日常生活中四种基本变形的实例。

5-2　分别举出因强度、刚度、稳定性不足而破坏的实例。

项目六   轴向拉伸和压缩

轴向拉伸和压缩是四种基本变形中最简单、最常见，也是最重要的一种形式。通过轴向拉伸和压缩的受力分析和变形分析，重点研究构件拉伸和压缩时的内力、应力及变形计算，材料拉伸和压缩时的力学性质，构件拉伸和压缩的强度计算以及拉伸和压缩的超静定问题。

任务一   轴向拉伸和压缩的概念

【知识要点】　轴向拉伸和压缩的受力特点、变形特点和概念。
【技能目标】　掌握轴向拉伸和压缩的受力特点、变形特点和基本概念。

工程实际中，轴向拉伸和压缩的杆件是很多的。简易吊车中的拉杆 AB 是轴向拉伸的实例[图 6-1(a)]；建筑物中的支柱、煤矿井下工作面的液压支柱都是轴向压缩的实例[图 6-1(b)]。为了便于进行研究，通常把受拉伸和压缩的构件简化为力学模型。

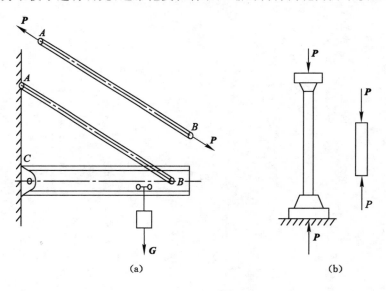

(a)　　　　　　　　　　　(b)

图 6-1

由力学模型可知，杆件轴向拉伸和压缩的受力特点：两个外力（或外力的合力）大小相等、方向相反、作用线与杆件的轴线重合；其变形特点：杆件沿轴线方向伸长或缩短，横截面缩小或变大。通常把杆件受大小相等、方向相反、作用线与轴线重合的两力作用，沿轴线方向伸长或缩短，横截面缩小或变大的变形称为轴向拉伸和压缩。

任务二　轴向拉伸和压缩横截面上的内力——轴力

【知识要点】　轴力、截面法求轴力、轴力图。
【技能目标】　掌握轴力的基本概念、截面法求轴力的步骤,会画轴力图。

一、轴向拉伸和压缩时横截面上的内力计算

要对拉(压)杆进行强度计算,首先必须用截面法计算内力。截面法是材料力学中求内力的基本方法。下面举例说明截面法求轴力的具体过程。

拉杆如图 6-2 所示,求横截面上的内力就要用截面法。可以假想用截面 m—m 把杆件截成左、右两段,保留其中任意一段(左段或右段)作为研究对象;去掉部分对保留部分的作用用内力来表示,如图 6-2(b)、(c)所示。因杆件的外力作用线与杆件的轴线重合,由二力平衡条件知,内力合力的作用线也必与杆件的轴线重合,即垂直杆件的横截面,并通过截面形心与外力 F 共线,且沿杆件的轴线方向。因轴向拉伸和压缩横截面上的内力沿杆件的轴线方向,所以此内力又称为轴力。通常用符号 N 表示。由平衡条件可知,杆件在外力作用下处于平衡,则左、右段也必然平衡,列平衡方程:

$$\sum F_x = 0, \quad N - F = 0$$

得
$$N = F$$

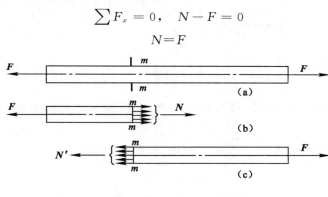

图 6-2

同理,若取右段为研究对象,亦可求出 $N' = F$。因 N 和 N' 是一对作用力与反作用力,必然等值、反向和共线。因此无论研究截面左段求出的轴力 N,还是研究截面右段求出的轴力 N',都表示 m—m 截面的轴力。

为保证取左段或右段为研究对象所求轴力符号一致,对轴力的正负号规定如下:杆件受拉时轴力为正;杆件受压时轴力为负。计算时轴力均假设为拉力(即沿截面外法线方向),若求得的结果为正,则杆件受拉;反之,杆件受压。

二、截面法求内力的一般步骤

把以上截面法求内力的方法进行概括,可以得出截面法求轴力的一般步骤如下:
(1) 截开:用假想截面把构件截成两部分,简称截。
(2) 保留:保留任意一部分作为研究对象,简称留。

（3）代替：去掉部分对保留部分的作用用内力来代替,简称替。

（4）平衡：列平衡方程求内力,简称平。

综上所述,截面法求内力的步骤简称为：截、留、替、平。

【例6-1】　如图6-3所示的等截面直杆,受轴向作用力 $F_1 = 15$ kN, $F_2 = 10$ kN。求杆件 1—1、2—2 截面的轴力。

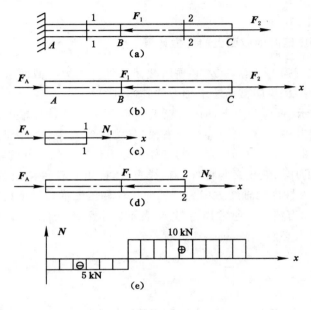

图 6-3

解： （1）求支座反力（悬臂构件可以省略）。杆件的受力如图 6-3（b）所示,列平衡方程：

$$\sum F_x = 0, \quad F_A - F_1 + F_2 = 0$$

解得

$$F_A = F_1 - F_2 = 5 \text{ （kN）}$$

（2）求指定截面的内力。用 1—1 截面假想将杆件截开,取左段为研究对象,右段对左段的作用力用轴力 N_1 来代替,如图 6-3（c）所示。并假定该轴力 N_1 为正,列平衡方程：

$$\sum F_x = 0, \quad F_A + N_1 = 0$$

解得

$$N_1 = -F_A = -5 \text{ （kN）}$$

式中,负号表示 N_1 的方向和假定的方向相反,截面受压。

用 2—2 截面假想将杆件截开,取左段为研究对象,右段对左段的作用力用轴力 N_2 来代替,如图 6-3（d）所示。并假定轴力 N_2 为正,列平衡方程：

$$\sum F_x = 0, \quad F_A - F_1 + N_2 = 0$$

解得

$$N_2 = F_1 - F_A = 10 \text{ （kN）}$$

需要说明的是,在求解 1—1、2—2 截面上的轴力时,也可直接取截面右侧为研究对象来求解,可不必求支座反力。

注意要点:① 用截面法求内力时,截面不能选在外力作用点处的截面上;② 两外力作用点之间各个截面上的轴力都相等;③ 杆件任一截面上的轴力 N 等于截面左段(或右段)杆件上所有外力的代数和。

三、轴力图

为了表示各截面上的轴力沿截面的变化情况,绘图时一般以最左端的截面对应的点为坐标原点,设平行于杆件轴线的坐标为 x 轴,表示横截面的位置;与 x 轴垂直的轴表示轴力的大小。通常把轴力随截面位置的变化而变化的图形称为轴力图。如图 6-3(e)所示。

【例 6-2】　绘制如图 6-3 所示的等截面直杆的轴力图。

解:　轴力图如图 6-3(e)所示。

【例 6-3】　已知杆件受轴向作用力,如图 6-4 所示,$F_1 = 16$ kN,$F_2 = 10$ kN,$F_3 = 20$ kN,求出各段的轴力,并画出轴力图。

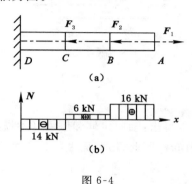

图 6-4

解:　(1)分段计算轴力。按外力的作用位置将杆分为三段,求各段的轴力。

由截面法知:

$$N_{AB} = F_1 = 16 \text{ (kN)}$$
$$N_{BC} = F_1 - F_2 = 6 \text{ (kN)}$$
$$N_{CD} = F_1 - F_2 - F_3 = -14 \text{ (kN)}$$

CD 段轴力为负,说明 CD 段受压。

(2)绘制轴力图,如图 6-4(b)所示。

任务三　轴向拉伸和压缩横截面上的应力

【知识要点】　正应力。

【技能目标】　掌握正应力的计算方法。

杆件在不同外力作用下,内力不同变形就不同,相同材料的杆件在外力作用下,截面较细的杆件更容易被拉断,说明内力在截面上的分布规律、分布密集程度直接影响杆件的强度。下面分析轴向拉伸和压缩时横截面上的应力。

一、平面假设

为了求得截面上的应力,必须了解内力在截面上的分布规律。为此,可做如下实验。

取一等截面直杆,在杆件表面画与杆件轴线垂直的横线 ab 和 cd,再画与杆件轴线平行的纵线,在力 F 作用下使杆件产生拉伸变形,如图 6-5 所示。可以看出:横线、纵线在变形前后均为直线,只是横线缩短,纵向变长。根据变形固体的基本假设以及杆件表面的变形情况可做如下假设:杆件的横截面在变形后仍保持为平面,且仍与杆的轴线垂直,这个假设称为平面假设。

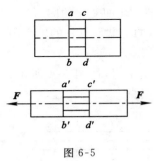

图 6-5

二、横截面上的正应力

由实验现象和平面假设可以得出:轴向拉伸和压缩杆件横截面上只有正应力,没有剪应力,且横截面上的正应力均匀分布。因此,横截面上的正应力为:

$$\sigma = \frac{N}{A} \tag{6-1}$$

式中,σ 为横截面上的正应力,MPa;A 为横截面的面积,mm^2;N 为横截面上的轴力,N。

正应力 σ 的正负与轴力 N 的正负相对应,即拉应力为正,压应力为负。

【例 6-4】　阶梯轴受力如图 6-6 所示,$F_1 = 10$ kN,$F_2 = 30$ kN,$F_3 = 50$ kN,若杆 AB、BC 和 CD 各段截面面积分别为 $A_1 = 200$ mm²,$A_2 = 250$ mm²,$A_3 = 400$ mm²,试求杆各段横截面上的正应力。

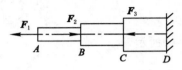

图 6-6

解:　(1)求外力,悬臂构件可以不必求出支座反力。

(2)求各段轴力。

根据截面法可知:

$$N_{AB} = F_1 = 10 \text{ (kN)}$$

$$N_{BC} = F_1 - F_2 = -20 \text{ (kN)}$$

$$N_{CD} = F_1 - F_2 + F_3 = 30 \ (\text{kN})$$

（3）求各段截面上的应力。

由式（6-1）得：

$$\sigma_{AB} = \frac{N_{AB}}{A_1} = \frac{10 \times 10^3}{200} = 50 \ (\text{MPa})$$

$$\sigma_{BC} = \frac{N_{BC}}{A_2} = \frac{-20 \times 10^3}{250} = -80 \ (\text{MPa}) \quad （压应力）$$

$$\sigma_{CD} = \frac{N_{CD}}{A_3} = \frac{30 \times 10^3}{400} = 75 \ (\text{MPa})$$

可见，$|\sigma|_{\max} = 80$ MPa。

任务四 轴向拉伸和压缩时的变形及胡克定律

【知识要点】 绝对变形、相对变形、胡克定律。

【技能目标】 掌握绝对变形、相对变形的内涵及胡克定律的具体应用。

一、绝对变形

实验表明，轴向拉伸和压缩时直杆的纵向和横向尺寸都有所改变。如图 6-7 所示，正方形直杆受轴向拉力作用后，长度 l 增加为 l_1，宽度 b 缩小为 b_1，则杆的变形有：

纵向绝对变形（简称变形）：

$$\Delta l = l_1 - l \tag{6-2}$$

横向绝对变形：

$$\Delta b = b_1 - b \tag{6-3}$$

拉伸时：Δl 为正，Δb 为负；压缩时：Δl 为负，Δb 为正。

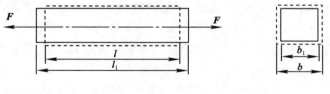

图 6-7

二、相对变形

显然，杆的绝对变形与杆件的原始几何尺寸有关，为便于分析和比较，用单位长度的变形即相对变形（线应变）来度量杆件的变形程度。

纵向相对变形（简称线应变）：

$$\varepsilon = \frac{\Delta l}{l} \tag{6-4}$$

横向相对变形：

$$\varepsilon_1 = \frac{\Delta b}{b} \qquad\qquad (6\text{-}5)$$

拉伸时：ε 为正，ε_1 为负；压缩时则相反。线应变是一个无量纲的量。

实验表明，当应力不超过某一限度（即材料的比例极限）时，材料的横向线应变 ε_1 与纵向线应变 ε 之间成正比关系，且符号相反，即：

$$\varepsilon_1 = -\mu\varepsilon \qquad\qquad (6\text{-}6)$$

式中，比例系数 μ 称为泊松系数或泊松比。

三、胡克定律

实验表明，当杆的正应力 σ 不超过材料的比例极限时，杆的绝对变形 Δl 与轴力 N 和杆长 l 成正比，与横截面积 A 成反比，这一比例关系称为胡克定律。引入比例常数 E，得胡克定律表达式：

$$\Delta l = \frac{Nl}{EA} \qquad\qquad (6\text{-}7)$$

式中，Δl 为绝对变形；N 为轴力；A 为横截面积；E 为材料的弹性模量，由实验测定。

常用材料的 E 值见表 6-1。

表 6-1　　　　　　　　　　　几种常用材料的 E 值

材料名称	弹性模数 E/GPa	材料名称	弹性模数 E/GPa
碳素结构钢	196～216	铝及硬铝	70.6
合金钢	189 ～216	灰铸铁	78.4～147
铜及其合金	72.5～127	木材（顺纹）	9.8～11.8
铸钢	171	混凝土	14.3～34.3

由式(6-7)可知，对于长度相同、受力情况相同的杆，其 EA 值越大，则杆的变形越小；EA 表示了杆件抵抗拉伸或压缩变形的能力。故 EA 称为杆件的抗拉（抗压）刚度。

将式(6-7)两边同时除以 l，用 σ 代替 N/A，得胡克定律另一表达式为：

$$\sigma = E\varepsilon \qquad\qquad (6\text{-}8)$$

式(6-8)说明，当应力不超过材料的比例极限时，应力与应变成正比。

【例 6-5】　如图 6-8 所示变截面钢杆，受轴向载荷 $F_1 = 30$ kN，$F_2 = 10$ kN，杆长 $l_1 = l_2 = l_3 = 100$ mm，各段截面面积分别为 $A_1 = 500 \text{ mm}^2$，$A_2 = 200 \text{ mm}^2$，弹性模量 $E = 200$ GPa。试求杆各段横截面上的应力和总伸长量。

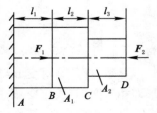

图 6-8

解：　(1) 求支座反力。

钢杆的一端固定，可不必求出固定端的约束反力。

(2) 计算各段轴力。

AB 段和 BD 段的轴力分别为：

$$N_{AB} = F_1 - F_2 = 20 \ (\text{kN})$$

$$N_{BD} = -F_2 = -10 \, (\text{kN})$$

（3）计算各段应力。

$$\sigma_{AB} = \frac{N_{AB}}{A_1} = \frac{20 \times 10^3}{500} = 40 \, (\text{MPa})$$

$$\sigma_{BC} = \frac{N_{BD}}{A_1} = \frac{-10 \times 10^3}{500} = -20 \, (\text{MPa}) \quad （压应力）$$

$$\sigma_{CD} = \frac{N_{BD}}{A_2} = \frac{-10 \times 10^3}{200} = -50 \, (\text{MPa}) \quad （压应力）$$

（4）计算各段变形。

由于 AB、BC 和 CD 各段的轴力与横截面面积不全相同，因此变形应分段计算。

$$\Delta l_{AB} = \frac{N_{AB} l_1}{EA_1} = \frac{20 \times 10^3 \times 100}{200 \times 10^3 \times 500} = 0.02 \, (\text{mm})$$

$$\Delta l_{BC} = \frac{N_{BD} l_2}{EA_1} = \frac{-10 \times 10^3 \times 100}{200 \times 10^3 \times 500} = -0.01 \, (\text{mm})$$

$$\Delta l_{CD} = \frac{N_{BD} l_3}{EA_2} = \frac{-10 \times 10^3 \times 100}{200 \times 10^3 \times 200} = -0.025 \, (\text{mm})$$

因此，总变形为：

$$\Delta l = \Delta l_{AB} + \Delta l_{BC} + \Delta l = 0.02 - 0.01 - 0.025 = -0.015 \, (\text{mm})$$

式中，负号表示整个杆缩短了 0.015 mm。

【例 6-6】 如图 6-9 所示的连接螺栓，内径 $d_1 = 15.3$ mm，被连接部分的总长度 $l = 54$ mm，拧紧时螺栓 AB 段的伸长了 $\Delta l = 0.04$ mm，钢的弹性模量 $E = 200$ GPa，泊松比 $\mu = 0.3$。试求螺栓横截面上的正应力及螺栓的横向变形。

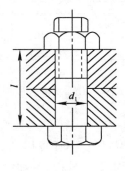

图 6-9

解： 根据式（6-4）螺栓的纵向应变为：

$$\varepsilon = \frac{\Delta l}{l} = \frac{0.04}{54} = 7.41 \times 10^{-4}$$

将 ε 值代入式（6-8），得螺栓横截面上的正应力为：

$$\sigma = E\varepsilon = 200 \times 10^3 \times 7.41 \times 10^4 = 148.2 \, (\text{MPa})$$

由式（6-6）可得螺栓横向应变为：

$$\varepsilon_1 = -\mu\varepsilon = -0.3 \times 7.41 \times 10^{-4} = -2.223 \times 10^{-4}$$

故得螺栓的横向变形为：

$$\Delta d = \varepsilon_1 d_1 = -2.223 \times 10^{-4} \times 15.3 = -0.003\ 4\ (\text{mm})$$

式中,负号表示缩小了 0.003 4 mm。

任务五　材料拉伸和压缩时的力学性质

【知识要点】 材料的力学性质。

【技能目标】 掌握低碳钢和铸铁拉伸和压缩时的力学性质。

　　材料的力学性质又称材料的机械性质,是指材料在外力作用下表现出来的变形和破坏方面的特性。材料的力学性质是通过实验的方法测定的,它是进行杆件强度、刚度、稳定性计算和选择材料的重要依据。

　　工程材料的种类很多,常用材料根据其性能可分为塑性材料和脆性材料两大类。低碳钢和铸铁是这两类材料的典型代表,它们在拉伸和压缩时表现出来的力学性能具有广泛的代表性。因此,本任务主要介绍低碳钢和铸铁的力学性能。

一、材料在拉伸时的力学性质

　　拉伸实验在万能材料试验机上进行。实验中通常先按国标规定把试件做成图 6-10 所示的标准试件,对于圆形截面试件,其标距 l 与横截面直径 d 有 $l=5d$ 和 $l=10d$ 两种规格。

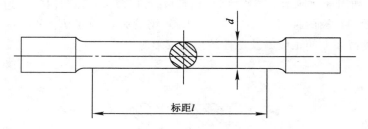

图 6-10　标准试件

(一)低碳钢拉伸时的力学性质

　　由于低碳钢的力学性质最为典型,所以本任务以低碳钢为例来说明塑性材料的力学性质。将试件装在试验机上,然后缓慢加载。此时,自动绘图仪将拉力 P 与绝对变形 Δl 的关系绘出一条曲线,如图 6-11(a)所示,该曲线图称为拉伸图或 P-Δl 曲线。记录各时刻拉力 P 与绝对变形 Δl 的数值,直至试件破坏。

　　由于绝对变形 Δl 与试件的原有结构尺寸有关,为了消除原有尺寸的影响,在拉伸图中,把 P 除以试件横截面积,得到横截面上的应力 σ;把绝对变形 Δl 除以标距的长度 l,得到试件的线应变 ε。以应力 σ 为纵坐标,以线应变 ε 为横坐标,绘出一条曲线,该曲线称为应力-应变图,又称 σ-ε 曲线,如图 6-11(b)所示。

　　根据实验结果,低碳钢的性质可分为以下四个阶段来分析。

　　1. 弹性阶段

　　由图 6-11(b)可以看出,曲线 Oa 阶段是直线,材料在该段产生的变形为弹性变形。直

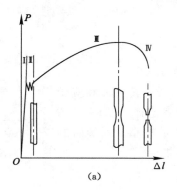

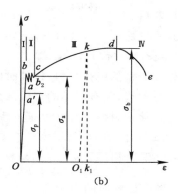

图 6-11

线 Oa 的斜率 $\tan \alpha$ 是材料的弹性模量 E。直线 Oa 的最高点 a 所对应的应力值记作 σ_p（称为材料的比例极限）。由于该段产生的变形为弹性变形，故称为弹性阶段。只有应力低于比例极限时，应力才与应变成正比，材料才服从胡克定律，此时有 $\sigma = E\varepsilon$。

2．屈服阶段

曲线 bc 段为屈服阶段，材料产生塑性变形。在该阶段，应力变化不大，而线应变迅速增大，材料好像失去了对变形的抵抗能力，这种现象称为屈服。屈服阶段曲线最低点所对应的应力 σ_s 称为材料的屈服极限。零件材料的塑性变形将影响机器的正常工作，所以屈服极限 σ_s 是衡量材料强度的重要指标。

3．强化阶段

曲线 cd 段为强化阶段。材料屈服一段时间之后，又恢复了抵抗变形的能力，此时，要增加变形就必须增加拉力，这种现象称为材料的强化。曲线 cd 段的最高点 d 对应的应力 σ_b 是材料能承受载荷的最高应力，称为强度极限，它是衡量材料强度的另一个重要指标。

4．颈缩阶段

曲线到达 d 点后，在试件某一比较薄弱的局部，横向尺寸突然缩小，出现了颈缩现象，随后即便不加力，也会发现试件很快被拉断，曲线 de 段称为颈缩阶段（或断裂阶段）。

（二）延伸率和断面收缩率

试件拉断后，弹性变形消失，但塑性变形仍然存在。工程中用试件拉断后残余的塑性变形来表示材料的塑性性能。常用的塑性性能指标有两个：

1．延伸率

$$\delta = \frac{l_1 - l}{l} \times 100\% \qquad (6\text{-}9)$$

式中，δ 为延伸率；l_1 为试件拉断后的标距；l 为原标距。

一般把 $\delta \geqslant 5\%$ 的材料称为塑性材料，如钢、铜等；把 $\delta < 5\%$ 的材料称为脆性材料，如铸铁、砖石等。

2．断面收缩率

$$\psi = \frac{A - A_1}{A} \times 100\% \qquad (6\text{-}10)$$

式中，ψ 为断面收缩率；A_1 为试件断口处横截面面积；A 为原横截面面积。

试件拉断后,弹性变形消失,只剩下塑性变形。显然 δ、ψ 值越大,其塑性越好。因此,延伸率 δ 和断面收缩率 ψ 是衡量材料塑性的主要指标。

(三)铸铁拉伸时的力学性质

铸铁作为典型的脆性材料,拉伸时的 σε 曲线如图 6-12 所示。σε 曲线是一条微弯曲线,没有明显的直线部分和屈服阶段,说明其应力和应变不符合胡克定律。材料力学中可近似地认为符合胡克定律。从图 6-12 可以看出,在较小的应力下,材料就会被拉断,且变形量较小。断裂时的应力称为抗拉强度极限 σ_b,它是衡量材料强度的唯一指标。

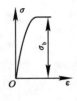

图 6-12

二、材料在压缩时的力学性质

金属材料的压缩试件一般制成较短圆柱形状,以免被压弯。圆柱的高度规定为直径的 1.5～3 倍。

图 6-13 所示为低碳钢压缩时的 σε 曲线,从图 6-13 可以看出,在屈服阶段之前,低碳钢的拉伸 σε 曲线和压缩 σε 曲线基本重合;在屈服阶段之后,试件越压越扁,横截面不断增大,抗压能力增强,因而得不到强度极限。因此,在研究低碳钢的压缩性能时,经常引用低碳钢的拉伸实验结果。

铸铁压缩时的 σε 曲线如图 6-14 所示。试件在较小变形时沿大约 45°的斜面断裂破坏。通过与铸铁拉伸时的 σε 曲线(虚线)进行比较可见,铸铁的抗压强度是抗拉强度的 4～5 倍,其脆性材料也都有类似的性质。

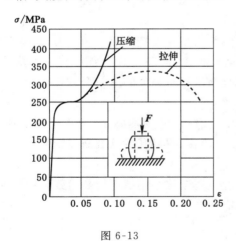

图 6-13

图 6-14

通过研究可以得出塑性材料和脆性材料力学性能的主要区别,具体见表 6-2。

表 6-2 塑性材料和脆性材料的力学性能

塑性材料	脆性材料	塑性材料	脆性材料
延伸率 δ≥5%	延伸率 δ<5%	抗压能力与抗拉能力相近	抗压能力远大于抗拉能力
断裂前有很大塑性变形	断裂前变形很小	可承受冲击载荷,适合于锻压和冷加工	适合做底座、外壳等受压构件

综上所述,衡量材料力学性能的主要指标有:强度指标是屈服极限 σ_s 和强度极限 σ_b;弹性指标是比例极限 σ_p 和弹性模量 E;塑性指标是延伸率 δ 和断面收缩率 ψ。

任务六　轴向拉伸和压缩时的强度计算

【知识要点】 极限应力、许用应力、强度条件。
【技能目标】 掌握强度条件的内涵及应用。

一、许用应力和安全系数

杆件丧失正常工作能力的最小应力称为极限应力,用 σ_0 表示。对于塑性材料,当应力达到屈服极限 σ_s 时,构件将产生明显的塑性变形而不能正常工作,因此把屈服极限作为极限应力($\sigma_0 = \sigma_s$);对于脆性材料,当应力达到强度极限 σ_b 时,构件将断裂而丧失工作能力,因而强度极限是极限应力($\sigma_0 = \sigma_b$)。

在工程中,为确保构件安全可靠工作,必须有一定的强度储备。工程中将极限应力除以大于 1 的安全系数 n 作为材料的许用应力,即工作时所允许的最大工作应力,用 $[\sigma]$ 表示:

$$[\sigma] = \frac{\sigma_0}{n} \tag{6-11}$$

式中,$[\sigma]$ 为许用应力;σ_0 为极限应力;n 为安全系数。

正确地选择安全系数是一个非常重要的问题。若安全系数过大,不仅浪费材料,而且使构件变得笨重;反之,若安全系数过小,则不能保证构件安全可靠工作,甚至会造成事故。因此,合理地选取安全系数,是解决构件的安全与经济这一矛盾的关键。安全系数的选择取决于载荷估计的准确程度、应力计算的精确程度、材料的均匀程度以及构件的重要性等因素。不同工作条件下构件的安全系数 n,可从有关工程手册中查到。对于塑性材料,一般取 $n = 1.5 \sim 2.0$;对脆性材料,取 $n = 2.0 \sim 3.5$。

二、强度条件及应用

为确保构件具有足够的强度,必须使构件的最大工作应力 σ_{max} 不超过材料的许用应力。即:

$$\sigma_{max} = \frac{N}{A} \leqslant [\sigma] \tag{6-12}$$

式中,N 为危险截面上的轴力;A 为横截面面积。

所谓危险截面,是指最大应力所在的截面。式(6-12)称为构件的强度条件,它是构件强度计算的重要依据。

根据构件的强度条件,可以解决以下三方面的问题:

(1)强度校核。已知构件所受载荷、构件尺寸及材料的许用应力,验证构件是否满足强度要求。

(2)设计截面尺寸。已知载荷及材料的许用应力,根据强度条件可确定构件的截面尺寸。

(3)确定许可载荷。已知构件的尺寸和材料的许用应力,根据强度条件可确定构件所能承受的许可载荷。

【例 6-7】 如图 6-15 所示为一托架结构，载荷 $P=30$ kN，托架中 AB 杆的截面积 $A=400$ mm^2，$[\sigma]=120$ MPa，试校核 AB 杆的强度。

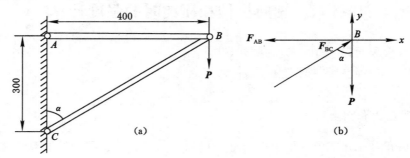

图 6-15

解： （1）确定 AB 杆所受的力。

取 B 点为研究对象，受力图如图 6-15(b)所示。

列平衡方程：

$$\sum F_x = 0, \quad F_{BC}\sin\alpha - F_{AB} = 0$$

$$\sum F_y = 0, \quad F_{BC}\cos\alpha - P = 0$$

由托架几何关系得：

$$\sin\alpha = 0.8$$
$$\cos\alpha = 0.6$$

解平衡方程得：

$$F_{AB} = 40 \text{ kN}$$

（2）求 AB 杆的内力。

由截面法知：

$$N_{AB} = F_{AB} = 40 \text{ kN}$$

（3）校核 AB 杆的强度。

由 $\sigma_{\max} = \dfrac{N}{A} \leqslant [\sigma]$ 得：

$$\sigma_{\max} = \frac{N}{A} = \frac{40 \times 10^3}{400} = 100 \text{ (MPa)} \leqslant [\sigma]$$

故 AB 杆的强度足够。

【例 6-8】 如图 6-16 所示为一圆形压杆，受轴力 $F=3\,140$ kN，压杆材料的许用应力 $[\sigma]=100$ MPa，试设计该压杆的直径 d。

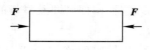

图 6-16

解： （1）求内力。

由截面法知：

$$N = -F = -3\ 140\ \text{kN}$$

（2）求横截面积。

$$A = \frac{\pi d^2}{4}$$

（3）根据构件强度条件：

$$\sigma_{\max} = \frac{N}{A} \leqslant [\sigma]$$

得

$$d \geqslant \sqrt{\frac{4N}{\pi[\sigma]}} = \sqrt{\frac{4 \times 3\ 140 \times 10^3}{\pi \times 100}} = 200\ （\text{mm}）$$

故压杆最小直径 d 为 200 mm。

【例 6-9】 煤矿工作面所用的金属支柱如图 6-17 所示，工作面是圆环形截面，外径 $D = 100$ mm，内径 $d = 80$ mm，金属支柱材料的许用应力 $[\sigma] = 150$ MPa，试求金属支柱的许可载荷 F。

解： （1）求内力。

由截面法知：

$$N = -F$$

（2）求横截面积。

$$A = \frac{\pi}{4}(D^2 - d^2) = \frac{\pi}{4}(100^2 - 80^2) = 2\ 826\ （\text{mm}）^2$$

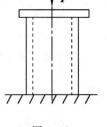

图 6-17

（3）确定许可载荷。

由强度条件：

$$\sigma_{\max} = \frac{N}{A} \leqslant [\sigma]$$

得

$$F \leqslant [\sigma]A = 423.9\ \text{kN}$$

故金属支柱的许可载荷取 424 kN。

任务七　拉伸和压缩的超静定问题

【知识要点】 静定问题、超静定问题。
【技能目标】 了解静定问题、超静定问题的概念。

在前面的讨论中，杆件的轴力可以用静力学平衡方程求出，这类问题称为静定问题。但在工程上，有时为了节省材料、增加刚度和强度，或者由于工程实际的需要，而在原结构中增加一些构件或一些约束，这样就造成不能单靠静力学平衡方程来解决问题了。凡是未知力的数目多于静力学平衡方程的数目，只凭静力学平衡方程不能求出全部未知力的问题称为超静定问题（或静不定问题）。

如图 6-18 所示的杆系,1、2 两杆吊一重物 G,两杆所受的轴力通过静力学平衡方程可以求出,是静定问题。为了提高结构的强度和刚度,可在中间增加一杆,如图 6-19(a)所示。这时三杆所受的力由平面汇交力系的两个平衡条件不能求出,属于超静定问题。未知力与独立的平衡方程的数目之差称为超静定次数。未知力个数比平衡方程多一个,称为一次超静定,多两个则为二次超静定问题。以此类推,未知力个数比平衡方程多 n 个就是 n 次超静定问题。下面以此题为例说明超静定问题的解法。

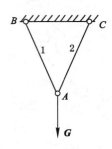

图 6-18

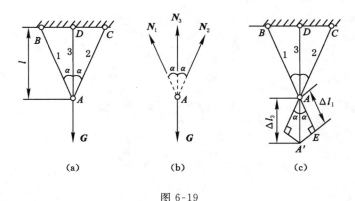

图 6-19

设 1、2 两杆的长度、横截面面积及材料均相同,即 $l_1 = l_2$,$A_1 = A_2$,$E_1 = E_2$;3 杆的长度为 l,横截面面积为 A_3,弹性模量为 E_3,1、2 两杆与 3 杆的夹角均为 α,试求出三根杆的轴力。

设 N_1、N_2、N_3 依次为三根杆的轴力。在节点 A 附近截出分离体,如图 6-19(b)所示。由平衡条件可知:

$$\sum F_x = 0, \quad N_1 \sin \alpha - N_2 \sin \alpha = 0 \tag{a}$$

$$\sum F_y = 0, \quad N_3 + N_1 \cos \alpha + N_2 \cos \alpha - G = 0 \tag{b}$$

欲由两个平衡方程求出三个未知力是不可能的。只要想办法再列出一个方程,问题就可以解决。切入点就应从变形与力的关系来进行。在重物 G 的作用下,三根杆之间的伸长保持一定的互相协调的几何关系。从图 6-19(c)可以看到,由于 $E_1 = E_2$,且左右对称,故 A 点必沿铅垂方向下降。设节点 A 位移到 A' 点,则 AA' 即 3 杆的伸长 Δl_3,由于结构的变形和其原有的几何尺寸相比甚小,因此,从 A' 作 AB 的垂线 $A'E$,代替以 B 为圆心、BE 为半径所画的圆弧。这样，AE 即为 1 杆的伸长量 Δl_1。同理可找出 2 杆的伸长量 Δl_2。于是，得到下列变形的几何方程：

$$\Delta l_3 \cos \alpha = \Delta l_1 \tag{c}$$

另一方面，杆的伸长与轴力之间符合胡克定律：

$$\Delta l_1 = \frac{N_1 \cdot \dfrac{l}{\cos\alpha}}{E_1 A_1}, \quad \Delta l_3 = \frac{N_3 l}{E_3 A_3} \tag{d}$$

将式（a）代入式（c）即可得到所需的补充方程：

$$\frac{N_3 l}{E_3 A_3} \cos \alpha = \frac{N_1 l}{E_1 A_1 \cos \alpha} \tag{e}$$

将（a）、（b）、（e）三式联立求解，得到：

$$N_1 = N_2 = \frac{G}{2\cos \alpha + \dfrac{E_3 A_3}{E_1 A_1 \cos^2 \alpha}} \tag{f}$$

$$N_3 = \frac{G}{1 + 2\dfrac{E_1 A_1}{E_3 A_3} \cos^3 \alpha} \tag{g}$$

综上所述，解决超静定问题的方法和步骤，可总结如下：

（1）根据静力学平衡条件写出平衡方程。

（2）根据变形协调条件列出变形几何方程。

（3）根据力与变形之间的关系建立物理方程。

利用物理方程即可将变形几何方程改写成所需的补充方程，列出补充方程问题即可解决。

从式（f）、式（g）可看到超静定问题具有下列特点：

（1）某杆的内力与各杆的刚度比值有关，任一杆件刚度的改变都将引起杆系所有内力的重新分配。

（2）由上述特点可知，对超静定杆系作截面设计时，均需先设出各截面面积的比值，例如设 $\dfrac{A_1}{A_3} = n$，然后再将比值 n 代入式（f）、式（g），求出 N_1 和 N_3，按下述强度条件进行截面设计：

$$\frac{N_1}{A} \leqslant [\sigma_1], \quad \frac{N_3}{A_3} \leqslant [\sigma_3]$$

但根据这些条件所求出的截面往往不能符合原设的面积比值。此时，应将其中某些杆件的截面尺寸加大，以符合原设比值。

在超静定问题中，有时虽然没有外载荷作用，但由于制造误差，在结构装配后，杆件将产生应力。这种应力称为装配应力或初应力。

对于静定结构，由于各杆没有多余的约束，变形是自由的，因此不会引起装配应力问题。故装配应力的产生也是超静定问题的又一特点。

装配应力的存在对于结构往往是不利的，工程中要求制造时保证足够的加工精度，以降低有害的装配应力。但我们也可以利用它，机械上的紧配合就是根据需要有意识地使其产生适当的装配应力。

在静定结构中,整个结构在温度均匀变化时,不会产生任何应力,因为整个结构可以自由地膨胀和收缩。但是,对于超静定结构,当温度改变时,结构将因受到约束而不能自由伸缩。故在这些构件内将引起应力,称为温度应力。温度应力的产生,也是超静定问题的一个特点。

除上述简单拉伸和压缩的超静定问题外,还有多种类型的超静定问题,本书不再讨论。

小　　结

一、轴向拉伸和压缩的概念

(1) 拉伸和压缩的受力特点:两个外力大小相等、方向相反、作用线与杆件的轴线重合。

(2) 拉伸和压缩的变形特点:沿轴线方向伸长或缩短,横截面缩小或变大。

(3) 拉伸和压缩的概念:杆件受大小相等、方向相反、作用线与轴线重合的两个力作用,沿轴线方向伸长或缩短,横截面缩小或变大的变形。

二、轴向拉伸和压缩横截面上的内力

(1) 轴力:因拉伸和压缩的内力沿杆的轴线,所以此内力又称轴力,用 N 表示。

(2) 截面法求内力的步骤:截、留、替、平。

(3) 轴力图:轴力随截面位置变化而变化的图形。

三、轴向拉伸和压缩横截面上的应力

(1) 平面假设:杆的横截面变形后仍为平面,且仍与杆的轴线垂直,这个假设称为平面假设。

(2) 应力:$\sigma = \dfrac{N}{A}$。

四、轴向拉伸和压缩时的变形及胡克定律

(1) 纵向绝对变形(简称变形):$\Delta l = l_1 - l$。

(2) 横向绝对变形:$\Delta b = b_1 - b$。

(3) 纵向相对变形(简称线应变):$\varepsilon = \dfrac{\Delta l}{l}$。

(4) 横向相对变形:$\varepsilon_1 = \dfrac{\Delta b}{b}$。

(5) 胡克定律:$\Delta l = \dfrac{Nl}{EA}$;另一表达:$\sigma = E\varepsilon$。

五、材料拉伸和压缩时的力学性质

(1) 弹性指标:弹性模量 E 和比例极限 σ_p。

(2) 强度指标:屈服极限 σ_s 和强度极限 σ_b。

(3) 塑性指标:延伸率 δ 和断面收缩率 ψ。

六、轴向拉伸和压缩时的强度计算

（1）极限应力：杆件丧失正常工作能力的最小应力，用 σ_0 表示。

（2）许用应力：$[\sigma]=\dfrac{\sigma_0}{n}$。

（3）强度条件：$\sigma_{max}=\dfrac{N}{A}\leqslant[\sigma]$。

（4）可解决三类问题：强度校核、设计截面尺寸和确定许可载荷。

七、拉伸和压缩的超静定问题

（1）静定问题：杆件的轴力可以用静力学平衡方程求出的这类问题称为静定问题。

（2）超静定问题：凡是未知力的数目多于静力学平衡方程的数目，只凭静力学平衡方程不能求出全部未知力的问题称为超静定问题（或静不定问题）。

（3）超静定的次数：未知力与独立的平衡方程的数目之差称为超静定次数。未知力个数比平衡方程多 n 个就是 n 次超静定问题。

（4）超静定问题的解法：
① 根据静力学平衡条件写出平衡方程；
② 根据变形协调条件列出变形几何方程；
③ 根据力与变形之间的关系建立物理方程；
④ 根据几何方程和物理方程列出补充方程。

思考与探讨

6-1　举出工程实际中受轴向拉伸和压缩的实例。

6-2　截面法求内力有哪些步骤？

6-3　试述胡克定律中各符号的含义。

6-4　低碳钢拉伸时的 $\sigma\varepsilon$ 曲线分为几个阶段来研究？

6-5　铸铁材料为什么适合做压杆而不适合做拉杆？

6-6　衡量材料强度的指标和塑性的指标分别是什么？

6-7　为什么钢筋施工前都要进行拉伸？

6-8　塑性材料和脆性材料的极限应力一样吗？

6-9　安全系数怎样确定？

6-10　拿根粉笔做拉伸试验，观察实验现象。如果从较大的截面断裂，仔细观察会发现什么现象？

6-11　有钢杆和铸铁杆各一根，都稍微有点弯曲。为什么可以用大锤把钢杆砸直，而不能把铸铁杆砸直？

6-12　什么是静定问题？什么是超静定问题？

习　题

6-1　试求图 6-20、图 6-21 各杆截面上的轴力，并作轴力图。

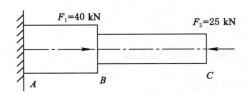

图 6-20

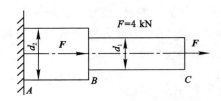

图 6-21

6-2　如图 6-22 所示，已知 $P_1=1$ kN，$P_2=2$ kN，$P_3=2$ kN。试求 1—1、2—2、3—3 截面上的轴力，并作轴力图。

图 6-22

6-3　如图 6-20 所示，阶梯杆受轴向力 $F_1=40$ kN，$F_2=25$ kN，AB 段横截面面积 $A_1=400$ mm^2，BC 段横截面面积 $A_2=250$ mm^2。弹性模量 $E=200$ GPa，$l_{AB}=200$ mm，$l_{BC}=300$ mm。试求各段横截面上的正应力和杆 AC 的绝对变形。

6-4　如图 6-22 所示，已知等截面直杆的面积 $A=500$ mm^2，受轴向力作用 $P_1=1$ kN，$P_2=2$ kN，$P_3=2$ kN。试求杆中各段的应力。

6-5　直径 $d=25$ mm 的圆杆，受到正应力 $\sigma=240$ MPa 的拉伸，若材料的弹性模量 $E=210$ GPa，泊松比 $\mu=0.3$。试求其直径改变量 Δd。

6-6　如图 6-23 所示，作用于图示零件上的拉力为 $P=38$ kN，试问零件内最大拉应力发生于哪个截面上？并求其值。

6-7　如图 6-24 所示吊环螺钉，其外径 $d=48$ mm，内径 $d_1=42.6$ mm，吊重 $P=50$ kN，求其螺钉横截面上的应力。

6-8　如图 6-21 所示的阶梯杆，已知 $F=4$ kN，阶梯杆材料的许用应力 $[\sigma]=120$ MPa，试设计两杆直径 d_1 和 d_2。

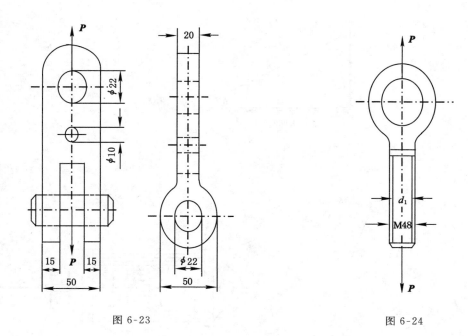

图 6-23   图 6-24

6-9 煤矿工作面上所用的金属支柱如图 6-25 所示,工作面是圆环形截面,外径 $D=$ 100 mm,内径 $d=85$ mm,其材料为 35 号钢,屈服极限 $\sigma_s=360$ MPa,如安全系数 $n=2$,工作中所承受煤层压力 $F=314$ kN,试校核支柱的强度。

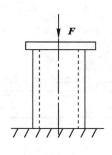

图 6-25

6-10 三角架如图 6-26 所示,已知两杆横截面面积分别为 $A_1=6$ cm^2,$A_2=100$ cm^2,且 $[\sigma_1]=160$ MPa,$[\sigma_2]=7$ MPa。试求此三角架能承受的最大许可载荷 F。

6-11 汽车离合器踏板如图 6-27 所示。已知踏板受到压力 $Q=400$ N,拉杆 1 的直径 $D=9$ mm,杠杆臂长 $L=330$ mm,$l=56$ mm,拉杆的许用应力 $[\sigma]=50$ MPa,校核拉杆 1 的强度。

6-12 如图 6-28 所示为某镗铣床工作台进给油缸,油压 $p=2$ MPa,油缸内径 $D=75$ mm,活塞杆直径 $d=18$ mm,已知活塞杆材料的许用应力 $[\sigma]=50$ MPa,试校核活塞杆强度(活塞杆对油压力作用面积的影响应计入)。

6-13 某悬臂吊车结构如图 6-29 所示,最大起重量 $G=20$ kN,AB 杆为 A3 圆钢,$[\sigma]=120$ MPa,试设计 AB 杆直径 d。

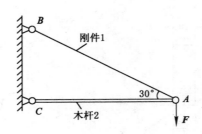

图 6-26

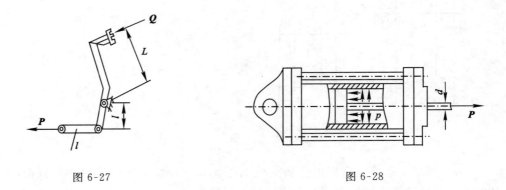

图 6-27　　　　　　　　　　　　　　　图 6-28

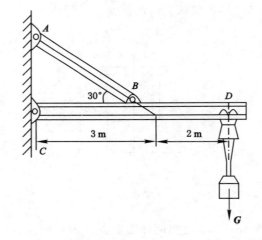

图 6-29

6-14　如图 6-30 所示,由两种材料组成的圆杆,直径 $d=40$ mm,杆的总伸长为 0.12 mm。钢和铜的弹性模量分别为 $E_{钢}=210$ GPa,$E_{铜}=100$ GPa。试求载荷 P 及在 P 力作用下杆内的 σ_{max}。

6-15　如图 6-31 所示,BC 杆 $[\sigma]=160$ MPa,AC 杆 $[\sigma]=100$ MPa,两杆截面积均为 $A=200$ mm^2,求许可载荷 P。

6-16　三角构架如图 6-32 所示,钢杆 AB 直径 $d_1=30$ mm,许用应力 $[\sigma_1]=160$ MPa,木质杆 BC 的截面积 $A_2=5\,000$ mm^2,许用应力 $[\sigma_2]=8$ MPa,承受载荷 $F=80$ kN,试求:

（1）校核三角构架的强度；

（2）为了节省材料，1 杆截面尺寸最小取多大。

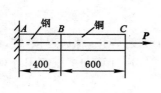

图 6-30

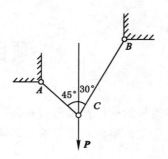

图 6-31

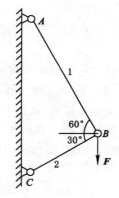

图 6-32

项目七　剪　切

许多连接的构件都是剪切和挤压的问题。如钢板的铆接、焊接,螺栓连接,键、销连接都属于这种类型。本项目主要了解剪切和挤压的概念,剪切实用计算和挤压实用计算。

任务一　剪切和挤压的概念

【知识要点】　剪切和挤压的概念。
【技能目标】　了解剪切和挤压的概念,以及剪切面和挤压面的概念。

在工程实际中,有很多承受剪切的构件。如铆钉、螺栓、键和销等连接件都是剪切变形的实例。如图 7-1(a)所示的铆钉连接,当拉力 F 增加时,铆钉沿 $m—m$ 截面发生相对错动,如图 7-1(b)所示;当拉力 F 足够大时,铆钉甚至被切断,如图 7-1(c)所示。分析可知,在铆钉的两个侧面受到一对大小相等、方向相反、作用线平行且相距很近的外力作用;铆钉沿两个力作用线之间的截面发生相对错动,这种变形称为剪切。发生相对错动的截面称为剪切面。

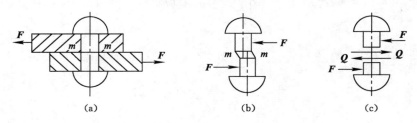

(a)　　　　　　　　(b)　　　　　　　　(c)

图 7-1

铆钉在发生剪切变形的同时,往往还伴随着挤压作用。同时在传递力的接触面上会受到压力作用,当作用力过大时,在接触面的局部区域会产生显著的塑性变形(即局部压陷)或压碎,这种现象称为挤压。发生挤压的接触面称为挤压面,挤压面上的压力称为挤压力,用 F_{jy} 表示。

任务二　剪切实用计算

【知识要点】　剪切实用计算。
【技能目标】　了解剪切实用计算的方法。

要进行剪切强度计算,必须遵循外力分析、内力分析、应力分析、建立强度条件这样一个过程。求内力的基本方法仍然是截面法。将铆钉沿 m—m 截面切开,保留其中一部分作为研究对象,受力图如图 7-1(c)所示。由平衡条件可知,剪切面上必有一个与截面相切的内力,此内力称为剪切力,简称剪力(或切力)用 Q 表示,此时 $Q=F$。

剪力 Q 在剪切面上的分布情况比较复杂。在进行计算时,常用简化的计算方法,称为实用计算法。实用计算法假定剪应力在剪切面上是均匀分布的。由此得剪切面上的剪应力为:

$$\tau = \frac{Q}{A} \tag{7-1}$$

式中,τ 为剪应力;Q 为剪切面上的剪力;A 为剪切面积。

为了保证连接件工作时安全可靠,要求剪应力不超过材料的许用剪应力。由此得剪切强度条件为:

$$\tau = \frac{Q}{A} \leqslant [\tau] \tag{7-2}$$

式中,$[\tau]$ 为材料的许用剪应力,可从有关手册中查得。

同杆件受拉(压)强度计算相似,根据剪切强度条件也可以解决三类实际问题:① 强度校核;② 设计截面尺寸;③ 确定许可载荷。

【例 7-1】 某铆钉受力如图 7-2 所示,铆钉的许用剪应力 $[\tau] = 100$ Pa,$F = 30$ kN,试选择该铆钉的直径。

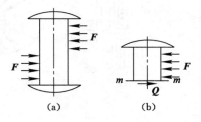

图 7-2

解: (1)用截面法求内力。

根据截面法假设将铆钉沿 m—m 截面截开,保留上半部分为研究对象,下半部分对上半部分的作用用 Q 来表示,画受力图如图 7-2(b)所示,由平衡方程可求得:

$$Q = F$$

(2)由剪切强度条件 $\tau = \frac{Q}{A} \leqslant [\tau]$:

得

$$A = \frac{\pi d^2}{4} \geqslant \frac{Q}{[\tau]}$$

即

$$d \geqslant \sqrt{\frac{4Q}{\pi[\tau]}} = \sqrt{\frac{4 \times 30 \times 10^3}{100\pi}} = 19.55 \text{ (mm)}$$

取铆钉最小直径 $d = 19.55$ mm。由于铆钉为标准件,从有关手册中查取铆钉的直径,取 $d = 20$ mm。

任务三 挤压实用计算

【知识要点】 挤压实用计算。

【技能目标】 了解挤压实用计算的方法。

挤压实用计算的最终目的是建立挤压强度条件。挤压面上的应力称为挤压应力,用 σ_{jy} 表示。由于挤压应力分布相当复杂,如图 7-3(c)所示,因此,计算过程中通常采用实用计算法计算挤压应力。即:

$$\sigma_{jy} = \frac{F_{jy}}{A_{jy}} \tag{7-3}$$

式中,σ_{jy} 为挤压应力;F_{jy} 为挤压面上的挤压力;A_{jy} 为计算挤压面积(即接触面的投影面积)。

当挤压面为平面时(如键),其挤压面积为实际接触面积,如图 7-3(a)所示;当挤压面为圆柱面时(如螺栓、销钉、铆钉),其挤压面积为半圆柱面的投影面积,如图 7-3(d)所示。

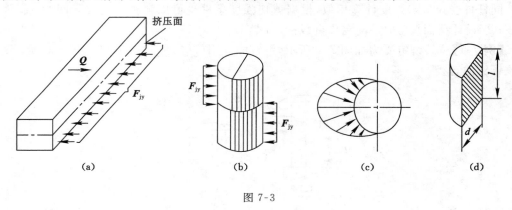

图 7-3

为保证挤压构件正常工作,构件的挤压应力应小于等于许用挤压应力,所以挤压强度条件为:

$$\sigma_{jy} = \frac{F_{jy}}{A_{jy}} \leqslant [\sigma_{jy}] \tag{7-4}$$

式中,$[\sigma_{jy}]$ 为材料的许用挤压应力,具体数据可以从有关手册中查得。

根据挤压强度条件,也可以解决三类问题,即强度校核、设计截面尺寸和确定许可载荷。

【例 7-2】 机车挂钩用销连接,如图 7-4 所示,已知 $l=8$ mm,销轴材料的许用剪应力 $[\tau]=30$ MPa,许用挤压应力 $[\sigma_{jy}]=100$ MPa,牵引力 $F=15$ kN,试选定销轴的直径 d。

解: (1)用截面法求内力。

根据截面法用假想的 1—1、2—2 截面截开销轴,保留中间部分为研究对象,画受力图如图 7-4(b)所示。由平衡方程可求得剪力 Q、挤压力 F_{jy}。

$$Q = \frac{F}{2} = 7.5 \,(kN)$$

$$F_{jy} = F = 15 \,(kN)$$

(2)按剪切强度条件设计销轴直径。

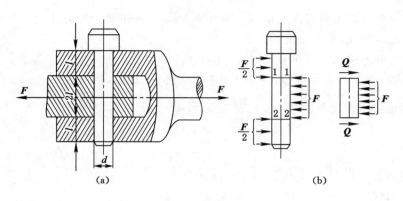

图 7-4

由 $\tau = \dfrac{Q}{A} \leqslant [\tau]$

得

$$\frac{1}{4}\pi d^2 \geqslant \frac{Q}{[\tau]}$$

即

$$d \geqslant \sqrt{\frac{4Q}{\pi[\tau]}} = \sqrt{\frac{4 \times 7.5 \times 10^3}{\pi \times 30}} = 17.8 \ (\text{mm})$$

（3）按挤压强度条件设计销轴直径。

由 $\sigma_{jy} = \dfrac{F_{jy}}{A_{jy}} \leqslant [\sigma_{jy}]$

得

$$2dl \geqslant \frac{F_{jy}}{[\sigma_{jy}]}$$

即

$$d \geqslant \frac{F_{jy}}{2l[\sigma_{jy}]} = \frac{15 \times 10^3}{2 \times 8 \times 100} = 9.38 \ (\text{mm})$$

要使销轴安全工作，必须同时满足挤压强度和剪切强度，故取销轴直径 $d = 18$ mm。

【例 7-3】　如图 7-5 所示，冲床的最大冲力 $F = 400$ kN，冲头材料的许用压应力 $[\sigma_{jy}] =$

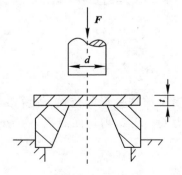

图 7-5

440 MPa,被冲剪钢板的剪切强度极限 $\tau_b=360$ MPa。求在最大冲力作用下所能冲剪的圆孔最小直径 d_{min} 和板的最大厚度 t_{max}。

解：（1）确定圆孔的最小直径 d_{min}。

冲剪的孔径等于冲头的直径,冲头工作时产生挤压变形,挤压力 $F_{jy}=F$。冲头要正常工作,必须满足挤压强度条件,即 $\sigma_{jy}=\dfrac{F_{jy}}{A_{jy}}\leqslant[\sigma_{jy}]$。

得

$$d\geqslant\sqrt{\frac{4F}{\pi[\sigma_{jy}]}}=\sqrt{\frac{4\times400\times10^3}{\pi\times440}}=34.03\,(\text{mm})$$

故取最小直径 $d_{min}=34$ mm。

（2）确定钢板的最大厚度 t。

冲剪时钢板剪切面上的剪力 $Q=F$,剪切面面积 $A=\pi dt$,为能冲剪成孔,需满足以下条件

$$\tau=\frac{Q}{A}=\frac{F}{\pi dt}\geqslant\tau_b$$

得

$$t\leqslant\frac{F}{\pi d\tau_b}=\frac{400\times10^3}{\pi\times34\times360}=10.4\,(\text{mm})$$

故钢板的最大厚度 $t_{max}=10.4$ mm。

【例 7-4】　两块钢板搭接焊如图 7-6 所示,拉力 $P=170$ kN,$t=6$ mm,$[\tau]=120$ MPa,试求搭接焊缝长度 l。

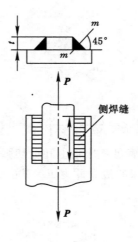

图 7-6

解：　由图 7-6 可知,焊接属于剪切变形的范畴,焊缝沿着最小剪切面发生剪切破坏。根据截面法求得一条焊缝的剪力 $Q=P/2$,剪切面面积 $A=tl\cos45°$,由剪切强度条件

$$\tau=\frac{Q}{A}\leqslant[\tau]$$

得

$$l\geqslant\frac{P}{2t\cos45°[\tau]}=170\,(\text{mm})$$

因考虑焊接质量因素,为保证焊接强度实际焊缝长度稍大于计算长度 10 mm,故焊缝长度取 180 mm。

小　　结

一、剪切和挤压的概念

(1)剪切:作用在构件两侧的外力大小相等、方向相反、作用线相距很近,沿外力作用线之间的截面发生相对错动的变形。

(2)挤压:连接件和被连接件因相互接触而产生局部压陷或压碎的现象。

二、剪切实用计算

(1)剪切强度条件:$\tau = \dfrac{Q}{A} \leqslant [\tau]$。

(2)可解决三类问题:强度校核、设计截面尺寸和确定许可载荷。

三、挤压实用计算

(1)挤压强度条件:$\sigma_{jy} = \dfrac{F_{jy}}{A_{jy}} \leqslant [\sigma_{jy}]$。

(2)可解决三类问题:强度校核、设计截面尺寸和确定许可载荷。

思考与探讨

7-1　什么是剪切?什么是挤压?挤压变形与压缩变形有什么不同?

7-2　怎样确定剪切面和挤压面?指出图 7-7 所示构件的剪切面和挤压面。

7-3　如图 7-8 所示,在平板和受拉螺栓之间垫上一个垫圈起什么作用?

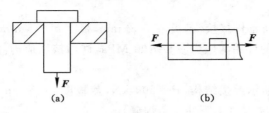

(a)　　　　　　　　　　　(b)

图 7-7

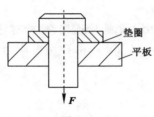

图 7-8

7-4　何谓实用计算？连接件用实用计算方法进行强度计算是否安全可靠？

习　　题

7-1　齿轮与轴用平键连接，如图 7-9 所示。已知键受外力 $F=12$ kN，平键的尺寸为 $b\times h\times l=16$ mm$\times10$ mm$\times45$ mm，平键的许用剪切应力$[\tau]=80$ MPa，许用挤压应力 $[\sigma_{jy}]=100$ MPa。试校核平键的强度。

7-2　如图 7-10 所示两块钢板用螺栓连接，每块板厚 $t=10$ mm，螺栓 $d=16$ mm，$[\tau]=60$ MPa 钢板与螺栓的许用挤压应力$[\sigma_{jy}]=180$ MPa，试求螺栓能承受的许可载荷 F。

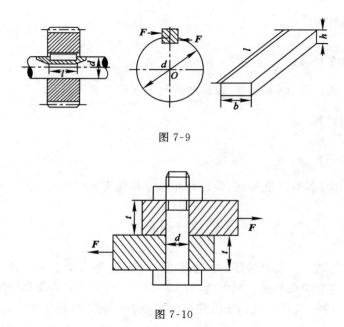

图 7-9

图 7-10

7-3　如图 7-11 所示铆接接头，板厚 $t=2$ mm，板宽 $b=15$ mm，铆钉直径 $d=4$ mm，拉力 $F=1.25$ kN，材料的许用剪应力$[\tau]=100$ MPa，许用挤压应力$[\sigma_{jy}]=300$ MPa。试校核此接头的强度。

7-4　如图 7-12 所示焊接结构，$P=300$ kN，盖板厚 $t=5$ mm，焊缝许用剪应力$[\tau]=110$ MPa，试求焊缝长度 l。（上下共 4 条焊缝）

7-5　如图 7-13 所示两块钢板焊接结构，$P=150$ kN，钢板厚 $\delta=8$ mm，焊缝许用剪应力$[\tau]=108$ MPa，试求焊缝长度 l。

7-6　如图 7-14 所示联轴器用 4 个螺栓连接，螺栓对称布置在直径 $D=480$ mm 的圆周上，联轴器所传递的外力偶矩 $M=24$ kN·m，许用剪应力$[\tau]=80$ MPa。试计算螺栓的直径 d。

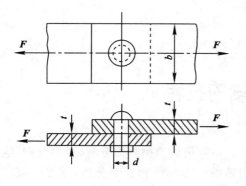

图 7-11

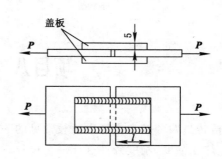

图 7-12

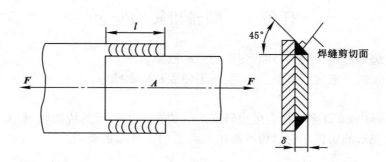

图 7-13

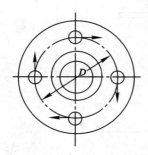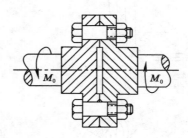

图 7-14

项目八　圆轴的扭转

扭转是四种基本变形中比较常见的一种形式。研究仍然遵循外力分析、内力分析、应力分析、建立强度、刚度条件这样一个过程。通过扭转的受力分析和变形分析,重点研究圆轴扭转的内力、应力及变形计算,建立强度、刚度条件,进行三类强度计算问题。

任务一　圆轴扭转的概念

【知识要点】　圆轴扭转的受力特点、变形特点和概念。
【技能目标】　掌握圆轴扭转的受力特点、变形特点和基本概念。

在工程实际中,有许多构件发生扭转变形。如图 8-1 所示的传动轴、钻头、方向盘轴等均是发生扭转变形的实例。它们均可简化为图 8-1(d)所示的简图。

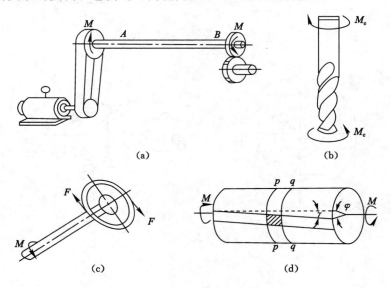

图 8-1

由图可知,扭转变形的受力特点:在杆件的两端承受大小相等、转向相反、作用面与轴线垂直的力偶作用;其变形特点:杆件的各个横截面均绕轴线发生相对转动,任意两个横截面之间相对转过的角度称为相对扭转角,用 φ 表示。一般把发生扭转变形的杆件称为轴,截面为圆形的轴称为圆轴。通常把圆轴受大小相等、转向相反、作用面与轴线垂直的力偶作用,各个横截面绕轴线发生相对转动,任意两个横截面相对转过一个转角的变形称为圆轴的扭转。本项目仅讨论圆轴的扭转问题。

在圆轴的扭转计算中,必须已知作用于圆轴上的外力偶矩 M。M 的计算往往通过圆轴工作时的功率 P 及转速 n 来求得。其计算公式:

$$M = 9\ 550 \frac{P}{n} \tag{8-1}$$

式中,M 为外力偶矩,N·m;P 为圆轴传递的功率,kW;n 为转速,r/min。

任务二　圆轴扭转时横截面上的内力

【知识要点】　扭矩、扭矩图。
【技能目标】　掌握扭矩的计算方法,会画扭矩图。

一、扭矩

研究圆轴扭转横截面上的内力仍然用截面法。如图 8-2(a)所示,假想用 A—A 截面将轴截为两段;保留左段为研究对象,右段对左段的作用用内力来代替;由左段的平衡可知,截面上必有一个内力偶矩与外力偶矩平衡,该内力偶矩称为扭矩,用 M_n 表示。

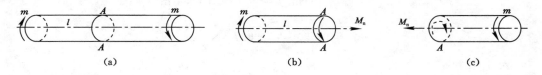

图 8-2

根据平衡条件
$$\sum M = 0$$
得
$$m - M_n = 0$$
即
$$M_n = m$$

若取轴的右段为研究对象,如图 8-2(c)所示,也可求得 $M_n = m$。

为了使同一截面的扭矩数值和符号都相同,通常采用右手螺旋法则规定扭矩的正负号:右手握轴,大拇指的指向与截面外法线一致,则弯曲四指的转向为扭矩正方向;反之为负方向。用截面法求扭矩时,截面上的扭矩必须假设为正;如果计算结果为负,说明实际转向与假设相反。

二、扭矩图

若作用于轴上的外力偶多于两个,则扭转圆轴各段截面上的扭矩是不同的。为了确定最大扭矩所在的位置,取与轴线平行的轴表示截面位置,与轴线垂直的轴表示扭矩的大小进行画图。通常把与轴线平行的轴表示截面位置,与轴线垂直的轴表示扭矩大小,画出的扭矩随截面位置变化而变化的图形称为扭矩图。

【例 8-1】　传动轴如图 8-3 所示,主动轮 A 输入功率 $P_A = 50$ kW,从动轮 B、C、D 输出

功率分别为 $P_B = P_C = 15\ \text{kW}, P_D = 20\ \text{kW}$，轴的转速为 $n = 300\ \text{r/min}$。试画出轴的扭矩图。

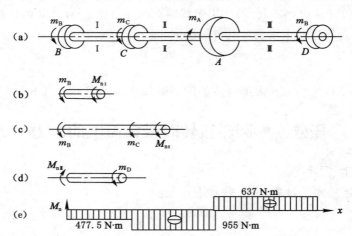

图 8-3

解： （1）计算各轮上的外力偶矩。

$$m_B = m_C = 9\ 550\ \frac{P_B}{n} = 477.5\ (\text{N} \cdot \text{m})$$

$$m_D = 9\ 550\ \frac{P_D}{n} = 637\ (\text{N} \cdot \text{m})$$

（2）计算扭矩。

从受力情况可以看出，轴在 BC、CA、AD 三段内的扭矩各不相等。用截面法计算各段的扭矩。

BC 段，用假想截面 Ⅰ—Ⅰ 把轴截开，保留左端为研究对象，扭矩用 $M_{nⅠ}$ 表示，如图 8-3(b)所示。列平衡方程 $\sum M = 0$，由

$$M_{nⅠ} + m_B = 0$$

得
$$M_{nⅠ} = -m_B = -477.5\ (\text{N} \cdot \text{m})$$

负号说明实际扭矩转向与假设相反。

同理，在 CA 段内，由图 8-3(c)所示，得：

$$M_{nⅡ} + m_C + m_B = 0$$

$$M_{nⅡ} = -m_C - m_B = -955\ (\text{N} \cdot \text{m})$$

在 AD 段内，由图 8-3(d)所示，得：

$$M_{nⅢ} - m_D = 0$$

$$M_{nⅢ} = m_D = 637\ (\text{N} \cdot \text{m})$$

（3）绘制扭矩图如图 8-3（e）所示，其中最大扭矩发生于 CA 段内，且 $M_{n\max} = 955\ \text{N} \cdot \text{m}$。

对上述传动轴，若把主动轮 A 安置于轴的一端（现为右端），则轴的扭矩图如图 8-4 所示。这时，轴的最大扭矩 $M_{n\max} = 1\ 592\ \text{N} \cdot \text{m}$。显然单从受力角度看，图 8-3 所示轮子布局比图 8-4 更合理。

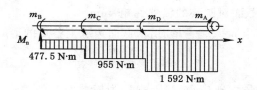

图 8-4

任务三 圆轴扭转时横截面上的应力

【知识要点】 剪应力。
【技能目标】 掌握剪应力的概念、计算方法、分布规律。

一、圆轴扭转的应力分析

材料力学基本变形应力分析的方法是通过实验、观察、抽象、假设形成基本理论,在实践中检验并不断改进、不断完善形成理论体系,然后应用于具体生产实践。

圆轴扭转也不例外。圆轴扭转实验如图 8-5 所示。由图可以看出,圆轴扭转变形后各个横截面仍为平面,其大小、形状以及相邻两截面之间的距离保持不变,故横截面上没有正应力;横截面绕轴线发生了旋转式的相对错动,故横截面上有剪应力,用 τ 表示;横截面半径不变,所以剪应力方向与横截面半径垂直。观察发现扭转变形的程度,从里往外逐步变大,轴线处变形为零,最外边缘变形最大;由此得出圆轴扭转时横截面上剪应力的分布规律,如图 8-6 所示。

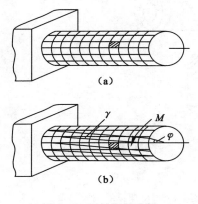

图 8-5 圆轴扭转实验

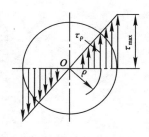

图 8-6 圆轴扭转横截面上的应力分布

二、圆轴扭转时横截面上的应力

横截面上任意一点剪应力的计算公式为:

$$\tau_\rho = \frac{M_n \rho}{I_P} \tag{8-2}$$

式中,τ_ρ 为横截面上任意一点的剪应力,MPa;M_n 为横截面上的扭矩,N·mm;ρ 为该点到圆心的距离，mm；I_P 为截面对圆心的极惯性矩，mm^4。

显然，圆轴扭转时，当 $\rho=\rho_{max}=R$ 时，横截面边缘上各点的剪应力最大，其值为：

$$\tau_{max}=\frac{M_n R}{I_P}=\frac{M_n}{W_P}\qquad(8\text{-}3)$$

式中，τ_{max} 为横截面上的最大剪应力，MPa；M_n 为横截面上的扭矩，N·mm；R 为圆轴半径，mm；I_P 为截面对圆心的极惯性矩，mm^4；W_P 为抗扭截面模量。

三、截面的极惯性矩

极惯性矩是与截面的形状和几何尺寸有关的量。工程中常见的轴有实心圆轴和空心圆轴两种，它们的 I_P 按下列公式计算：

实心轴：

$$I_P=\frac{\pi D^4}{32}\approx 0.1D^4\qquad(8\text{-}4)$$

空心轴：

$$I_P=\frac{\pi D^4}{32}-\frac{\pi d^4}{32}=\frac{\pi D^4}{32}(1-\alpha^4)\approx 0.1D^4(1-\alpha^4)\qquad(8\text{-}5)$$

其中 $$\alpha=\frac{d}{D}$$

式中，D 是外径，mm；d 是内径，mm。

【例 8-2】 AB 轴传递的功率为 $P=7.5$ kW，转速 $n=360$ r/min。如图 8-7 所示，轴 AC 段为实心圆截面，CB 段为空心圆截面。已知 $D=3$ cm，$d=2$ cm。试计算 AC 和 CB 段的最大与最小剪应力。

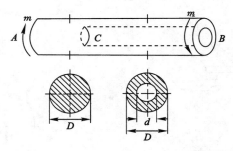

图 8-7

解： （1）计算扭矩轴所受的外力偶矩。

$$m=9\,550\frac{P}{n}=9\,550\frac{7.5}{360}=199\ (\text{N·m})$$

由截面法知：

$$M_n=m=199\ (\text{N·m})$$

（2）计算极惯性矩 AC 段和 CB 段轴横截面的极惯性矩。

$$I_{P1}=\frac{\pi D^4}{32}=7.95\ (\text{cm}^4)$$

$$I_{P2}=\frac{\pi}{32}(D^4-d^4)=6.38\ (\text{cm}^4)$$

（3）计算应力 AC 段轴在横截面边缘处的剪应力。

$$\tau_{\max}^{AC} = \tau_{外}^{AC} = \frac{M_n}{I_{P1}} \cdot \frac{D}{2} = 37.5 \times 10^6 (\mathrm{Pa}) = 37.5 (\mathrm{MPa})$$

（4）CB 段轴横截面内、外边缘处的剪应力。

$$\tau_{\max}^{CB} = \tau_{外}^{CB} = \frac{M_n}{I_{P2}} \cdot \frac{D}{2} = 46.8 \times 10^6 (\mathrm{Pa}) = 46.8 (\mathrm{MPa})$$

$$\tau_{\min}^{CB} = \tau_{内}^{CB} = \frac{M_n}{I_{P2}} \cdot \frac{d}{2} = 31.2 \times 10^6 (\mathrm{Pa}) = 31.2 (\mathrm{MPa})$$

任务四　圆轴扭转时的强度计算

【知识要点】 圆轴扭转的强度条件。
【技能目标】 掌握圆轴扭转的强度条件及应用。

为了保证扭转圆轴能安全可靠地工作，其危险截面上的最大剪应力 $\tau_{\max}$ 不应超过材料的许用剪应力 $[\tau]$，即圆轴扭转时的强度条件：

$$\tau_{\max} = \frac{M_n R}{I_P} \leqslant [\tau] \tag{8-6}$$

式中，$\tau_{\max}$ 为横截面上的最大剪应力，MPa；M_n 为横截面上的扭矩，N·mm；R 为圆轴半径，mm；I_P 为截面对圆心的极惯性矩，mm^4；$[\tau]$ 为圆轴材料的许用剪应力，MPa，可从相关手册中查到。

利用圆轴扭转的强度条件，可解决三类强度计算问题，即：强度校核、设计截面尺寸和确定许可载荷。

【例 8-3】 图 8-8 所示圆轴直径 $D = 40$ mm，轴上作用有力偶矩 $M_1 = 1.6$ kN·m，$M_2 = 3.4$ kN·m，$M_3 = 1.8$ kN·m，圆轴材料的许用剪应力 $[\tau] = 160$ MPa，试校核该圆轴的强度。

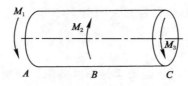

图 8-8

解： （1）求扭矩。

由截面法知，各段截面上的扭矩分别为：

$$M_{n1} = -M_1 = -1.6 (\mathrm{kN \cdot m})$$

$$M_{n2} = M_3 = 1.8 (\mathrm{kN \cdot m})$$

（2）确定危险截面，在 BC 段上扭矩最大，故为危险截面。

$$M_{n\max} = M_{n2} = 1.8 (\mathrm{kN \cdot m})$$

（3）校核圆轴的强度。

由 $\tau_{max} = \dfrac{M_{n2}R}{I_P} \leqslant [\tau]$ 得:

$$\tau_{max} = \dfrac{M_{n2}R}{I_P} = \dfrac{1.8 \times 20}{\dfrac{\pi \times 40^4}{32}} \times 10^6 = 143.3 \text{ MPa} \leqslant [\tau]$$

故圆轴的强度足够。

任务五　圆轴扭转时的变形和刚度计算

【知识要点】　扭转角、单位扭转角、刚度条件。
【技能目标】　掌握扭转角、单位扭转角的内涵和刚度条件及应用。

一、扭转变形

由圆轴扭转实验(图 8-6)可知,圆轴扭转时任意两横截面产生相对扭转角 φ;通过复杂的理论分析得出相对扭转角 φ 的计算公式为:

$$\varphi = \dfrac{M_n L}{G I_P} \tag{8-7}$$

式中,φ 相对扭转角,rad;M_n 为横截面上的扭矩,N·m;L 为两截面间的距离,m;G 为材料的切变模量,Pa;I_P 为横截面对圆心的极惯性矩,m⁴。

由式(8-7)可知,相对扭转角 φ 与圆轴的长度 L 有关,为了消除 L 对 φ 的影响,常用轴的单位长度扭转角 θ 来表示,即:

$$\theta = \dfrac{\varphi}{L} = \dfrac{M_n}{G I_P} \tag{8-8}$$

工程中单位长度扭转角的单位为(°/m),因此

$$\theta = \dfrac{\varphi}{L} = \dfrac{M_n}{G I_P} \cdot \dfrac{180°}{\pi} \tag{8-9}$$

式中,θ 为单位扭转角,(°/m);其余符号意义同前。

二、刚度条件

构件除满足强度条件外,有时还需要满足刚度要求。特别是机械传动中的轴,对刚度要求较高。如车床的丝杆,扭转变形过大就会影响螺纹加工精度。

为了避免刚度不够而影响正常使用,工程上要求受扭转变形构件的单位长度扭转角应小于等于许用单位长度扭转角。即圆轴扭转的刚度条件为:

$$\theta_{max} = \dfrac{M_{nmax}}{G I_P} \times \dfrac{180°}{\pi} \leqslant [\theta] \tag{8-10}$$

式中,θ_{max} 为单位长度的最大扭转角,(°/m);M_{nmax} 为横截面上的最大扭矩,N·m;G 为材料的切变模量,Pa;I_P 为横截面对圆心的极惯性矩,m⁴;$[\theta]$ 为许用单位长度扭转角,(°/m),其值可从有关手册查得。

【例 8-4】　图 8-9 所示传动轴的直径 $D=40$ mm,$M=600$ N·m,材料的切变模量 $G=80$ GPa,轴的许用单位长度扭转角$[\theta]=2°/m$。试校核该传动轴的刚度。

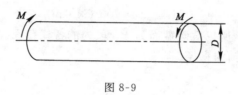

图 8-9

解：（1）求扭矩。

由截面法得：

$$M_n = M = 600 \text{ N} \cdot \text{m}$$

（2）校核刚度。

由 $\theta_{max} = \dfrac{M_{nmax}}{GI_P} \times \dfrac{180°}{\pi} \leqslant [\theta]$ 得：

$$\theta_{max} = \frac{M_n}{GI_P} \times \frac{180°}{\pi} = \frac{600 \times 180}{80 \times 10^9 \times 0.1 \times 0.04^4 \times 3.14} = 1.68 \text{ (°/m)} \leqslant [\theta]$$

故传动轴的刚度满足要求。

【例 8-5】 实心轴如图 8-10 所示，已知该轴转速 $n = 300$ r/min，主动轮输入功率 $P_C = 40$ kW，从动轮的输出功率分别为 $P_A = 10$ kW，$P_B = 12$ kW，$P_D = 18$ kW。材料的剪切弹性模量 $G = 80$ GPa，若 $[\tau] = 50$ MPa，$[\theta] = 0.3$ °/m，试按强度条件和刚度条件设计此轴的直径。

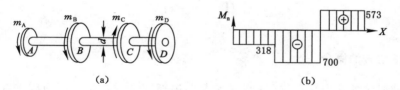

图 8-10

解：（1）求外力偶矩。

$$m_A = 9\,550 \frac{P_A}{n} = 318 \text{ (N} \cdot \text{m)}$$

$$m_B = 9\,550 \frac{P_B}{n} = 382 \text{ (N} \cdot \text{m)}$$

$$m_C = 9\,550 \frac{P_C}{n} = 1\,273 \text{ (N} \cdot \text{m)}$$

$$m_D = 9\,550 \frac{P_D}{n} = 573 \text{ (N} \cdot \text{m)}$$

（2）求扭矩、画扭矩图。

$$M_{n1} = -m_A = -318 \text{ (N} \cdot \text{m)}$$

$$M_{n2} = -m_A - m_B = -318 - 382 = -700 \text{ (N} \cdot \text{m)}$$

$$M_{n3} = m_D = 573 \text{ (N} \cdot \text{m)}$$

根据以上三个扭矩，画出扭矩图如图 8-10(b)所示。由图可知，最大扭矩发生在 BC 段内，其值为：

$$|M_n|_{max} = 700 \text{ (N} \cdot \text{m)}$$

因该轴为等截面圆轴,所以危险截面为 BC 段内的各横截面。

(3)按强度条件设计轴的直径。

由强度条件:

$$\tau_{max} = \frac{M_n R}{I_P} \leqslant [\tau]$$

得

$$d \geqslant \sqrt[3]{\frac{16 M_{nmax}}{\pi[\tau]}} = \sqrt[3]{\frac{16 \times 700 \times 10^3}{\pi \times 50}} = 41.5 \text{ (mm)}$$

(4)按刚度条件设计轴的直径。

由刚度条件:

$$\theta_{max} = \frac{M_{nmax}}{G I_P} \times \frac{180°}{\pi} \leqslant [\theta]$$

$$I_P = \frac{\pi d^4}{32}$$

得

$$d \geqslant \sqrt[4]{\frac{32 M_{nmax} \times 180}{G \pi [\theta]}} = \sqrt[4]{\frac{32 \times 700 \times 10^3 \times 180}{80 \times 10^3 \times \pi \times 0.3 \times 10^{-3}}} = 64.2 \text{ (mm)}$$

为使轴同时满足强度条件和刚度条件,所设计轴的直径应不小于 64.2 mm。

小　　结

一、圆轴扭转的概念

(1)圆轴扭转的受力特点:杆件两端受大小相等、转向相反、作用面与轴线垂直的力偶作用。

(2)圆轴扭转的变形特点:杆件的各个横截面均绕轴线发生相对转动,任意两个横截面之间相对转过一个扭转角。

(3)圆轴扭转的概念:杆件两端受大小相等、转向相反、作用面与轴线垂直的力偶作用;杆件的各个横截面绕轴线发生相对转动,任意两个横截面之间相对转过一个扭转角的变形。

二、圆轴扭转时横截面上的内力

(1)扭矩:横截面上的内力偶矩称为扭矩,用 M_n 表示。

(2)扭矩的符号规定:右手握轴,大拇指的指向与截面外法线方向一致,则弯曲四指的转向为扭矩的正方向,反之为负方向。

(3)扭矩图:与轴线平行的轴表示截面位置,与轴线垂直的轴表示扭矩大小,画出的扭矩随截面位置变化而变化的图形。

三、圆轴扭转时横截面上的应力

(1)剪应力:

$$\tau_{\rho} = \frac{M_n}{I_P} \cdot \rho$$

$$\tau_{max} = \frac{M_n R}{I_P} = \frac{M_n}{W_P}$$

（2）截面惯性矩：

实心轴：

$$I_P = \frac{\pi D^4}{32} \approx 0.1 D^4$$

空心轴：

$$I_P = \frac{\pi D^4}{32} - \frac{\pi d^4}{32} = \frac{\pi D^4}{32}(1 - \alpha^4) \approx 0.1 D^4(1 - \alpha^4)$$

四、圆轴扭转时的强度计算

（1）强度条件：

$$\tau_{max} = \frac{M_n \cdot R}{I_P} \leqslant [\tau]$$

（2）可解决三类问题：强度校核、设计截面尺寸和确定许可载荷。

五、圆轴扭转时的变形和刚度计算

（1）变形：

$$\varphi = \frac{M_n L}{G I_P}$$

$$\theta = \frac{\varphi}{L} = \frac{M_n}{G I_P} \cdot \frac{180°}{\pi}$$

（2）刚度条件：

$$\theta_{max} = \frac{M_{nmax}}{G I_P} \times \frac{180°}{\pi} \leqslant [\theta]$$

可解决三类问题：强度校核、设计截面尺寸和确定许可载荷。

思考与探讨

8-1　举出工程实际和日常生活中受扭转变形的实例。

8-2　圆轴扭转横截面上剪应力是怎样分布的？指出图 8-11 所示应力分布图哪些是正确的。

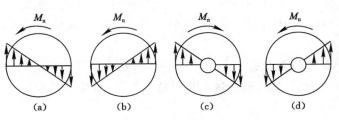

图 8-11

8-3 若将实心轴直径增大一倍,而其他条件不变,问最大剪应力、轴的扭转角将如何变化?

8-4 直径相同而材料不同的两根等长实心轴,在相同的扭矩作用下,最大剪应力 $\tau_{\max}$、扭转角 φ 和极惯性矩 I_P 是否相同?

8-5 等截面圆轴扭转时的单位长度扭转角为 θ,若圆轴直径增大一倍,单位长度扭转角将如何变化?

8-6 条件允许的情况下,为什么优先选择空心轴?

8-7 一级减速箱中的齿轮直径大小不等,在满足相同的强度条件下,高速齿轮轴的直径和低速齿轮轴的直径哪个大?

8-8 拿一根粉笔进行扭转实验,观察实验过程,并分析破坏原因?

习   题

8-1 如图 8-12 所示的传动轴,轴的转速为 $n=200$ r/min。主动轮 B 输入功率 $P_B=7$ kW,从动轮 A、C、D 输出功率分别为 $P_A=4$ kW,$P_C=2$ kW,$P_D=1$ kW,试画出轴的扭矩图。

8-2 如图 8-13 所示钢制圆轴上作用有 4 个外力偶,其矩为 $m_1=1$ kN·m,$m_2=0.6$ kN·m,$m_3=0.2$ kN·m,$m_4=0.2$ kN·m。试进行:

(1) 作轴的扭矩图;

(2) 若 m_1 和 m_2 的作用位置互换,扭矩图有何变化?

图 8-12   图 8-13

8-3 某小型水电站的水轮机容量为 50 kW,转速为 300 r/min,钢轴直径为 75 mm,如果在正常运转下只考虑扭矩作用,其许用剪应力 $[\tau]=20$ MPa。试校核轴的强度。

8-4 一受扭圆钢轴,横截面直径 $d=25$ mm,材料的剪切弹性模量 $G=80$ GPa,当扭转角为 6°时,轴内最大剪应力是 95 MPa,求此轴的长度。

8-5 圆杆受力情况如图 8-14 所示,已知 $d=30$ mm,$M=320$ N·m,$L=100$ mm,圆轴材料为钢 $[\tau]=120$ MPa,$[\theta]=3$ °/m,$G=80$ GPa。试校核轴的强度和刚度。

8-6 如图 8-15 所示汽车传动轴 AB,由 45 号钢无缝钢管制成,该轴的外径 $D=90$ mm,壁厚 $t=2.5$ mm,工作时的最大扭矩 $M_n=1.5$ kN·m,材料的许用剪应力 $[\tau]=60$ MPa。试求:

(1) 试校核 AB 轴的强度;

(2) 将 AB 轴改为实心轴,试在强度相同的条件下,确定轴的直径,并比较实心轴和空心轴的重量。

8-7 如图 8-16 所示传动轴 $n=500$ r/min,$P_A=15$ kW,$P_B=30$ kW,$P_C=10$ kW,

$P_D = 5$ kW。已知$[\tau] = 40$ MPa，$[\theta] = 1$ °/m，$G = 80$ GPa。试设计轴的直径。

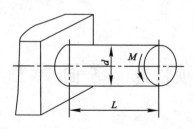

图 8-14

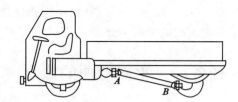

图 8-15

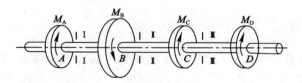

图 8-16

8-8　阶梯形圆杆如图 8-17 所示，AE 段为空心，外径 $D = 140$ mm，内径 $d = 100$ mm，BC 段为实心，直径 $d = 100$ mm。外力偶矩 $m_A = 18$ kN·m，$m_B = 32$ kN·m，$m_C = 14$ kN·m。已知$[\tau] = 80$ MPa，$[\theta] = 1.2$ °/m，$G = 80$ GPa。试校核该轴的强度和刚度。

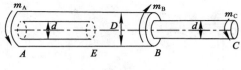

图 8-17

项目九　平面弯曲

平面弯曲是四种基本变形中最常见、最重要的一种形式,也是工程构件设计的重点内容之一。研究方式仍然遵循外力分析→内力分析→应力分析→建立强度、刚度条件→进行强度、刚度计算这样一个过程。通过对平面弯曲的受力分析和变形分析,重点进行平面弯曲的内力、应力计算;确定危险截面,寻找危险点;建立强度、刚度条件进行三类计算。同时,从强度和刚度两个方面提出了提高梁承载能力的措施。

任务一　平面弯曲的概念

【知识要点】　平面弯曲的概念,梁的计算简化。
【技能目标】　掌握平面弯曲的概念和梁计算简化的方法。

一、平面弯曲的概念

在工程实际和日常生活中,受力产生弯曲变形的构件是很多的,如图 9-1 所示的桥式起重机的横梁,如图 9-2 所示的火车轮轴,如图 9-3 所示的跳水板,如图 9-4 所示的摇臂钻床的悬臂,以及体育器械中的单杆、双杆,房屋的梁、阳台梁等,都是弯曲变形的实例。这些构件受力的共同特点:外力作用线都垂直于杆的轴线;它们的变形特点:杆件的轴线由原来的直线变成曲线,这种变形形式称为弯曲变形。以弯曲变形为主的杆件习惯上称为梁。如果梁的轴线是直线,则称为直梁。梁是机器设备和工程结构中最常见的构件之一。

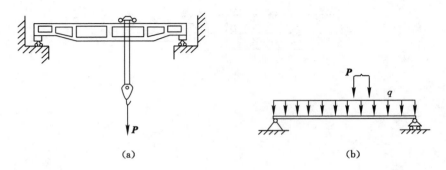

(a)　　　　　　　　　　　　　　　　　(b)

图 9-1

在工程实际中,大多数梁的横截面至少都具有一个纵向对称轴 y,如图 9-5(a)所示。梁的轴线 x 和截面纵向对称轴 y 所决定的平面称为纵向对称面,如图 9-5(b)所示。若梁上的

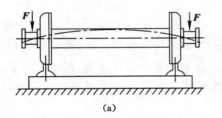

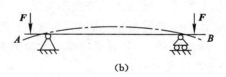

图 9-2

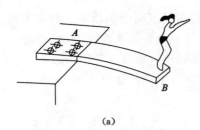

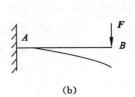

图 9-3

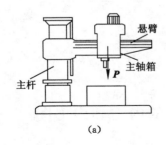

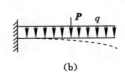

图 9-4

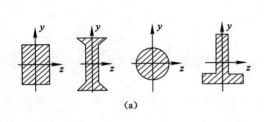

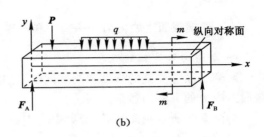

图 9-5

外力或外力偶都作用在纵向对称面内,而且各力都与梁的轴线垂直,则梁的轴线在纵向对称面内弯曲成一条平面曲线,这种弯曲变形称为平面弯曲。平面弯曲是弯曲变形中最简单、最基本,也是最常见的。本项目只讨论直梁的平面弯曲问题。

二、梁的计算简化

工程上常见的梁主要是等截面直梁,为了便于对梁进行分析和计算,需要将工程实际问题抽象成标准的力学模型。因此,在梁的计算中不管梁的截面形状如何,都可以用梁的轴线代替梁。除此之外,还要对梁所受的实际载荷以及梁的支座形式和支承位置进行简化。

（一）梁的载荷简化

梁所受的实际载荷按其作用形式可简化为:集中力 P、分布载荷 q 和集中力偶 m 三种,如图 9-5(b)所示。

（二）梁的种类简化

梁的结构形式很多,按支座形式和支承位置情况可分为以下三种基本形式:

（1）简支梁:梁的一端为固定铰链支座,另一端为活动铰链支座。如图 9-6(a)所示。

（2）外伸梁:简支梁一端或两端伸出支座以外。如图 9-6(b)、(c)所示。

（3）悬臂梁:梁的一端为固定端,另一端为自由端。如图 9-6(d)所示。

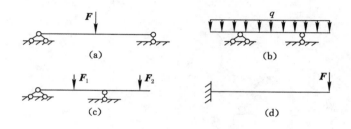

图 9-6

任务二　梁横截面上的内力和内力图

【**知识要点**】　剪力、弯矩、剪力图、弯矩图。

【**技能目标**】　掌握剪力、弯矩的概念,会画剪力图、弯矩图。

一、梁横截面上的内力——剪力和弯矩

（一）剪力和弯矩的概念

研究平面弯曲梁的强度和刚度问题,首先需要确定梁横截面上的内力。分析确定梁横截面上内力的方法仍然是截面法。

如图 9-7 所示一简支梁,受集中力 F 的作用,支座的约束反力 F_A、F_B,由静力学平衡方程求得 $F_A = \dfrac{Fb}{l}$,$F_B = \dfrac{Fa}{l}$,求梁 Ⅰ—Ⅰ 横截面上的内力。设 Ⅰ—Ⅰ 截面距梁的左端为 x,用截面法假想沿 Ⅰ—Ⅰ 截面将梁截开,保留左段为研究对象,右段对左段的作用用内力来代替;要使左段梁平衡,必有一个横截面上的内力和一个位于载荷平面内的内力偶,内力称为剪力,用 Q 表示;内力偶矩称为弯矩,用 M_W 表示。因此,弯曲变形的梁横截面上的内力有剪力 Q 和弯矩 M_W,如图 9-7 所示。

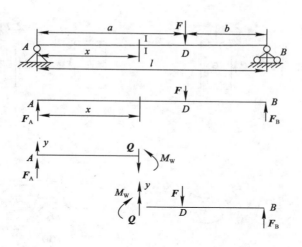

图 9-7

（二）剪力和弯矩的计算

由平衡条件可知，梁在外力作用下处于平衡，则左、右段也必然平衡。取左段梁为研究对象，列平衡方程：

$$\sum F_y = 0, \quad F_A - Q = 0$$

$$\sum M_C(\boldsymbol{F}) = 0, \quad -F_A x + M_W = 0 \quad （C \text{ 为横截面的形心}）$$

解得

$$Q = F_A, \quad M_W = F_A x$$

若取右段梁为研究对象，列平衡方程：

$$\sum F_y = 0, \quad Q - F + F_B = 0$$

$$\sum M_C(\boldsymbol{F}) = 0, \quad -M_W - F(a - x) + F_B(a + b - x) = 0 \quad （C \text{ 为横截面的形心}）$$

解得

$$Q = F - F_B, \quad M_W = -F(a - x) + F_B(a + b - x)$$

由此可知：① 梁任一横截面上的剪力等于截面左侧或右侧所有外力的代数和；② 梁任一横截面上的弯矩等于截面左侧或右侧所有外力对截面形心之矩的代数和。

（三）剪力和弯曲的符号规定

为保证取梁的左段或右段为研究对象求得同一截面上的剪力和弯矩，数值相同且正、负号也一致，因此对剪力和弯矩的正、负号作如下规定：

若取梁左段为研究对象，规定剪力向下为正；若取梁右段为研究对象，规定剪力向上为正。简称为：左下右上剪力为正；反之为负。如图 9-8 所示。

若取梁左段为研究对象，规定弯矩逆时针转向为正；若取梁右段为研究对象，规定弯矩顺时针转向为正。简称为：左逆右顺弯矩为正；反之为负。如图 9-9 所示。

用截面法求内力时，剪力和弯矩都必须假设为正方向。如果计算结果为负，说明实际方

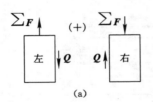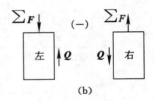

图 9-8

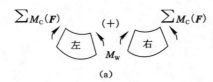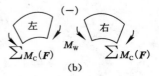

图 9-9

向与假设方向相反。

综上所述,剪力和弯矩符号规定需要掌握的要点是:左下右上剪力为正;左逆右顺弯矩为正。

二、剪力图和弯矩图

(一)剪力方程和弯矩方程

一般情况下,梁横截面上的剪力和弯矩随横截面位置的变化而变化。设横截面沿梁轴线的位置用坐标 x 表示,则各个截面上的剪力和弯矩可以表示为坐标 x 的函数:

$$Q = Q(x), \quad M_{\mathrm{w}} = M_{\mathrm{w}}(x)$$

以上两式分别称为剪力方程和弯矩方程。

(二)剪力图和弯矩图

为了清楚地表示剪力和弯矩沿梁横截面位置的变化情况,确定梁上最大剪力和最大弯矩的数值及其作用的横截面位置。一般以梁的左端为坐标原点,与梁轴线平行的 x 轴表示梁横截面的位置,与 x 轴垂直的轴表示剪力或弯矩的大小,绘出的剪力或弯矩随截面位置变化而变化的图形分别称为剪力图或弯矩图。

利用剪力方程和弯矩方程绘制剪力图和弯矩图的一般步骤为:

(1)求支座反力(对悬臂梁,若选自由端一侧为研究对象,可不必求支座反力);

(2)分段列出剪力方程和弯矩方程(分段的依据是界点);

(3)绘制剪力图和弯矩图,并标出各特征点的剪力值和弯矩值;

(4)确定最大内力的数值及位置。

注意要点:剪力图和弯矩图是确定危险截面的依据,也是平面弯曲的难点。正确画出剪力图和弯矩图的理论基础是剪力方程和弯矩方程。列剪力方程和弯矩方程的关键点是找分段的依据界点。有支座的地方是界点,集中力和外力偶作用点以及分布载荷起止点都是界点。

下面举例说明运用剪力方程和弯矩方程绘制剪力图和弯矩图的方法。

【例 9-1】　某悬臂梁受力如图 9-10 所示,试画出梁的剪力图和弯矩图。

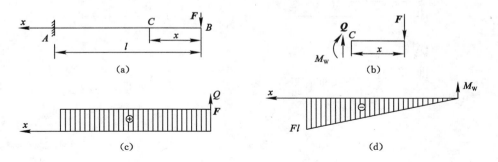

图 9-10

解：　(1) 求支座反力(悬臂梁可以不求支座反力)。

(2) 分段列剪力方程和弯矩方程。A 点为固定端,B 点有集中力,有两个界点,所以梁只有一段。选取梁右端 B 为坐标原点,坐标 x 表示任一截面位置;用假想截面从 C 点将梁截开,保留右段作为研究对象,左段对右段的作用用剪力 Q 和弯矩 M_w 来代替,并假设为正方向,如图 9-10(b)所示。由右段梁的平衡列平衡方程求出剪力 Q 和弯矩 M_w,相当于列出了剪力方程和弯矩方程。

由 $\sum F_y = 0$ 得:

$$Q = F \quad (0 \leqslant x \leqslant l)$$

由 $\sum M_C(\boldsymbol{F}) = 0$ 得:

$$-Fx - M_w = 0$$
$$M_w = -Fx \quad (0 \leqslant x \leqslant l)$$

(3) 画剪力图和弯矩图。$Q(x)$ 为常数,故剪力图为一水平线,剪力为正值,应画在 x 轴的上方,如图 9-10(c)所示。$M_w(x)$ 为 x 的一次函数,故弯矩图为一斜直线。定两点就可以确定直线:当 $x=0$ 时,$M_w=0$;当 $x=l$ 时,$M_w=-Fl$,如图 9-10(d)所示。

(4) 确定 $|Q|_{max}$ 和 $|M_w|_{max}$。由剪力图和弯矩图知:$|Q|_{max}=F$,$|M_w|_{max}=Fl$。

【例 9-2】　如图 9-11 所示,简支梁受均布载荷 q 的作用,试画梁的剪力图和弯矩图。

解：　(1) 求支座反力。取梁 AB 为研究对象,受力分析如图 9-11(b)所示,列平衡方程求支反力或由受力特点可知:A、B 两支座的反力 $F_A = F_B = \dfrac{ql}{2}$。

(2) 分段列出剪力方程和弯矩方程。取任一截面离左端点的距离为 x,则有:

$$Q = F_A - qx = \frac{ql}{2} - qx \quad (0 \leqslant x \leqslant l)$$

$$M_w = F_A x - qx\,\frac{x}{2} = -\frac{q}{2}x^2 + \frac{ql}{2}x \quad (0 \leqslant x \leqslant l)$$

(3) 绘制剪力图和弯矩图。Q 为 x 的一次函数,剪力图是一斜直线,定两点就可以确定直线:当 $x=0$ 时,$Q=\dfrac{ql}{2}$;当 $x=l$ 时,$Q=-\dfrac{ql}{2}$,如图 9-11(c)所示。M_w 为 x 的二次函数,弯

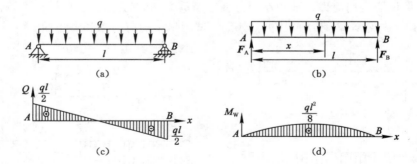

图 9-11

矩图是一开口向下的抛物线,由三点就可以确定抛物线的形状:当 $x=0$ 时,$M_{\mathrm{w}}=0$;当 $x=l$ 时,$M_{\mathrm{w}}=0$;当 $x=\dfrac{l}{2}$ 时,$M_{\mathrm{w}}=\dfrac{ql^2}{8}$,抛物线取到顶点,如图 9-11(d)所示。

（4）确定 $|Q|_{\max}$ 和 $|M_{\mathrm{w}}|_{\max}$。由剪力图和弯矩图知:$|Q|_{\max}=\dfrac{ql}{2}$,$|M_{\mathrm{w}}|_{\max}=\dfrac{ql^2}{8}$。

【例 9-3】 如图 9-12 所示,简支梁在截面 C 处受集中力偶 M 的作用,试绘制梁的剪力图和弯矩图。

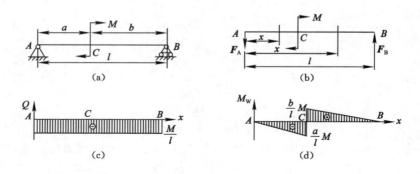

图 9-12

解: （1）求支座反力。取梁 AB 为研究对象,要使构件平衡,$\boldsymbol{F}_{\mathrm{A}}$ 和 $\boldsymbol{F}_{\mathrm{B}}$ 一定组成力偶,如图 9-12(b)所示,列平衡方程:

$$\sum M=0,\quad F_{\mathrm{A}}l-M=0$$

解得

$$F_{\mathrm{A}}=F_{\mathrm{B}}=\frac{M}{l}$$

（2）分段列出剪力方程和弯矩方程。由于梁上有三个界点,因此将梁分为 AC 和 CB 两段,分别列剪力方程和弯矩方程:

AC 段:
$$Q=-F_{\mathrm{A}}=-\frac{M}{l}\quad(0\leqslant x\leqslant a)$$

$$M_{\mathrm{w}}=-F_{\mathrm{A}}x=-\frac{M}{l}x\quad(0\leqslant x\leqslant a)$$

CB 段：
$$Q = -F_B = -\frac{M}{l} \quad (a \leqslant x \leqslant l)$$

$$M_w = F_B(l - x) = -\frac{M}{l}x + M \quad (a \leqslant x \leqslant l)$$

（3）绘制剪力图和弯矩图。由剪力方程可知，AC 和 CB 两段的剪力方程为同一个常数，故其剪力图为一水平线，如图 9-12(c)所示。由弯矩方程可知，AC 和 CB 两段的弯矩方程是关于 x 的一次函数，两段弯矩图均为斜直线。由两点确定直线：当 $x=0$ 时，$M_w=0$；当 $x=a$ 时，$M_{wC}^{左} = -\frac{a}{l}M$；当 $x=a$ 时，$M_{wC}^{右} = \frac{b}{l}M$；当 $x=l$ 时，$M_w=0$。画出弯矩图如图 9-12(d)所示。由弯矩图可知，在集中力偶作用处，弯矩值发生了突变，突变量的大小等于该集中力偶矩的大小，即 $\left| M_{wC}^{右} - M_{wC}^{左} \right| = \left| \frac{b}{l}M - \left(-\frac{a}{l}M\right) \right| = M$（式中，$M_{wC}^{左}$ 和 $M_{wC}^{右}$ 分别表示截面 C 左、右两侧无限接近的截面上的弯矩值）；突变方向与集中力偶的转向有关，即逆时针转动的力偶从上向下突变，顺时针转动的力偶从下向上突变。

（4）确定 $\left| Q \right|_{\max}$ 和 $\left| M_w \right|_{\max}$。由剪力图知 $\left| Q \right|_{\max} = \frac{M}{l}$。由弯矩图知 $\left| M_w \right|_{\max}$ 与 a、b 之间的大小关系有关，当 $a>b$ 时，在集中力偶 M 作用处的截面左侧，有 $\left| M_w \right|_{\max} = \frac{a}{l}M$；当 $a=b=\frac{l}{2}$ 时，有 $\left| M_w \right|_{\max} = \frac{1}{2}M$；若 $a<b$，则在集中力偶 M 作用处的截面右侧，有 $\left| M_w \right|_{\max} = \frac{b}{l}M$。

三、剪力图和弯矩图的特点

由以上各例可知，梁上载荷、剪力图和弯矩图之间有如下规律：

（1）梁上没有载荷作用的区段，剪力图为水平线。弯矩图为斜直线，直线的倾斜方向与剪力的正负有关，若剪力大于零，直线向上倾斜；若剪力小于零，直线向下倾斜；若剪力等于零，直线就为水平线。

（2）梁上有均布载荷作用的区段，剪力图为斜直线，直线的倾斜方向与均布载荷的方向一致，即均布载荷向下，则直线向下倾斜；反之，则向上倾斜。该区段上弯矩图为一抛物线，抛物线的开口方向与均布载荷的方向一致，即均布载荷向下，则抛物线开口向下；反之，则抛物线开口向上。在该区段内若有剪力等于零的截面，则抛物线有顶点，即弯矩在该截面处有极值。

（3）有集中力作用的截面处，剪力图发生突变，突变量的大小等于集中力的大小，突变方向与集中力的方向一致。弯矩图会发生转折。

（4）有集中力偶作用的截面处，剪力图无变化，弯矩图将发生突变，突变量的大小等于集中力偶矩的大小；突变的方向与集中力偶矩的转向有关。若外力偶矩为逆时针转向，则从上向下突变；反之，则从下向上突变。

（5）绝对值最大的弯矩总是出现在集中力作用处、集中力偶作用处或剪力等于零的截面上。

利用这些规律，可以不必列剪力方程和弯矩方程，就能直接画出剪力图和弯矩图。为了能熟练地掌握以上规律，将其归纳总结为表 9-1，以便于更好地应用。

表 9-1　　　　　　　　　　　梁上载荷与剪力图和弯矩图间的图形规律

载荷类型	无载荷段 $q=0$	均布载荷段 $q=$ 常数		集中力处		集中力偶处	
		$q<0$	$q>0$	F / C	C / F	M / C	M / C
剪力图	水平线	斜直线		突变		无影响	
				C F	F C		
弯矩图	斜直线			二次抛物线		折角	突变
	$Q>0$	$Q<0$	$Q=0$	抛物线切线 $Q>0$ $Q<0$	$Q=0$ 此处有极值	C (up) C (down)	M C / M C

四、剪力图和弯矩图的简捷绘制法

当梁上受力比较复杂时,用列剪力方程和弯矩方程的方法绘制剪力图和弯矩图麻烦耗时。掌握了梁上载荷、剪力图和弯矩图之间的规律后,就可以用简捷的方法绘图。方法要点:① 求约束反力;② 找界点分段,根据表 9-1 的规律判断剪力图、弯矩图的形状;③ 确定控制点的 Q 和 M_w,画 Q 图和 M_w 图;④ 由弯矩图确定危险截面的最大弯矩。

【例 9-4】　如图 9-13 所示,桥式起重机横梁长 l,起吊力为 P,不计梁的自重,试画出梁的剪力图和弯矩图。

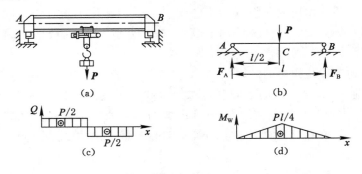

图 9-13

解: (1) 画梁的计算简图,如图 9-13(b)所示。

(2) 求梁的约束反力:

$$F_A = F_B = \frac{P}{2}$$

(3) 找界点分段,判断剪力图和弯矩图的形状。简支梁有三个界点,将梁分为 AC 和 CB 两段;AC 和 CB 段 $q=0$,剪力图为水平线,$Q_{AC}=\frac{P}{2}$,$Q_{CB}=-\frac{P}{2}$。弯矩图为斜线,C 点有极值：$M_{\mathrm{WC}}=\dfrac{Pl}{4}$。

（4）确定控制点的 Q 和 M_{W}，画 Q 图和 M_{W} 图。

① 画 Q 图：从左端 A 点开始，$F_A=\dfrac{P}{2}$ 向上突 $P/2$，AC 段为水平线；C 点向下突 P，CB 段为水平线；B 点 $F_B=\dfrac{P}{2}$ 向上突 $P/2$。剪力图如图 9-13(c)所示。

② 画 M_{W} 图：从左端 A 点开始，AC 段为斜线，$M_{\mathrm{WA}}=0$；C 点有极值 $M_{\mathrm{WC}}=\dfrac{Pl}{4}$，$CB$ 段为斜线；B 点 $M_{\mathrm{WB}}=0$。弯矩图如图 9-13(d)所示。

（5）由弯矩图知，梁的危险截面在 C 处，最大弯矩为：$|M_{\mathrm{W}}|_{\max}=\dfrac{Pl}{4}$。

【例 9-5】 试绘制如图 9-14 所示梁的剪力图和弯矩图。

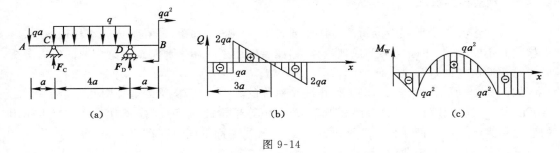

图 9-14

解：（1）求梁的约束反力。

由 $\sum F_y=0$ 可知：

$$-qa+F_C-q4a+F_D=0$$

由 $\sum M_C(\boldsymbol{F})=0$ 可知：

$$qa\cdot a-q\cdot4a\cdot2a+F_D\cdot4a-qa^2=0$$

解得

$$F_C=3qa,\quad F_D=2qa$$

（2）找界点分段，判断剪力图和弯矩图的形状。梁上有四个界点，将梁分为 AC、CD、DB 三段，A、B、C、D 为控制点。AC、DB 段 $q=0$，剪力图为水平线，$Q_{AC}=-qa$，$Q_{DB}=0$，CD 段有均布载荷，剪力图为斜线，$Q_C^{\text{右}}=2qa$，$Q_D^{\text{左}}=-2qa$。AC 段 $q=0$，弯矩图为斜线，$M_{\mathrm{WA}}^{\text{右}}=0$，$M_{\mathrm{WC}}=-qa^2$；$DB$ 段 $Q=0$，弯矩图为水平线，$M_{\mathrm{W}}=-qa^2$；CD 段有均布载荷，弯矩图为抛物线，q 向下抛物线开口向下，$Q=0$ 处，弯矩有极值。

（3）确定控制点的 Q 和 M_{W}，画 Q 图和 M_{W} 图。

① 画 Q 图：从左端 A 点开始，A 点有集中力 qa 向下突 qa，AC 段为水平线，$F_C=3qa$，C 点向上突 $3qa$，CD 段为斜线，$Q_C^{\text{右}}=2qa$，$Q_D^{\text{左}}=-2qa$；$F_D=2qa$，D 点向上突 $2qa$；DB 段 $Q=0$。剪力图如图 9-14(b)所示。

② 画 M_{W} 图：从左端 A 点开始，AC 段弯矩图为斜线，$M_{\mathrm{WA}}^{\text{右}}=0$，$M_{\mathrm{WC}}=-qa^2$；$CD$ 段弯矩图为抛物线开口向下，由剪力图可知，$Q=0$ 的截面距离 A 点是 $3a$，$M_{\mathrm{W}}=qa^2$，$M_{\mathrm{WD}}=-qa^2$；DB 段 $Q=0$，弯矩图为水平线，$M_{\mathrm{W}}=-qa^2$。如图 9-14(c)所示。

（4）由弯矩图可知,梁的危险截面在梁的中点处,最大弯矩为:$|M_w|_{max} = qa^2$。

任务三　纯弯曲时梁横截面上的正应力

【知识要点】　纯弯曲、正应力。
【技能目标】　掌握纯弯曲的概念、正应力的计算公式和分布规律。

通过对弯曲内力的分析,找出内力最大值及其所在的截面,也就是找到了梁的危险截面。但还不能进行梁的强度计算,只有进一步分析横截面上的应力分布情况,并找出截面上最大应力与内力之间的关系(即危险点的应力),才能进行梁的强度计算。为简便起见,首先讨论纯弯曲时梁横截面上的应力,然后再推广到一般情况。

一、纯弯曲的概念

材料力学基本变形应力分析的方法是通过实验、观察、抽象、假设形成基本理论,在实践中检验并不断改进、不断完善形成理论体系,然后应用于具体生产实践。梁弯曲的应力分析同样是遵循这样的过程进行研究的。

如图 9-15 所示一简支梁,梁上作用两个对称的集中力 **F**,从梁的剪力图和弯矩图可知,在 CD 段上,各横截面上的剪力都等于零,而弯矩等于常数,这种没有剪力而只有弯矩作用的弯曲称为纯弯曲。而在梁 AC 段和 BD 段中,各横截面上同时存在剪力和弯矩,这种既有剪力又有弯矩作用的弯曲称为剪切弯曲。

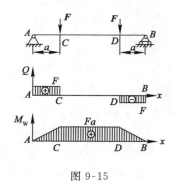

图 9-15

二、纯弯曲实验及假设

（一）实验现象

取一矩形截面梁做纯弯曲变形实验,为便于观察,先在矩形截面梁的表面各画两条与轴线平行的纵向线 *aa*、*bb* 和与轴线垂直的横向线 *mm*、*nn*,如图 9-16 所示。然后在梁的两端各施加一个力偶矩为 M 的外力偶,使梁发生纯弯曲。这时将观察到如下的现象:

（1）纵向线 *aa*、*bb* 由直线变成曲线,*bb* 伸长,*aa* 缩短。

（2）横向线 *mm*、*nn* 仍保持为直线,只是相互倾斜了一个角度,但仍与弯成曲线的轴线垂直。

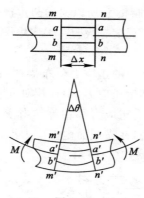

图 9-16

（二）假设

根据变形固体的基本假设以及实验观察到的现象,推测梁的内部变形和表面变形一致,由此可作如下假设:

（1）平面假设:变形前为平面的横截面变形后仍为平面,且仍垂直于梁的轴线,只是相对转了一个角度。

（2）单项受力假设:设想梁是由平行于轴线的无数层纤维组成,在纯弯曲时各纤维之间互不挤压,只受轴向拉伸或压缩变形。

显然,矩形截面上部的纤维缩短,下部的纤维伸长。由平面假设可知,纤维由伸长到缩短的连续变化中,必有一层纤维既不伸长也不缩短,只是发生了弯曲。这个既不伸长也不缩短的纤维层称为中性层。中性层与横截面的交线称为该横截面的中性轴。中性层把梁分为两个区,上半部为压缩区,下半部为拉伸区。如图 9-17 所示。

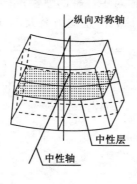

图 9-17

三、纯弯曲时横截面上的正应力

（一）纯弯曲时横截面上的应力分析

根据以上实验现象和假设,通过分析可知:

（1）梁纯弯曲变形时,梁内纵向纤维发生了伸长和缩短的变形,因此横截面上必有正应力。

（2）梁纯弯曲变形时,梁内的剪力 Q 为零,所以横截面上无剪应力,即 $\tau=0$。

（3）梁凸边纤维伸长，凹边纤维缩短，所以梁的凸边产生拉应力，凹边产生压应力，中性层处应力为零；离中性轴越远，变形程度越大，应力越大。梁纯弯曲时横截面上的正应力大小与离开中性层的距离成正比。

由此得出梁在纯弯曲时横截面上的正应力分布规律：正应力大小与该点到中性轴的距离成正比，凸边产生拉应力，凹边产生压应力，中性层处正应力为零，上、下边缘处的正应力最大，任意一条与中性轴平行的线上正应力都相等。当横截面相对中性轴上、下对称时，其对称点的应力大小相等。也就是说，在横截面内正应力沿截面宽度方向均匀分布，沿高度方向线性分布。应力分布规律如图 9-18（a）所示。

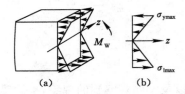

图 9-18

通常用如图 9-18（b）所示的应力图来表示梁弯曲时正应力的分布规律。

（二）纯弯曲时横截面上正应力的计算公式

依据梁纯弯曲时正应力的分布规律及应力分布图，经严密的理论推导（推导过程本书从略），梁在纯弯曲时横截面上任一点的正应力计算公式为：

$$\sigma = \frac{M_{\mathrm{w}}}{I_z} y \tag{9-1}$$

式中，σ 为横截面上任一点的正应力，MPa；M_{w} 为横截面上的弯矩，N·mm；y 为所求应力点到中性轴的距离，mm；I_z 为横截面对中性轴的惯性矩，mm^4。

由式（9-1）可知，当 $y = y_{\max}$ 时，该处的正应力最大，且最大应力值为：

$$\sigma_{\max} = \frac{M_{\mathrm{w}} y_{\max}}{I_z} = \frac{M_{\mathrm{w}}}{I_z / y_{\max}} \tag{9-2}$$

令

$$W_z = \frac{I_z}{y_{\max}} \tag{9-3}$$

则有

$$\sigma_{\max} = \frac{M_{\mathrm{w}}}{W_z} \tag{9-4}$$

式中，W_z 为抗弯截面系数，是一个与截面形状和尺寸有关的几何量，mm^3。

（三）截面惯性矩和抗弯截面模量

截面惯性矩 I_z 和抗弯截面模量 W_z 是一个与截面形状、尺寸有关的几何量。

常见截面的惯性矩 I_z 和抗弯截面模量 W_z 有：

（1）矩形截面

$$I_z = \frac{bh^3}{12} \tag{9-5}$$

$$W_z = \frac{bh^2}{6} \tag{9-6}$$

（2）圆形截面

$$I_z = \frac{\pi d^4}{64} \tag{9-7}$$

$$W_z = \frac{\pi d^3}{32} \tag{9-8}$$

（3）圆环形截面

$$I_z = \frac{\pi(D^4 - d^4)}{64} \tag{9-9}$$

$$W_z = \frac{\pi(D^4 - d^4)}{32D} \tag{9-10}$$

为了便于应用，表 9-2 给出了一些常见截面惯性矩和抗弯截面模量的计算公式。除此以外，工程中常用型钢的截面几何性质可查阅有关手册或书后的附表。

表 9-2　　　　常见截面惯性矩和抗弯截面模量计算公式

截面形状和形心轴位置	惯性矩	抗弯截面模量
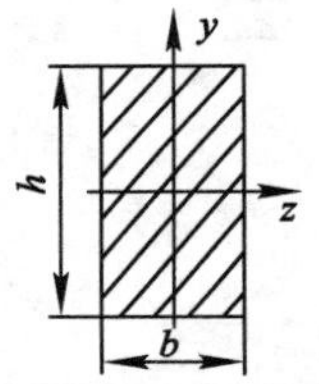	$I_z = \dfrac{bh^3}{12}$ $I_y = \dfrac{hb^3}{12}$	$W_z = \dfrac{bh^2}{6}$ $W_y = \dfrac{hb^2}{6}$
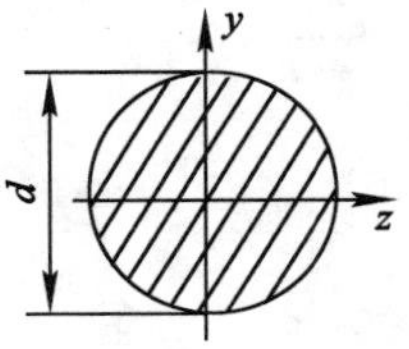	$I_z = I_y = \dfrac{\pi d^4}{64}$	$W_z = W_y = \dfrac{\pi d^3}{32}$
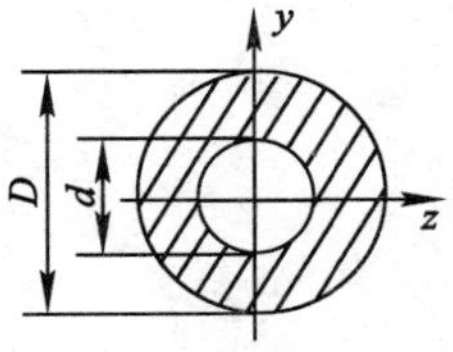	$I_z = I_y = \dfrac{\pi(D^4 - d^4)}{64}$	$W_z = W_y = \dfrac{\pi(D^4 - d^4)}{32D}$
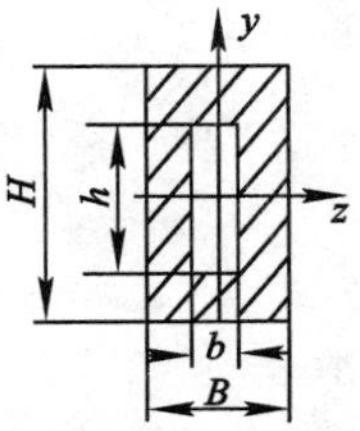	$I_z = \dfrac{BH^3 - bh^3}{12}$ $I_y = \dfrac{HB^3 - hb^3}{12}$	$W_z = \dfrac{BH^3 - bh^3}{6H}$ $W_y = \dfrac{HB^3 - hb^3}{6B}$

在工程实际中，有些梁的截面是由若干个简单图形组合而成的组合截面（如 T 形、工字形等），对这种组合图形惯性矩的计算，通常使用平行移轴公式来解决。

四、剪切弯曲时横截面上的正应力

在工程实际中,梁一般发生的都是剪切弯曲,梁横截面上既有正应力又有剪应力。剪应力的分布规律比正应力的分布规律复杂得多,它随截面形状的不同而变化。当梁的跨度 l 与截面高度 h 之比 $l/h>5$ 时,剪应力对正应力的影响很小(不超过 1%),故可以忽略不计。一般工程中的梁 $l/h \gg 5$,因此式(9-1)也可应用于剪切弯曲时的正应力计算。

【**例 9-6**】 如图 9-19 所示,矩形截面简支梁的横截面 $b \times h = 120 \text{ mm} \times 200 \text{ mm}$,跨度 $l = 3 \text{ m}$,均布载荷 $q = 40 \text{ kN/m}$。求:

(1) 截面竖放[图 9-19(b)]时,危险截面上 a、b 两点的正应力。

(2) 截面横放[图 9-19(d)]时,危险截面上的最大应力。

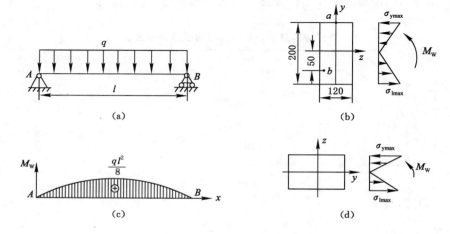

图 9-19

解: (1) 作弯矩图,如图 9-19(c)所示。由弯矩图可知,中间截面弯矩最大,为危险截面,最大弯矩为:

$$M_{W\max} = \frac{1}{8}ql^2 = \frac{1}{8} \times 40 \times 3^2 = 45 \text{ (kN · m)}$$

(2) 竖放时,z 轴为中性轴,所以:

$$I_z = \frac{bh^3}{12} = \frac{120 \times 200^3}{12} = 80 \times 10^6 \text{ (mm}^4)$$

因 $y_a = y_{\max} = 100 \text{ mm}$,所以:

$$\sigma_a = \frac{M_{W\max}}{I_z}y_a = \frac{45 \times 10^6 \times 100}{80 \times 10^6} = 56.25 \text{ (MPa)}$$

由 $y_b = 50 \text{ mm}$ 得:

$$\sigma_b = \frac{M_{W\max}}{I_z}y_b = \frac{45 \times 10^6 \times 50}{80 \times 10^6} = 28.125 \text{ (MPa)}$$

(3) 横放时,y 轴为中性轴,所以:

$$I_y = \frac{hb^3}{12} = \frac{1}{12} \times 200 \times 120^3 = 28.8 \times 10^6 \text{ (mm}^4)$$

最大正应力发生在距中性轴最远处各点,则:

$$\sigma_{max} = \frac{M_{Wmax}}{W_y} = \frac{M_{Wmax}}{I_y}z_{max} = \frac{45 \times 10^6 \times 60}{28.8 \times 10^6} = 93.75 \text{（MPa）}$$

由此可知：$I_z > I_y$，竖放时横截面上的 σ_{max} 小于横放时横截面上的 σ_{max}，从强度方面考虑，梁竖放比横放合理。

任务四　梁弯曲时的强度计算

【知识要点】　梁弯曲的强度条件。
【技能目标】　掌握梁弯曲时的强度条件及应用。

通过梁弯曲的内力分析，已经能够确定梁的危险截面。进一步分析横截面上的应力，可以找到危险截面上的危险点。为了保证梁能安全可靠地工作，必须使梁具有足够的强度。在进行梁的强度计算时，首先要确定梁的危险截面和危险点。一般情况下，对于等截面直梁，其危险点在弯矩最大截面上的上、下边缘处，即最大正应力所在处。而对于变截面梁，如机械中常见的阶梯轴，则应从弯矩 M_W 和抗弯截面模量 W_z 两个方面综合考虑，以此计算出整个梁的最大正应力。

一、梁弯曲时的强度条件

为了使梁具有足够的强度，梁的危险截面上危险点的应力（最大弯曲正应力 σ_{max}）不超过材料的许用正应力 $[\sigma]$，即强度条件为：

$$\sigma_{max} = \frac{M_{Wmax}}{W_z} \leqslant [\sigma] \tag{9-11}$$

式中，σ_{max} 为危险点的应力，MPa；M_{Wmax} 为横截面上的最大弯矩，N·mm；W_z 为抗弯截面系数，mm³；$[\sigma]$ 为梁材料的许用正应力，MPa。

对于许用拉应力和许用压应力不同的脆性材料梁，以及与中性轴非对称形状的梁（如 T 形截面梁），就要分别列出抗拉强度条件和抗压强度条件：

$$\sigma_{lmax} = \frac{M_{Wmax}}{I_z}y_1 \leqslant [\sigma_l] \tag{9-12}$$

$$\sigma_{ymax} = \frac{M_{Wmax}}{I_z}y_2 \leqslant [\sigma_y] \tag{9-13}$$

式中，σ_{lmax}、σ_{ymax} 为危险截面上的最大拉应力、最大压应力，MPa；M_{Wmax} 为横截面上的最大弯矩，N·mm；I_z 为横截面对中性轴的惯性矩，mm⁴；y_1 为梁的受拉边缘到中性轴的距离，mm；y_2 为梁的受压边缘到中性轴的距离，mm；$[\sigma_l]$ 为梁材料的许用拉应力，MPa；$[\sigma_y]$ 为梁材料的许用压应力，MPa。

二、强度条件的应用

应用梁的强度条件，可以解决三类问题：

（1）强度校核：已知梁的横截面形状、尺寸和材料的许用应力以及所受载荷，验算梁是否满足正应力强度条件。

（2）设计梁的截面尺寸：根据梁的最大载荷和材料的许用应力，确定梁截面的尺寸和形状,或选用合适的标准型钢。

（3）求许用载荷:根据梁截面的形状和尺寸及许用应力,确定梁可承受的最大弯矩,再由弯矩和载荷的关系确定梁的许用载荷。

【例 9-7】 如图 9-20 所示,单梁桥式吊车跨长 $l=10$ m,起重量(包括电动葫芦自重)为 $G=30$ kN,梁由 28a 工字钢制成,材料的许用应力 $[\sigma]=160$ MPa。试校核梁的正应力强度。

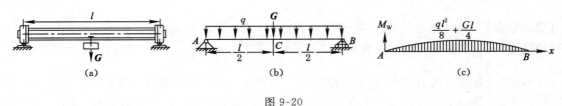

图 9-20

解: （1）画梁的计算简图。将吊车横梁简化为简支梁,梁自重为均布载荷 q,由型钢表查得:28a 工字钢 $q=43.4$ kg/m$=0.425\ 3$ kN/m,吊车重 G 为集中力,如图 9-20(b)所示。

（2）画弯矩图。由梁的自重和吊车重引起梁的弯矩图,如图 9-20(c)所示。由弯矩图可知,中间截面弯矩最大处为危险截面,其值为:

$$M_{W\max}=\frac{ql^2}{8}+\frac{Gl}{4}=\frac{0.425\ 3\times10^2}{8}+\frac{30\times10}{4}=80.32\ (\text{kN}\cdot\text{m})$$

（3）校核弯曲正应力强度。由型钢表查得:28a 工字钢 $W_z=508.15$ cm^3,于是可得

$$\sigma_{\max}=\frac{M_{W\max}}{W_z}=\frac{80.32\times10^6}{508.15\times10^3}=158.1\ (\text{MPa})<[\sigma]$$

故此梁的强度足够。

【例 9-8】 如图 9-21 所示的圆形截面悬臂梁,$l=1$ m,$F=10$ kN,$[\sigma]=100$ MPa。试设计梁的截面直径 d。

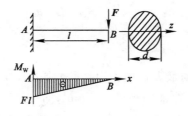

图 9-21

解: （1）画弯矩图。由弯矩图可知,A 截面处的弯矩最大 $|M_{W\max}|=10$ kN·m。

（2）按强度条件设计截面直径 d。

由强度条件 $\sigma_{\max}=\dfrac{M_{W\max}}{W_z}\leqslant[\sigma]$ 可知:

$$\sigma_{max} = \frac{M_{Wmax}}{W_z} = \frac{M_{Wmax}}{\frac{\pi d^3}{32}} \leqslant [\sigma]$$

$$d \geqslant \sqrt[3]{\frac{32M_{Wmax}}{\pi[\sigma]}} = \sqrt[3]{\frac{32 \times 10 \times 10^6}{\pi \times 100}} = 100.6 \text{ (mm)}$$

故梁的直径取 $d = 100$ mm。

【例 9-9】 如图 9-22 所示的木制简支梁,截面为 $b \times h = 120$ mm $\times 200$ mm 的矩形,跨度 $l = 5$ m,在中间截面上作用有集中力 F,材料的许用应力 $[\sigma] = 10$ MPa。试计算集中力 F 的许可值。

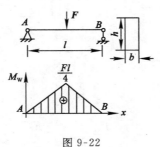

图 9-22

解: (1) 画弯矩图,如图 9-22 所示。

由弯矩图可知,梁的最大弯矩发生在中间截面处:

$$M_{Wmax} = \frac{Fl}{4} = \frac{5}{4}F$$

(2) 确定许可载荷根据强度条件:

$$\sigma_{max} = \frac{M_{Wmax}}{W_z} \leqslant [\sigma]$$

得

$$\frac{5F}{4} \leqslant [\sigma] \times \frac{b \times h^2}{6}$$

即

$$F \leqslant \frac{4[\sigma] \times b \times h^2}{6 \times 5} = \frac{4 \times 10 \times 120 \times 200^2}{6 \times 5 \times 10^3} = 6.4 \text{ (kN)}$$

故梁承受的许可载荷 $F = 6.4$ kN。

【例 9-10】 如图 9-23 所示的 T 形截面铸铁外伸梁,其许用拉应力 $[\sigma_l] = 30$ MPa,许用压应力 $[\sigma_y] = 60$ MPa,截面尺寸如图 9-23(b)所示。截面对形心轴 z 的惯性矩 $I_z = 763$ cm^4,且 $y_1 = 52$ cm。试校核该梁的强度。

解: (1) 求支座约束反力。取梁 AB 为研究对象,受力分析如图 9-23(c)所示,列平衡方程

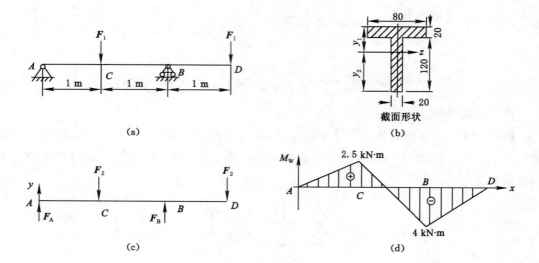

图 9-23

$$\sum F_y = 0, \quad F_A - F_1 + F_B - F_2 = 0$$

$$\sum M_A(F) = 0, \quad -F_1 \times 1 + F_B \times 2 - F_2 \times 3 = 0$$

解得

$$F_A = \frac{21}{2} \text{ kN}, \quad F_B = \frac{5}{2} \text{ kN}$$

(2) 绘出梁的弯矩图,如图 9-23(d)所示,由弯矩图可知:最大正弯矩在 C 截面处,即 $M_{WC} = 2.5$ kN·m;最大负弯矩在 B 截面处,即 $M_{WB} = 4$ kN·m。

因为 T 字形截面不对称于中性轴 z,且材料的许用应力 $[\sigma_l] \neq [\sigma_y]$,所以要对两个危险截面 C 和 B 上的最大正应力分别校核。

(3) 强度校核。

C 截面:

$$\sigma_{lmax} = \frac{M_{WC}}{I_z} y_2 = \frac{2.5 \times 10^6 \times 88}{763 \times 10^2} = 28.8 \text{ (MPa)} < [\sigma_l]$$

$$\sigma_{ymax} = \frac{M_{WC}}{I_z} y_1 = \frac{2.5 \times 10^6 \times 52}{763 \times 10^2} = 17.0 \text{ (MPa)} < [\sigma_y]$$

B 截面:

$$\sigma_{lmax} = \frac{M_{WB}}{I_z} y_1 = \frac{4 \times 10^6 \times 52}{763 \times 10^2} = 27.3 \text{ (MPa)} < [\sigma_l]$$

$$\sigma_{ymax} = \frac{M_{WB}}{I_z} y_2 = \frac{4 \times 10^6 \times 88}{763 \times 10^2} = 46.1 \text{ (MPa)} < [\sigma_y]$$

故铸铁梁的强度足够。

(4) 由强度校核可知,该梁的强度足够,说明此梁按现状放置是合理的。但若将此 T 形截面倒置,外力作用情况不变,截面上的正应力分布将发生变化,会使梁的强度不足,读者不妨自己分析或讨论一下。

（5）讨论:由抗拉和抗压性能不同的材料制成的梁($[\sigma_y]>[\sigma_l]$),一般做成上、下不对称的截面,如 T 形截面。对于这类梁的强度校核,一般是找出正、负最大弯矩所在的截面,分别进行拉、压强度校核。

任务五　梁的变形和刚度简介

【知识要点】 挠度、转角、刚度条件。
【技能目标】 了解挠度、转角的概念,以及梁的刚度条件。

前面研究了梁的内力、应力和强度条件,解决了梁强度方面的问题。在工程实际中,有些梁除了要求具有足够的强度外,还需要考虑梁的变形,即要求梁具有足够强度的同时还要具有必要的刚度。如图 9-24 所示的齿轮轴,由于轴的变形过大,使两齿轮不能正常啮合,会加剧轴与轴承之间的磨损,产生噪声,降低寿命。如图 9-25 所示的车床加工细长工件时,工件在切削力作用下产生变形过大时,就会影响加工精度。因此,必须将构件的弯曲变形限制在一定的范围之内。研究梁变形的目的,主要是为了进行梁的刚度计算。

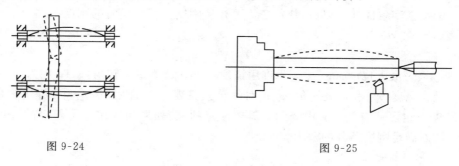

图 9-24　　　　　　　　　　　　　图 9-25

一、梁变形的概念

梁在外力作用下将发生弯曲变形,如图 9-26 所示。为了确定梁的变形,选取梁的左端为坐标原点 O,以变形前梁的轴线为 x 轴,与 x 轴垂直的轴为 y 轴,xOy 平面为梁的纵向对称面。

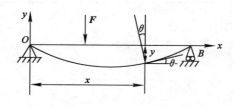

图 9-26

（一）挠曲线

在平面弯曲情况下，梁的轴线将由原来的直线变成了纵向对称面内的一条连续而光滑的曲线，此曲线称为挠曲线。梁的挠曲线可表示为：

$$y = f(x) \tag{9-14}$$

式（9-14）称为挠曲线方程。当梁发生弯曲变形时，梁内各横截面将同时产生移动和转动。因此，梁的变形可以用挠度和转角来表示。

（二）挠度

梁弯曲时，横截面形心在垂直于梁轴线（x 轴）方向上的线位移称为梁在该截面处的挠度，用 y 表示。如图 9-26 所示。并规定：在 x 轴以上，挠度为正，在 x 轴以下挠度为负。

（三）转角

梁发生弯曲变形后，梁的横截面对其原来位置转过的角度，称为截面转角，用 θ 表示。如图 9-26 所示。根据平面假设，梁的横截面变形前垂直于轴线，变形后垂直于挠曲线。故转角 θ 为挠曲线的法线与 y 轴的夹角或挠曲线的切线与 x 轴的夹角。并规定：逆时针转向的转角为正，顺时针转向的转角为负。

工程上计算梁变形常用查表法或叠加法。

二、梁的刚度计算

梁按强度条件计算以后，往往还需要校核刚度。梁弯曲时的刚度条件为：

$$y_{max} \leqslant [y] \tag{9-15}$$

$$\theta_{max} \leqslant [\theta] \tag{9-16}$$

式中，y_{max} 为最大挠度，mm；$[y]$ 为许用挠度，mm；θ_{max} 为最大转角，rad；$[\theta]$ 为许用转角，rad。

最大挠度 y_{max} 和最大转角 θ_{max} 的计算公式见表 9-3；许用挠度 $[y]$ 和许用转角 $[\theta]$ 的数值见表 9-4，也可从有关手册中查到。需要注意的是：如果变形超过了规定的许用值时，应重新设计以满足刚度条件的要求。

表 9-3   简单载荷作用下梁的变形

梁的形式及其载荷	挠曲线方程	最大挠度和梁端转角（绝对值）
（悬臂梁，端部力偶 m_B）	$y = -\dfrac{m_B x^2}{2EI}$	$\theta_B = \dfrac{m_B l}{EI}$ $y_{max} = \dfrac{m_B l^2}{2EI}$
（悬臂梁，端部集中力 P）	$y = -\dfrac{Px^2}{6EI}(3l - x)$	$\theta_B = \dfrac{Pl^2}{2EI}$ $y_{max} = \dfrac{Pl^3}{3EI}$
（悬臂梁，中间集中力 P）	$y = -\dfrac{Px^2}{6EI}(3a - x)\ (0 \leqslant x \leqslant a)$ $y = -\dfrac{Pa^2}{6EI}(3x - a)\ (a \leqslant x \leqslant l)$	$\theta_B = \dfrac{Pa^2}{2EI}$ $y_{max} = \dfrac{Pa^2}{6EI}(3l - a)$

续表 9-3

梁的形式及其载荷	挠曲线方程	最大挠度和梁端转角（绝对值）
	$y = -\dfrac{qx^2}{24EI}(x^2 + 6l^2 - 4lx)$	$\theta_{\max} = \dfrac{ql^3}{6EI}$ $y_{\max} = \dfrac{ql^4}{8EI}$
	$y = \dfrac{m_B lx}{6EI}\left(1 - \dfrac{x^2}{l^2}\right)$	$\theta_A = \dfrac{m_B l}{6EI}, \theta_B = \dfrac{m_B l}{3EI}, y_C = \dfrac{m_B l^2}{16EI}$ $y_{\max} = \dfrac{m_B l^2}{9\sqrt{3}\,EI}$（在 $x = \dfrac{l}{\sqrt{3}}$ 处）
	$y = -\dfrac{qx}{24EI}(l^3 - 2lx^2 + x^3)$	$\theta_A = \dfrac{ql^3}{24EI}, \theta_B = \dfrac{ql^3}{24EI}$ $y_{\max} = \dfrac{5ql^4}{384EI}$
	$y = -\dfrac{Px}{12EI}\left(\dfrac{3}{4}l^2 - x^2\right) \quad (0 \leqslant x \leqslant l)$	$\theta_A = \dfrac{Pl^2}{16EI}, \theta_B = \dfrac{Pl^2}{16EI}$ $y_{\max} = \dfrac{Pl^3}{48EI}$
	$y = -\dfrac{Pbx}{6EIl}(l^2 - x^2 - b^2) \quad (0 \leqslant x \leqslant a)$ $y = -\dfrac{Pb}{6EIl}\left[\dfrac{l}{b}(x-a)^3 + (l^2 - b^2)x - x^3\right]$ $(a \leqslant x \leqslant l)$	$\theta_A = \dfrac{Pab(l+b)}{6EIl}, \theta_B = \dfrac{Pab(l+a)}{6EIl}$ $y_C = \dfrac{Pb}{48EI}(3l^2 - 4b^2) \quad (a > b)$ $y_{\max} = \dfrac{Pb}{9\sqrt{3}\,EIl}\sqrt{(l^2 - b^2)^3}$ （在 $x = \sqrt{\dfrac{l^2 - b^2}{3}}$ 处） $y_D = \dfrac{Pa^2 b^2}{3EIl}$
	$y = -\dfrac{qa}{24EI}\left(\dfrac{7}{2}a^2 x - x^3\right) \quad (0 \leqslant x \leqslant a)$ $y = -\dfrac{q}{24EI}\left[\dfrac{7}{2}a^3 x + (x-a)^4 - ax^3\right]$ $(a \leqslant x \leqslant 2a)$	$\theta_A = \dfrac{7qa^3}{48EI}, \theta_B = \dfrac{3qa^3}{16EI}$ $y_{\max} \approx y_C = \dfrac{5qa^4}{48EI}$
	$y = -\dfrac{P}{EI} \cdot \dfrac{l^2 a}{6}\left(\dfrac{x^3}{l^3} - \dfrac{x}{l}\right) \quad (0 \leqslant x \leqslant l)$ $y = -\dfrac{P}{6EI}(x-l)\left[2al + 3a(x-l) - (x-l)^2\right]$ $(l \leqslant x \leqslant l+a)$	$\theta_A = \dfrac{Pla}{6EI}, \theta_B = \dfrac{Pla}{3EI}$ $\theta_D = \dfrac{Pa}{6EI}(2l + 3a), y_C = \dfrac{Pl^2 a}{16EI}$ $y_D = \dfrac{Pa^2}{3EI}(l+a)$

续表 9-3

梁的形式及其载荷	挠曲线方程	最大挠度和梁端转角（绝对值）
 A 与 m_C、C、B、a、b、l 的简支梁图	$y=\dfrac{m_C}{6EIl}[x^3-x(l^2-3b^2)]$ $(0\leqslant x\leqslant a)$ $y=\dfrac{m_C}{6EIl}[x^3-3(x-a)^2l-x(l^2-3b^2)]$ $(a\leqslant x\leqslant l)$	$\theta_A=\dfrac{m_C}{2EIl}\left(\dfrac{l^2}{3}-b^2\right)$ $\theta_B=\dfrac{m_C}{2EIl}\left(\dfrac{l^2}{3}-a^2\right)$ $\theta_C=\dfrac{m_C}{2EIl}(l^2-2la+3a^2)$ 如 $\theta_C>0$，则为反时针 $y_C=\dfrac{m_C}{2EIl}\dfrac{a}{l}(l-a)(l-2a)$
 A 与 q、$\frac{l}{2}$、$\frac{l}{2}$、$\frac{a}{2}$、$\frac{a}{2}$、B 的简支梁图	$y=\dfrac{qa}{48EI}[4x^3-(3l^2-a^2)x]$ $\left(0\leqslant x\leqslant\dfrac{l-a}{2}\right)$ $y=\dfrac{q}{48EI}\left[4ax^3-2\left(x-\dfrac{l-a}{2}\right)^4-ax(3l^2-a^2)\right]$ $\left(\dfrac{l-a}{2}\leqslant x\leqslant\dfrac{l+a}{2}\right)$	$\theta_A=\dfrac{qa}{48EI}(3l^2-a^2)$ $\theta_B=\dfrac{qa}{48EI}(3l^2-a^2)$ $y_{max}=\dfrac{qa}{48EI}\left(l^3-\dfrac{a^2l}{2}+\dfrac{a^3}{8}\right)$，在梁中央

表 9-4   轴类零件允许变形的参考数值

变形	名称	变形允许值 $[y]$	变形	名称	变形允许值 $[\theta]$/rad
挠度 y	一般用途的转轴	$[y]=(0.000\ 3-0.000\ 5)l$	转角 θ	滑动轴承	$[\theta]=0.001$
	需要提高刚度的转轴	$[y]=0.000\ 2l$		向心球轴承	$[\theta]=0.005$
	安装齿轮的轴	$[y]=(0.01-0.03)m$		向心球面轴承	$[\theta]=0.005$
	安装蜗轮的轴	$[y]=(0.02-0.05)m$		圆柱滚子轴承	$[\theta]=0.002\ 5$
				圆锥滚子轴承	$[\theta]=0.001\ 6$
				安装齿轮的轴承	$[\theta]=0.001$

注：l 代表轴承之间长度；m 代表齿轮的模数。

【例 9-11】 如图 9-27(a)所示的简支梁，承受均布载荷 q 和集中力 P 的作用。试求梁中点 C 的挠度。（EI 为常数）

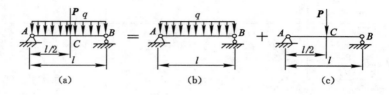

图 9-27

解： 首先把作用在梁上的载荷系分解为只有均布载荷 q 作用[图 9-27(b)]和只有集中力 P 的作用[图 9-27(c)]两种情形。从表 9-3 查得，由均布载荷 q 引起的梁中点挠度为：

$$y_q = -\frac{5ql^4}{384EI}$$

由集中力 P 引起的梁中点挠度为：

$$y_P = -\frac{Pl^3}{48EI}$$

因此，由均布载荷 q 和集中力 P 共同作用下引起梁中点的总挠度为：

$$y_C = -\frac{5ql^4}{384EI} - \frac{Pl^3}{48EI}$$

【例 9-12】　如图 9-28 所示的桥式起重机横梁长 $l=9.2$ m，最大起重量（包括电动葫芦自重）为 $P=50$ kN，梁材料是 45a 工字钢，$E=200$ GPa，不计梁的自重，要求起重机工作时在超载 25% 的情况下最大挠度不得大于 $l/500$。试校核起重机梁的刚度。

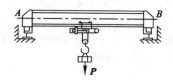

图 9-28

解：　不计梁自重的情况下，可以近似地认为梁受集中力作用，最大挠度在梁的中间截面。查表 9-3 可知：

$$y_{max} = \frac{Pl^3}{48EI}$$

式中，P 考虑超载 25% 的计算载荷为 $1.25P$。查表可知 45a 工字钢 $I=32\,200$ cm^4，$E=2\times10^5$ MPa，因此梁的最大挠度为：

$$y_{max} = \frac{1.25Pl^3}{48EI} = \frac{1.25 \times 50 \times 10^3 \times 9\,200^3}{48 \times 2 \times 10^5 \times 32\,200 \times 10^4} = 15.8 \text{（mm）}$$

梁的许用挠度为：

$$[y] = \frac{9\,200}{500} = 18.4 \text{（mm）}$$

因为 $y_{max} < [y]$，故起重机梁的刚度足够。

任务六　提高梁承载能力的措施

【知识要点】　提高承载能力的措施。
【技能目标】　从强度和刚度两方面分析提高梁承载能力的措施。

材料力学的主要任务是解决安全与经济的矛盾。提高梁的承载能力，就是在保证梁的强度和刚度都能满足设计要求的前提下，使梁的材料用量最少，从而达到既安全又经济的目的。由梁的强度条件和刚度条件的应用分析可知，梁的承载能力不仅与梁的弯曲强度有关，而且和梁的弯曲刚度也密不可分。因此，提高梁的承载能力，就有必要从强度和刚度两个方面予以分析研究。本任务主要讨论提高梁弯曲强度的主要措施和提高梁弯曲刚度的主要措施。

一、提高梁弯曲强度的主要措施

由梁弯曲正应力强度条件：$\sigma_{max} = \dfrac{M_{Wmax}}{W_z} \leqslant [\sigma]$ 可知，梁弯曲正应力与外力引起的弯矩 M_W 与横截面形状和尺寸（W_z）以及梁的材料（$[\sigma]$）有关。欲提高梁的弯曲强度（即要减小 σ_{max}），则可采取如下措施。

（一）合理布置梁的载荷和支座

适当地调整梁的载荷和支座，降低 M_{Wmax}，从而达到提高梁的承载能力的目的。

1. 合理布置载荷

如图 9-29 所示的简支梁，载荷按三种情况布置时，图 9-29(b) 最大弯矩是图 9-29(a) 的一半，图 9-29(c) 最大弯矩比图 9-29(a) 减小了近 44%。

2. 合理布置梁的支座

如图 9-30 所示的简支梁，受均布载荷 q 作用，若将梁的两端支座各向内移动 $0.2l$，如图 9-30(b) 所示，则梁的最大弯矩后者仅为前者的 $1/5$。

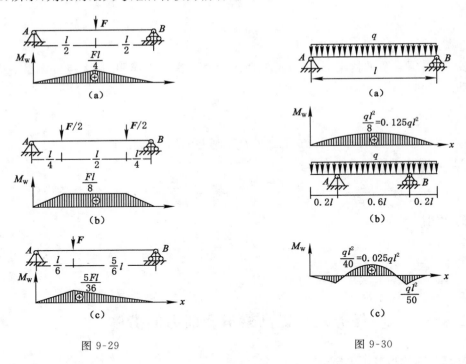

图 9-29　　　　　　　　　　　　　　　　图 9-30

上述各例说明，在条件允许的情况下，合理布置梁的载荷和支座，即使载荷靠近支座，或适当减小梁的跨度，或使集中力分解为多个分力或均布载荷等措施，都能减小最大弯曲值，从而提高梁的承载能力。

（二）选择合理的截面形状

1. 选择 W_z/A 较大的截面形状

由 $\sigma_{max} = M_W/W_z$ 可知：一方面，梁的抗弯截面模量越大，截面上的最大正应力就越小，表明梁的抗弯能力越强；另一方面，从材料使用来看，截面面积大，使用材料就多。所以梁的合理截面形状应该是截面面积小而抗弯截面模量大的截面。为了便于比较各种截面形状的经济程度，可用抗弯截面模量 W_z 与截面面积 A 的比值来衡量。比值 W_z/A 越大的截面，越经济合理。表 9-5 中列出了常见截面形状 W_z/A 的比值。

表 9-5　　　　　　　　　　　　常见截面形状 W_z/A 的比值

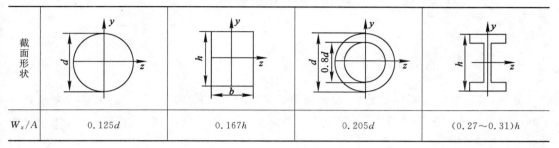

截面形状				
W_z/A	$0.125d$	$0.167h$	$0.205d$	$(0.27 \sim 0.31)h$

由表 9-5 可知，四种截面形状中，工字形截面最合理，圆形截面最不合理。其原因可以从正应力分布规律来分析：工字形截面离中性轴较远的面积大，而这部分面积上的正应力也大，因此，材料能充分发挥作用；相反，圆形截面大部分材料分布在中性轴附近，此处的正应力又较小，因而大部分材料未能充分发挥作用。由此可见，为了更好地发挥材料的作用，应尽可能地将材料放在离中性轴较远的地方。在工程实际中，许多弯曲构件常常采用工字形、箱形等截面形状就是这个道理。

2. 根据材料特性选择截面形状

截面形状应与材料特性相适应，对抗拉强度和抗压强度相等的塑性材料，宜采用中性轴对称的截面，如圆形、矩形、工字形等。对抗拉强度小于抗压强度的脆性材料，宜采用中性轴偏向受拉一侧的截面形状，如图 9-31 所示，应使截面满足以下条件：

$$\frac{\sigma_{l\max}}{\sigma_{y\max}} = \frac{y_1}{y_2} = \frac{[\sigma_l]}{[\sigma_y]}$$

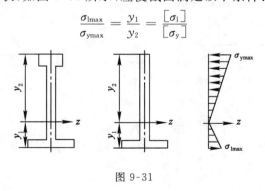

图 9-31

3. 采用变截面梁

对于等截面梁，除 $M_{W\max}$ 所在截面的最大正应力达到材料的许用应力外，其余截面的应力均小于甚至远小于许用应力，对于小于许用应力的各截面材料均未得到充分利用。为了节省材料，减轻结构的重量，可在弯矩较小处采用较小的截面，这种截面尺寸沿梁轴线变化的梁称为变截面梁。因此，在工程实际中常采用变截面梁。例如，机械中常采用的阶梯轴（图 9-32）及摇臂钻床的横臂（图 9-33）等。

若梁内每个截面上的最大正应力都等于材料的许用应力，则这种梁称为等强度梁。

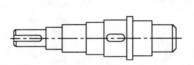

图 9-32

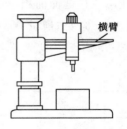

横臂

图 9-33

显然,等强度梁材料用量最少,梁的重量最轻,也是最理想的设计。但是,还应考虑到加工制造以及构造上的需要等因素,同时还应考虑剪应力的影响,故在工程实际中,往往只能做成近似的等强度梁。

二、提高梁弯曲刚度的主要措施

由梁弯曲变形的计算公式可知,梁的几何尺寸(反映在惯性矩 I 和梁长 l)、材料的弹性模量 E 以及支承情况是决定梁弯曲变形大小的内因,而梁的载荷则是梁产生变形的条件。因此,可采用下列措施减小梁的变形,提高梁的承载能力。

1. 减小跨度、增加支座

梁的跨长 l 对弯曲变形影响最大,因此,在条件允许的情况下,减小跨度或增加支座是提高弯曲刚度有效的措施。例如,如图 9-34(a)所示的简支梁在 P 力作用下,最大挠度为 $y_{max} = \dfrac{Pl^3}{48EI}$;若梁的跨度减小一半,如图 9-34(b)所示,则最大挠度为 $y_{max} = \dfrac{Pl^3}{384EI}$。对比两种情况,后者最大挠度仅是前者的 1/8。

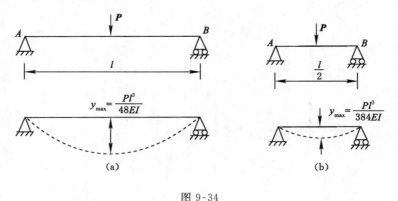

图 9-34

再如,如图 9-35(a)所示受均布载荷 q 作用下的简支梁,最大挠度为 $y_{max} = \dfrac{5ql^4}{384EI}$,如果梁的中间增加一个活动支座,如图 9-35(b)所示,则最大挠度为 $y_{max} = \dfrac{ql^4}{3\,072EI}$。对比两种情况,后者最大挠度仅为前者的 1/40。

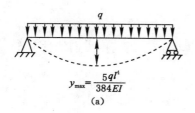
$$y_{max} = \frac{5ql^4}{384EI}$$
(a)

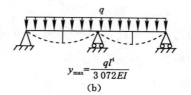
$$y_{max} = \frac{ql^4}{3\,072EI}$$
(b)

图 9-35

2. 增大抗弯刚度 EI

梁的弯曲变形与 EI 成反比,增大 EI,可使变形减小。增大 EI 比较经济的措施是选用惯性矩 I 大的截面形状,如工字形、框形等。此外,也可以选择 E 较大的材料。但需要注意的是:各类钢材的 E 值很接近,为了提高刚度而选用优质钢,会大大增加成本,因此并不是有效的措施。

小 结

一、平面弯曲的概念

(1)平面弯曲:若梁上的外力或外力偶都作用在纵向对称面内,而且各力都与梁的轴线垂直,则梁的轴线在纵向对称面内弯曲成一条平面曲线,这种弯曲变形称为平面弯曲。

(2)梁的载荷简化:集中力 P、分布载荷 q 和集中力偶 m 三种。

(3)梁的种类简化:① 简支梁;② 外伸梁;③ 悬臂梁。

二、梁横截面上的内力和内力图

(1)剪力:横截面上的内力,用 Q 表示;剪力等于截面左侧或右侧所有外力的代数和。

(2)弯矩:位于载荷平面内的内力偶,用 M_w 表示;弯矩等于截面左侧或右侧所有外力对截面形心之矩的代数和。

(3)剪力和弯曲的符号规定:左下右上,剪力为正;左逆右顺,弯矩为正。

(4)内力图:以梁的左端为坐标原点,与梁轴线平行的 x 轴表示梁横截面的位置,与 x 轴垂直的轴表示剪力或弯矩的大小,绘出的剪力或弯矩随截面位置变化而变化的图形分别称为剪力图和弯矩图。

(5)内力图的特点:具体见表 9-1。

(6)绘制内力图的方法有两种:一种是分段列出剪力方程和弯矩方程,然后根据方程绘图;另一种是根据分布载荷、集中力和集中力偶作用下剪力图和弯矩图的特征绘图。

三、纯弯曲时梁横截面上的正应力

(1)纯弯曲:没有剪力而只有弯矩作用的弯曲称为纯弯曲。

(2)正应力:

$$\sigma = \frac{M_W}{I_z}y, \quad \sigma_{max} = \frac{M_W}{W_z}$$

（3）正应力的分布规律：沿截面宽度方向均匀分布，沿高度方向线性分布。

（4）截面惯性矩和抗弯截面模量：

① 矩形截面：

$$I_z = \frac{bh^3}{12}, \quad W_z = \frac{bh^2}{6}$$

② 圆形截面：

$$I_z = \frac{\pi d^4}{64}, \quad W_z = \frac{\pi d^3}{32}$$

③ 圆环形截面：

$$I_z = \frac{\pi(D^4 - d^4)}{64}, \quad W_z = \frac{\pi(D^4 - d^4)}{32D}$$

四、梁弯曲时的强度条件

（1）$\sigma_{max} = \dfrac{M_{Wmax}}{W_z} \leqslant [\sigma]$。

（2）$\sigma_{lmax} = \dfrac{M_{Wmax}}{I_z}y_1 \leqslant [\sigma_l]$。

（3）$\sigma_{ymax} = \dfrac{M_{Wmax}}{I_z}y_2 \leqslant [\sigma_y]$。

（4）可解决三类问题：强度校核、设计截面尺寸和确定许可载荷。

五、梁的变形和刚度简介

（1）挠曲线：$y = f(x)$。

（2）挠度：梁弯曲时，横截面形心在垂直于梁轴线（x 轴）方向上的线位移称为梁在该截面处的挠度，用 y 表示。

（3）转角：梁发生弯曲变形后，梁的横截面对其原来位置转过的角度，称为截面转角，用 θ 表示。

（4）刚度条件：$y_{max} \leqslant [y]$，$\theta_{max} \leqslant [\theta]$。

六、提高梁承载能力的措施

1. 提高梁弯曲强度的主要措施
（1）合理布置梁的载荷和支座。
（2）选择合理的截面形状。
（3）选择 W_z/A 较大的截面形状。
（4）根据材料特性选择截面形状。
（5）采用变截面梁。

2. 提高梁弯曲刚度的主要措施

(1) 减小跨度,增加支座。

(2) 增大抗弯刚度 EI。

思考与探讨

9-1 实践中有哪些产生弯曲变形的实例?

9-2 什么是平面弯曲?什么是纯弯曲?什么是剪切弯曲?

9-3 什么是梁横截面上的剪力和弯矩?如何计算?正、负号怎样规定?

9-4 列剪力方程和弯矩方程时,分段的依据是什么?

9-5 怎样画剪力图和弯矩图?有哪些步骤?

9-6 梁的某一截面上的剪力如果等于零,这个截面上的弯矩有什么特点?

9-7 两根跨度相等的简支梁承受相同的载荷作用,问在下列情况下,其内力图是否相同?应力是否相同?

(1) 两根梁的材料相同,截面形状和尺寸不同;

(2) 两根梁的材料不同,截面形状和尺寸相同。

9-8 什么是中性层?什么是中性轴?中性轴在梁的横截面上位置是固定不变的,这种说法对吗?为什么?

9-9 弯曲变形的梁横截面上正应力是怎样分布的?

9-10 如图 9-36 所示,试分析塑性材料和脆性材料各选用哪种截面形状合适?

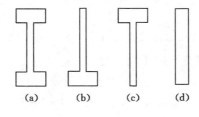

(a)　　(b)　　(c)　　(d)

图 9-36

9-11 挑东西的扁担常在中间折断,而游泳池的跳水板易在固定端折断,为什么?

9-12 截面上有剪力(非纯弯曲)时,为什么由纯弯曲得出的正应力公式还可以适用?

9-13 型钢为何要做成工字形、槽形?对抗拉和抗压强度不相等的材料为什么要采用 T 形截面?

9-14 弯曲的强度条件是什么?提高梁的强度通常采用哪些措施?

9-15 什么是等强度的梁?

9-16 何谓挠度?何谓转角?它们的正、负号是如何规定的?

9-17 弯曲的刚度条件是什么?提高梁的刚度通常采用哪些措施?

9-18 明信片放在两粉笔盒之间,测试其能承载几根粉笔?如果将明信片折成槽形,再测试其承载能力有何变化?并说明原因。

习 题

9-1 试求图 9-37 所示各梁指定截面上的剪力和弯矩。

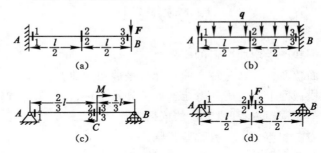

图 9-37

9-2 列出图 9-38 所示梁的剪力方程和弯矩方程,画出剪力图和弯矩图,并标出 $|Q|_{max}$,$|M_W|_{max}$。

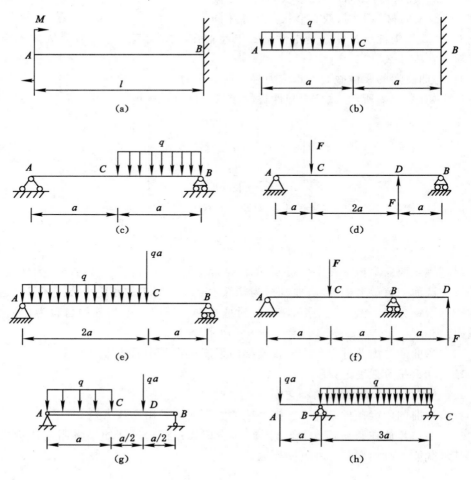

图 9-38

9-3　利用分布载荷、集中力和集中力偶作用下剪力图和弯矩图的特点,画出图 9-38 所示各梁的剪力图和弯矩图,并标出 $|Q|_{max}$ 和 $|M_W|_{max}$。

9-4　如图 9-39 所示,一圆形截面悬臂梁已知 $a=1$ m,$F=2.5$ kN,$m=5$ kN·m。试求其 A 截面 a、b、c 三点的正应力。

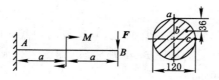

图 9-39

9-5　如图 9-40 所示一矩形截面简支梁,已知 $F=16$ kN,$b=50$ mm,$h=150$ mm。试求:(1) 危险截面上 D、E、F、H 各点的正应力,并指出梁的最大正应力;(2) 若将截面转 90°,如图 9-40(c) 所示,则最大正应力为多少?

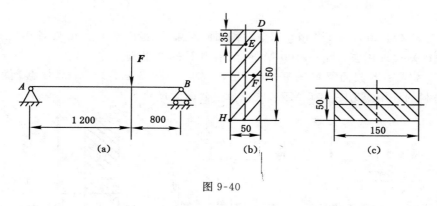

图 9-40

9-6　如图 9-41 所示 T 形截面简支梁,已知集中力 $F=6$ kN,均布载荷集度 $q=4$ kN/m,截面对形心轴的惯性矩 $I_z=210$ cm⁴,$y_1=5$ cm,$y_2=3$ cm。求梁内最大拉应力和最大压应力,并画出危险截面上的正应力分布图。

9-7　如图 9-42 所示矩形截面悬臂梁,已知 $F=20$ kN,$l=6$ m,$b \times h=100$ mm×200 mm 材料的许用应力 $[\sigma]=200$ MPa,试校核梁的强度。

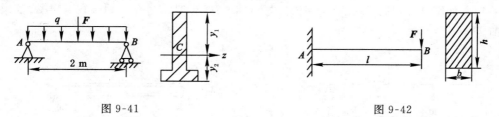

图 9-41　　　　　　　　　　　　　　　　图 9-42

9-8　一吊车梁,受力如图 9-43 所示。若 $F=20$ kN,跨度 $l=8$ m,梁由 30a 工字钢制成,许用应力为 $[\sigma]=100$ MPa,试校核梁的强度。

9-9　简支梁受力如图 9-44 所示,已知 $F=6$ kN,$[\sigma]=160$ MPa,若该梁分别采用圆形

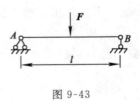

图 9-43

和圆环形截面($d_2/D_2 = 0.7$),试分别设计直径,并比较两种截面所需材料。

9-10　圆形截面外伸梁,受力如图 9-45 所示,已知 $F = 20$ kN,$m = 5$ kN·m,$[\sigma] = 160$ MPa,$a = 500$ mm,试确定梁的直径。

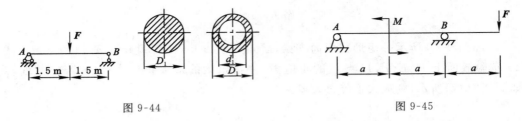

图 9-44　　　　　　　　　　　　　　　图 9-45

9-11　宽 200 mm、高 250 mm 的矩形截面简支梁,在离两端 0.5 m 处各作用一集中力 F、$F'(F = F')$,设许用应力$[\sigma] = 100$ MPa,试求力 F 的许用值。

9-12　木质矩形截面梁如图 9-46 所示,已知 $F = 4.5$ kN,$l = 4$ m,横截面的高宽比 $h/b = 3$,材料的许用应力$[\sigma] = 6$ MPa,试选择横截面的尺寸。

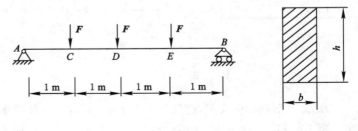

图 9-46

9-13　如图 9-47 所示 25 号槽钢梁,许用应力$[\sigma] = 160$ MPa,求将槽钢横放和竖放两种情况的许用力偶矩 M。

9-14　如图 9-48 所示 20a 工字钢梁,若 $AC = CD = DB = 1$ m,$[\sigma] = 160$ MPa,试求许用载荷 F。

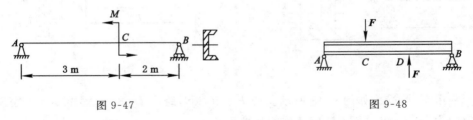

图 9-47　　　　　　　　　　　　　　　图 9-48

9-15　在建筑工程中,常用截面尺寸为 80 mm×300 mm、长为 6 m 的木板,其许用应力

$[\sigma]=5$ MPa,今将它作为临时跳板,放在相距 4 m 的两个建筑物上,若木板的矩形截面是平放的,则一体重为 700 N 的工人从其上走过,问是否安全?

9-16 如图 9-49 所示的工字形悬臂梁,自由端受力偶 M 的作用,$M=7.5$ kN·m,$l=3$ m,若材料的许用应力$[\sigma]=120$ MPa,试选择工字钢型号。

9-17 T 形截面铸铁梁的载荷及截面尺寸如图 9-50 所示,C 为 T 形截面的形心,惯性矩 $I_z=6\,013\times10^4$ mm^4,材料的许用拉应力$[\sigma_1]=40$ MPa,许用压应力$[\sigma_y]=160$ MPa,试校核梁的强度。

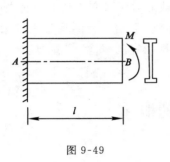

图 9-49

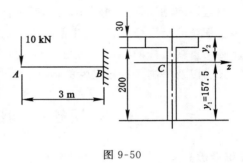

图 9-50

9-18 如图 9-51 所示梁,EI 已知,试求梁 A 截面的挠度和 B 截面的转角。

9-19 如图 9-52 所示梁的抗弯刚度为 $EI=1\times10^8$ N·mm^2,载荷 $P=1$ kN,$m=1$ N·m。试求截面 C 的挠度和轴承 B 处的转角。

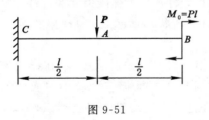

图 9-51

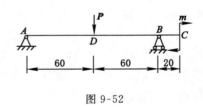

图 9-52

9-20 单梁桥式吊车如图 9-53 所示,梁的跨度 $l=10$ m,起重量(包括电动葫芦自重)为 $G=15$ kN,梁由 28a 工字钢制成,材料的弹性模量 $E=20\times10^4$ MPa,规定许用挠度$[y]=0.005l$。考虑梁的自重,试校核梁的刚度。

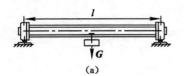

(a)

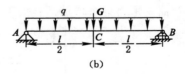

(b)

图 9-53

项目十　压 杆 稳 定

稳定性问题和强度问题、刚度问题一样,是构件承载能力所研究的基本问题之一。特别是对于细长的受压杆件,若只注重其强度而忽视其稳定性,会给工程结构带来极大的危害,因此必须重视压杆的稳定性问题。本项目主要介绍压杆稳定的概念、临界力和临界应力的计算方法以及提高压杆稳定性的措施。

任务一　压杆稳定的概述

【知识要点】　稳定平衡、非稳定平衡。
【技能目标】　明确压杆稳定的实质。

实践证明,细长压杆在特别小的压力作用下就会发生弯曲,若压力继续增大,杆件就会发生显著的弯曲变形而丧失工作能力。这就说明细长压杆丧失工作能力并非杆件本身强度不足,而是由于其轴线不能维持原有的直线形状的平衡状态所致,这种现象称为压杆的失稳。

为了研究细长压杆的稳定问题,可做如下实验:如图 10-1(a)所示压杆,在杆端加轴向力 F,当 F 不大时,压杆将保持直线平衡状态;若此时给压杆施加一个微小的横向干扰力 F_h,则压杆发生微小的弯曲,当干扰力消除后,压杆经过几次摆动仍能恢复到原来直线平衡的位置,如图 10-1(b)所示,说明这时压杆的直线平衡状态是稳定的,为稳定平衡。当轴向力 F 逐渐增大到某一值时,压杆在横向干扰力下发生弯曲,去掉干扰力后杆件不能恢复到原有轴线为直线的平衡状态,而是处于轴线为曲线的平衡状态,如图 10-1(c)所示,说明这时压杆原有的轴线为直线的平衡状态是不稳定的,为非稳定平衡;此时当轴向力 F 继续增大,杆件的弯曲变形将显著增加而丧失工作能力。

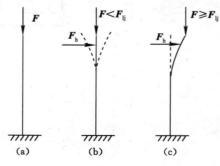

图 10-1

　　显然,压杆由稳定平衡过渡到非稳定平衡存在临界状态,临界状态时的轴向压力称为临界力或临界载荷,记作 F_{lj}。当压杆所受的轴向力小于临界力 F_{lj} 时,压杆是稳定的;当压杆所受轴向力超过临界力 F_{lj} 时,压杆就不能维持轴线为直线的稳定平衡,就会失去稳定性,称为压杆失稳。压杆一旦失稳,将会给工程结构带来极大的危害,因此,必须给予重视。

　　其实,压杆的稳定性问题就是压杆能否保持直线状态的稳定平衡问题,而临界力 F_{lj} 是判断压杆是否稳定的一个重要指标。对于一个材料、截面形状、尺寸、长度和约束情况均已知的压杆而言,其临界力 F_{lj} 是一个确定的值,只要杆件所受的实际压力不超过该压杆的临界力 F_{lj},它就是稳定的。所以,对压杆稳定性问题的研究,关键在于确定其临界力 F_{lj} 的大小。

任务二　压杆稳定临界力和临界应力

【知识要点】　临界力、临界应力。
【技能目标】　能够计算各类压杆的临界力和临界应力。

一、细长压杆的临界力和临界应力

1. 临界力的欧拉公式

　　临界力是判断压杆是否稳定的依据,当作用在压杆上的压力 $F=F_{lj}$ 时,压杆受到干扰力作用后将处于不稳定的微弯曲状态,因此,细长杆的临界力是压杆发生弯曲而失去直线平衡状态的最小压力值。在杆的变形不大、杆内应力不超过材料比例极限的情况下,根据弯曲变形理论,可以推导出临界力大小的计算公式,称为欧拉公式。

$$F_{lj} = \frac{\pi^2 EI}{(\mu l)^2} \tag{10-1}$$

式中,F_{lj} 为临界力;I 为横截面对中性轴的惯性矩;EI 为材料的抗弯刚度;l 为压杆长度;μ 为长度系数,μ 值见表 10-1;μl 为相当长度,因欧拉公式是按两端铰支的形式推导出来的,当杆件两端铰支时 $\mu=1$,对其余支承情况,杆件的长度应按相当长度计算。

表 10-1　　　　　　　　　　不同支承情况下的长度系数

杆端约束情况	两端铰支	一端固定一端自由	两端固定	一端固定一端铰支
挠曲线形状				
μ	1	2	0.5	0.7

2. 临界应力的欧拉公式

压杆在临界力作用下横截面上的压应力，称为临界应力，用 σ_{lj} 表示。

设作用于压杆的临界力为 F_{lj}，压杆的横截面面积为 A，则其临界应力为：

$$\sigma_{lj} = \frac{F_{lj}}{A} = \frac{\pi^2 EI}{A(\mu l)^2}$$

上式中 I 和 A 都与压杆的截面形状和尺寸有关，由于压杆截面的惯性半径为 $i = \sqrt{\dfrac{I}{A}}$，故将其代入上式可得：

$$\sigma_{lj} = \frac{\pi^2 EI}{A(\mu l)^2} = \frac{\pi^2 Ei^2}{(\mu l)^2} = \frac{\pi^2 E}{\left(\dfrac{\mu l}{i}\right)^2}$$

令
$$\lambda = \frac{\mu l}{i} \tag{10-2}$$

则有

$$\sigma_{lj} = \frac{\pi^2 E}{\lambda^2} \tag{10-3}$$

式中，λ 为压杆的细长比，也称为压杆的柔度，是反映压杆细长度的一个综合参数，也是压杆稳定计算中的一个重要参数，它集中反映了压杆两端的支承情况、杆长、截面形状及尺寸等因素对临界应力的影响。

由式(10-3)可以看出，临界应力 σ_{lj} 与 λ^2 成反比，λ 越大，压杆越细长，其临界应力 σ_{lj} 就越小，压杆就越容易失稳；反之，λ 越小，压杆越粗短，其临界应力 σ_{lj} 就越大，压杆就越不容易失稳。

值得注意的是，欧拉公式是压杆处于弹性范围内推导出的，因此，只有当压杆的临界应力 σ_{lj} 不超过材料的比例极限 σ_p 时才适用。由 $\sigma_{lj} = \dfrac{\pi^2 E}{\lambda^2} \leqslant \sigma_p$ 可以得出 $\lambda \geqslant \pi\sqrt{\dfrac{E}{\sigma_p}}$，若令 $\lambda_p = \pi\sqrt{\dfrac{E}{\sigma_p}}$ 为对应于比例极限的柔度，则欧拉公式的适用范围是 $\lambda \geqslant \lambda_p$。通常把 $\lambda \geqslant \lambda_p$ 的压杆称为细长杆或大柔度杆。

二、非细长杆临界应力的经验公式

工程中常用的压杆，通常其柔度小于 λ_p，这类压杆的工作应力超过了材料的比例极限而小于材料的屈服极限，其破坏形式仍以失稳为主，但计算临界应力时欧拉公式已不再适用，目前多采用建立在实验基础上的经验公式来计算其临界应力，最常用的是直线公式，即

$$\sigma_{lj} = a - b\lambda \tag{10-4}$$

式中，a、b 是与材料性质有关的常数。

一些常见材料的 a、b 值见表 10-2。

式(10-4)也有一个适用范围，对于塑性材料制成的压杆，要求其临界应力不超过材料的屈服极限，即

$$\sigma_{lj} = a - b\lambda < \sigma_s \quad 或 \quad \lambda > \frac{a - \sigma_s}{b}$$

材料	a/MPa	b/MPa	λ_p	λ_s
Q235 钢	304	1.12	100	61.6
45、55 钢	589	3.82	100	60
铸铁	332.2	1.453	80	
木材	28.7	0.19	110	40

表 10-2　　　　　　　　　部分常用材料的 a、b、λ_p、λ_s 值

若令 $\dfrac{a-\sigma_s}{b}=\lambda_s$ 为对应于屈服极限时的柔度值,则式(10-4)的适用范围是 $\lambda_s<\lambda<\lambda_p$,一般将 $\lambda_s<\lambda<\lambda_p$ 的压杆称为中柔度杆或中长杆。

三、临界应力总图

柔度 $\lambda\leqslant\lambda_s$ 的压杆称为小柔度杆或粗短杆。实践证明,这类压杆的工作应力达到屈服极限时材料丧失正常工作能力,它的破坏是由强度破坏引起的,并非失稳。因此,粗短杆的临界应力就是材料的屈服极限,即:

$$\sigma_{lj}=\sigma_s$$

根据大、中、小柔度杆的临界应力计算公式可知:大柔度杆的临界应力与柔度的平方成反比;中柔度杆的临界应力与柔度呈直线关系;小柔度杆的临界应力不随柔度值而变化。若以柔度 λ 为横坐标,以临界应力 σ_{lj} 为纵坐标,则可绘出临界应力随柔度变化的曲线,即临界应力总图,如图 10-2 所示。

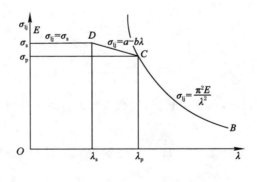

图 10-2

由图 10-2 可知,将各类柔度压杆的临界应力计算公式归纳如下:

(1) 大柔度杆(细长杆),用欧拉公式 $\sigma_{lj}=\dfrac{\pi^2 E}{\lambda^2}$;

(2) 中柔度杆(中长杆),用经验公式 $\sigma_{lj}=a-b\lambda$;

(3) 小柔度杆(短粗杆),用压缩强度公式 $\sigma_{lj}=\sigma_s$。

【例 10-1】　三个圆截面压杆,直径均为 $d=160$ mm,材料为 Q235 钢,$a=304$ MPa,$b=1.12$ MPa,$E=206$ GPa,$\sigma_p=200$ MPa,$\sigma_s=235$ MPa,各杆两端均为铰支,长度分别为 $l_1=$

5×10^3 mm，$l_2 = 2.5 \times 10^3$ mm，$l_3 = 1.25 \times 10^3$ mm。试计算各杆的临界力。

解： （1）计算各杆件的横截面面积 A、轴惯性矩 I、惯性半径 i 以及 Q235 钢的 λ_p、λ_s：

$$A = \frac{\pi d^2}{4} = \frac{\pi \times 160^2}{4} \approx 2 \times 10^4 (\text{mm}^2)$$

$$I = \frac{\pi d^4}{64} = \frac{\pi \times 160^4}{64} \approx 3.22 \times 10^7 (\text{mm}^4)$$

$$i = \frac{d}{4} = 40 \ (\text{mm})$$

$$\lambda_p = \pi \sqrt{\frac{E}{\sigma_p}} = \pi \sqrt{\frac{206 \times 10^9}{200 \times 10^6}} \approx 100$$

$$\lambda_s = \frac{a - \sigma_s}{b} = \frac{304 - 235}{1.12} \approx 61.6$$

（2）计算各杆的临界力：

杆 1：

$$\mu = 1$$

$$\lambda_1 = \frac{\mu l_1}{i} = \frac{1 \times 5 \times 10^3}{40} = 125 > \lambda_p$$

所以杆 1 属于细长杆，用欧拉公式计算其临界力。

由式（10-1）得：

$$F_{lj1} = \frac{\pi^2 EI}{(\mu l)^2} = \frac{\pi^2 \times 206 \times 10^3 \times 3.22 \times 10^7}{(1 \times 5 \times 10^3)^2} = 2\,618\,682 \ (\text{N}) \approx 2\,619 \ (\text{kN})$$

杆 2：

$$\mu = 1$$

$$\lambda_2 = \frac{\mu l_2}{i} = \frac{1 \times 2.5 \times 10^3}{40} = 62.5$$

由于 $\lambda_s < \lambda_2 < \lambda_p$，所以杆 2 属于中长杆，用直线公式计算其临界力。

由式（10-4）得：

$$\sigma_{lj2} = a - b\lambda_2 = 304 - 1.12 \times 62.5 = 234 \ (\text{MPa})$$

$$F_{lj2} = \sigma_{lj2} A = 234 \times 2 \times 10^4 = 4.68 \times 10^6 (\text{N}) = 4\,680 \ (\text{kN})$$

杆 3：

$$\mu = 1$$

$$\lambda_3 = \frac{\mu l_3}{i} = \frac{1 \times 1.25 \times 10^3}{40} = 31.3$$

由于 $\lambda_3 < \lambda_s$，所以杆 3 属于短粗杆，应按强度计算其临界力。

由 $\sigma_{lj3} = \sigma_s$ 得：

$$F_{lj3} = \sigma_{lj3} A = 235 \times 2 \times 10^4 = 4.7 \times 10^6 (\text{N}) = 4\,700 \ (\text{kN})$$

任务三 压杆稳定性条件和提高压杆稳定性的措施

【知识要点】 压杆稳定的条件、提高压杆稳定性的措施。
【技能目标】 能够运用压杆稳定的条件解决实际问题。

一、压杆的稳定条件

为了保证压杆的直线平衡状态是稳定的，并且具有一定的安全度，必须使压杆在轴向所受的工作载荷满足以下条件：

$$F \leqslant \frac{F_{lj}}{[n_w]} \quad 或 \quad \sigma \leqslant \frac{\sigma_{lj}}{[n_w]} \tag{10-5}$$

式中，$[n_w]$ 为规定的稳定安全系数。

若令 $n_w = \dfrac{F_{lj}}{F} = \dfrac{\sigma_{lj}}{\sigma}$ 为压杆实际工作时的稳定安全系数，则压杆的稳定条件为：

$$n_w = \frac{F_{lj}}{F} \geqslant [n_w] \quad 或 \quad n_w = \frac{\sigma_{lj}}{\sigma} \geqslant [n_w] \tag{10-6}$$

规定的稳定安全系数 $[n_w]$ 的确定是一个既复杂又重要的问题，它涉及很多因素，一般情况下 $[n_w]$ 可采用如下数值：

(1) 金属结构中的钢制压杆：$[n_w]=1.8\sim3.0$；

(2) 矿山设备中的钢制压杆：$[n_w]=4.0\sim8.0$；

(3) 金属结构中的铸铁压杆：$[n_w]=4.5\sim5.5$；

(4) 木结构中的木制压杆：$[n_w]=2.5\sim3.5$。

按式(10-6)进行稳定计算的方法称为安全系数法，利用该式可解决压杆的三类稳定性问题：① 校核压杆的稳定性；② 设计压杆的截面尺寸；③ 确定作用于压杆上的最大许可载荷。

下面举例说明压杆稳定条件的应用。

【例 10-2】 螺旋千斤顶如图 10-3 所示，螺杆长度 $l=375$ mm，螺杆直径 $d=40$ mm，材料为 45 号钢，最大起重量 $F=80$ kN，规定的稳定安全系数 $[n_w]=4$。试校核螺杆的稳定性。

解： (1) 计算柔度。

螺杆可简化为下端固定、上端自由的压杆[图 10-3(b)]，故长度系数 $\mu=2$。

$$i = \sqrt{\frac{I}{A}} = \sqrt{\frac{\pi d^4/64}{\pi d^2/4}} = d/4 = 40/4 = 10 \ (mm)$$

$$\lambda = \frac{\mu l}{i} = \frac{2 \times 375}{10} = 75$$

(2) 计算临界力。

由表 10-2 可得 45 号钢：$\lambda_p=100$，$\lambda_s=60$。

因 $\lambda_s < \lambda < \lambda_p$，故此螺杆为中长杆，应采用经验公式计算临界应力。又由表 10-2 可得：$a=589$ MPa，$b=3.82$ MPa，则：

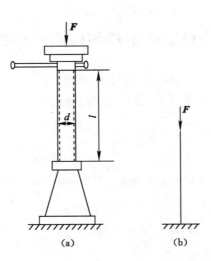

图 10-3

$$\sigma_{lj} = a - b\lambda = 589 - 3.82 \times 75 = 303 \text{ (MPa)}$$

$$F_{lj} = \sigma_{lj}A = 303 \times \frac{3.14 \times 40^2}{4} = 381 \text{ (kN)}$$

（3）校核压杆的稳定性。

因为

$$n_W = \frac{F_{lj}}{F} = \frac{381}{80} = 4.76 \geqslant [n_W] = 4$$

所以，压杆的稳定性是足够的。

【例 10-3】 一根 25a 工字钢支柱，长 7 m，两端固定，材料是 Q235 钢，$E = 200$ GPa，$\lambda_p = 100$，$[n_W] = 2$。试求支柱的安全载荷 $[F]$。

解： （1）计算柔度。

查型钢表得，25a 号工字钢 $i_x = 10.2$ cm，$i_y = 2.4$ cm，$I_x = 5\ 020$ cm^4，$I_y = 280$ cm^4，故

$$\lambda_x = \frac{\mu l}{i_x} = \frac{0.5 \times 7 \times 10^3}{10.2 \times 10} = 34.3$$

$$\lambda_y = \frac{\mu l}{i_y} = \frac{0.5 \times 7 \times 10^3}{2.4 \times 10} = 145.8$$

（2）计算临界力。

因 $\lambda_y > \lambda_x$，所以按 y 轴为中性轴的弯曲进行稳定性计算。又因 $\lambda_y > \lambda_p$，所以用欧拉公式计算临界力。

$$F_{lj} = \frac{\pi^2 E I_y}{(\mu l)^2} = \frac{3.14^2 \times 200 \times 10^3 \times 280 \times 10^4}{(0.5 \times 7 \times 10^3)^2} = 451.2 \text{ (kN)}$$

（3）计算支柱的安全载荷。

$$[F] = \frac{F_{lj}}{[n_W]} = \frac{451.2}{2} = 225.6 \text{ (kN)}$$

由计算结果可知,只要轴向压力不超过 225.6 kN,支柱在工作过程中就不会失稳。

二、提高压杆稳定性的措施

提高压杆的稳定性应从决定压杆临界力和临界应力的各种因素着手,即压杆的截面形状、尺寸、长度和杆端约束情况、压杆的材料性质等。

1. 选用合理的截面形状

由细长压杆临界力和临界应力的欧拉公式以及中长杆临界应力的经验公式可知,临界力 F_{lj} 的大小与截面惯性矩 I 有关,I 越大,临界力 F_{lj} 就越大,压杆就越稳定;而临界应力 σ_{lj} 的大小与 λ 及 I 有关,I 值越大,λ 值越小,σ_{lj} 就越大,压杆抵抗失稳的能力就越强。

因此,对于长度一定和支承方式相同的压杆,在横截面面积和材料一定的情况下,应尽可能使材料分布远离截面形心,以增大截面的惯性矩,从而增大惯性半径,减小压杆的柔度,起到提高压杆稳定性的作用。例如,把矩形截面和圆形截面压杆设计为截面积相同的空心截面杆要更合理一些。

另外,当压杆两端各方向具有相同的支承条件时,它的失稳总是发生在抗弯刚度最小的纵向平面,为了充分发挥压杆抗失稳的能力,最理想的设计应该是使各个纵向平面内有相等或近似相等的柔度,即所谓的等稳定设计。

2. 减小压杆的长度

由 $\lambda=\dfrac{\mu l}{i}$ 可知,压杆的长度 l 越小,柔度 λ 也越小,相应的临界力或临界应力就越高,所以减小压杆的长度可有效地提高压杆的稳定性。在实际工程中,经常利用增加中间支座的办法来减小压杆的长度。

3. 改善杆端的支承情况

杆端的约束刚性越强,压杆的长度系数 μ 就越小,柔度 λ 也就越小,临界应力及临界力就越大。因此,在允许的情况下,应尽可能增强杆端的约束刚性,以提高压杆的稳定性。

4. 合理选用材料

对于大柔度杆,临界力与材料的弹性模量 E 成正比,但是各种钢材的 E 值相差不大,所以选用高强度钢或合金钢制造大柔度杆,并不能显著提高其临界力。因此,工程中大都用普通碳钢制造大柔度杆。

对于中柔度杆,临界应力用经验公式计算。临界应力与材料的强度有关,材料的强度越高,临界应力 σ_{lj} 就越大,所以中柔度杆采用合金钢等高强度钢材可提高其稳定性。

小　　结

一、压杆稳定的概念

压杆的稳定性问题就是压杆的轴线维持直线状态的稳定平衡问题,当压杆所受的轴向力小于临界力 F_{lj} 时,压杆是稳定的;当压杆所受轴向力超过临界力 F_{lj} 时,压杆就会失稳。

二、临界力和临界应力

临界力 F_{lj} 是压杆由稳定平衡过渡到非稳定平衡的极限载荷值,压杆在临界力 F_{lj} 作用下横截面上的压应力称为临界应力 σ_{lj}。

(1) 对于大柔度杆(细长杆):$\lambda \geqslant \lambda_p$,$F_{lj} = \dfrac{\pi^2 EI}{(\mu l)^2}$,$\sigma_{lj} = \dfrac{\pi^2 E}{\lambda^2}$;

(2) 对于中柔度杆(中长杆):$\lambda_s < \lambda < \lambda_p$,$\sigma_{lj} = a - b_\lambda$,$F_{lj} = \sigma_{lj} A$;

(3) 对于小柔度杆(短粗杆):$\lambda \leqslant \lambda_s$,$\sigma_{lj} = \sigma_s$,$F_{lj} = \sigma_{lj} A$。

三、压杆稳定的条件

(1) 压杆稳定的条件用安全系数法表示为:

$$n_w = \frac{F_{lj}}{F} \geqslant [n_w] \quad \text{或} \quad n_w = \frac{\sigma_{lj}}{\sigma} \geqslant [n_w]$$

(2) 校核压杆稳定问题的一般步骤是:

① 计算压杆柔度。根据压杆的实际尺寸和支承情况,分别计算出在各个弯曲平面内弯曲时的实际柔度,即 $\lambda = \dfrac{\mu l}{i}$,$i = \sqrt{\dfrac{I}{A}}$。

② 计算临界力。根据实际柔度选用计算临界应力或临界力的具体公式,计算出临界应力 σ_{lj} 或临界力 F_{lj}。

③ 校核稳定性。按稳定条件进行稳定计算。

四、提高压杆稳定性的措施

(1) 选用合理的截面形状;
(2) 减小压杆的长度;
(3) 改善杆端的支承情况;
(4) 合理选用材料。

思考与探讨

10-1 试述压杆柔度的物理意义及其与压杆承载能力的关系。

10-2 为什么计算临界力时必须首先计算柔度?

10-3 对于圆截面细长压杆,当杆长增加一倍或直径增加一倍时,其临界力将怎样变化?

10-4 两端为球铰的压杆,当其横截面为图 10-4 所示的不同形状时,试问压杆会在哪个平面内失稳(即失稳时截面绕哪根轴转动)?

10-5 如图 10-5 所示的压杆,在计算其临界力 F_{lj} 时,如考虑在 yz 平面内失稳,应该用哪一根轴的惯性矩 I 和惯性半径 i 来计算?

10-6 如图 10-6 所示,各压杆的材料和截面尺寸均相同,试问哪种情况承受的压力最大?哪种情况承受的压力最小?

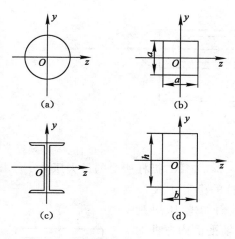

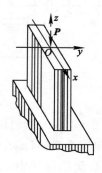

图 10-4　　　　　　　　　　　　　图 10-5

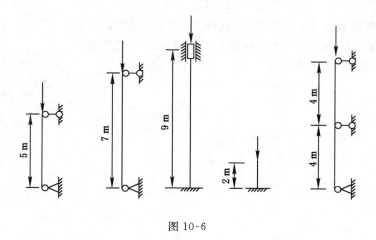

图 10-6

习　　题

10-1　如图 10-7 所示,细长压杆的两端为铰链支座,$E = 200$ GPa,试用欧拉公式计算下列三种情况下的临界力:

(1) 圆形截面 $d = 25$ mm,$l = 1$ m;

(2) 矩形截面 $h = 2b = 40$ mm,$l = 1$ m;

(3) 16 号工字钢,$l = 2$ m。

10-2　如图 10-8 所示受压杆件,材料为 Q235 钢,弹性模量 $E = 200$ GPa,横截面面积 $A = 44 \times 10^2$ mm^2,惯性矩 $I_y = 120 \times 10^4$ mm^4,$I_z = 797 \times 10^4$ mm^4。在 xy 平面内,长度系数 $\mu_z = 1$;在 xz 平面内,长度系数 $\mu_y = 0.5$。试求其临界应力和临界力。

10-3　某柴油机的挺杆两端铰接,长度 $l = 257$ mm,圆形

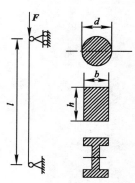

图 10-7

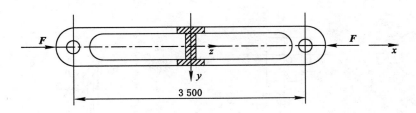

图 10-8

横截面的直径 $d=8$ mm,钢材的 $E=210$ GPa,$\sigma_p=240$ MPa,挺杆所受的最大压力 $P=1.76$ kN,规定的稳定安全系数$[n_w]=2.5$。试校核挺杆的稳定性。

10-4　中心受压杆件由 32a 工字钢制成,截面如图 10-9 所示,材料为 Q235 钢,$E=200$ GPa,$\lambda_p=100$,在 z 轴平面内弯曲时（截面绕 y 轴转动），杆两端为固结;在 y 轴平面内弯曲时,杆一端固定、一端自由。杆长 $l=5$ m,$[n_w]=2$,试确定压杆的许可载荷。

10-5　一两端铰支压杆,材料为 Q235 钢,截面为圆形,作用于杆端的最大轴向压力$F=70$ kN,杆长 $l=2\,500$ mm,稳定安全系数$[n_w]=2.5$,试计算压杆的直径。

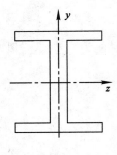

图 10-9

综 合 篇

项目十一 空间力系

工程实际中,许多结构或构件的受力情况都很复杂,用平面力系的知识不能解决其平衡问题。因此,有必要了解掌握空间力系的知识。本项目通过对力在空间直角坐标轴上的投影及沿坐标轴的分解、力对轴之矩的讨论,着重研究空间力系的平衡问题,并介绍重心和形心的概念及计算方法。

任务一 空间力系的概念

【知识要点】 空间力系。
【技能目标】 了解空间力系的概念及分类。

一、空间力系的概念

若力系中各力的作用线不在同一个平面内,则该力系称为空间力系。工程中的许多构件都受到空间力系的作用,如起重设备、小汽车及机器中转轴的受力情况等。图 11-1(a)所示为三杆铰链吊架中铰链 O 的受力情况就是空间力系;图 11-1(b)所示小汽车的受力情况也是空间力系;图 11-1(c)所示机器变速装置中转轴 AB 的受力情况也属于空间力系。

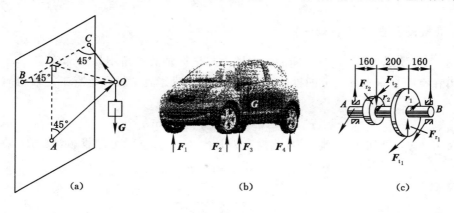

图 11-1

二、空间力系的分类

空间力系分为空间汇交力系、空间平行力系和空间任意力系。如图 11-1(a)所示,各力作用线在空间汇交于 O 点,为空间汇交力系;如图 11-1(b)所示,各力作用线分布在空间且相互平行,为空间平行力系;如图 11-1(c)所示,各力作用线既不相互平行也不全部汇交于一点,称为空间任意力系。

任务二　力在空间直角坐标轴上的投影及力对轴之矩

一、直接投影法(一次投影法)

如图 11-2 所示,在空间直角坐标系中,若已知力 F 与坐标轴的夹角,根据力的投影的定义,直接将力的大小乘以相应夹角的余弦,用这种方法求解称为直接投影法。于是,力 F 在 x、y、z 轴上的投影分别为:

$$F_x = F\cos \alpha, \quad F_y = F\cos \beta, \quad F_z = F\cos \gamma \tag{11-1}$$

式中,α、β、γ 分别为力 F 与 x、y、z 轴的夹角。

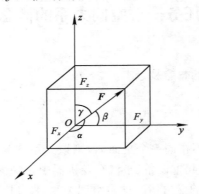

图 11-2

二、间接投影法(二次投影法)

如图 11-3 所示,当力 F 在空间的方向即力与坐标轴的夹角不易全部确定,需要两次才能得到力在空间直角坐标轴上的投影时,可先将力 F 投影到 z 轴和垂直于 z 轴的 xOy 平面上,得:

$$F_z = F\cos \gamma, \quad F_{xy} = F\sin \gamma$$

再将力 F_{xy} 分别向 x、y 轴投影,此投影就是力 F 在 x、y 轴上的投影,故力 F 在此三个

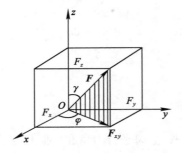

图 11-3

坐标轴上的投影为

$$F_x = F\sin\gamma\cos\varphi, \quad F_y = F\sin\gamma\sin\varphi, \quad F_z = F\cos\gamma \tag{11-2}$$

力在空间轴上的投影亦为代数量,其正、负号的规定与力在平面上的投影一样。

若已知力 $\boldsymbol{F}$ 在三个坐标轴上的投影 F_x、F_y、F_z,由下式可得合力 $\boldsymbol{F}$ 的大小、方向(方向用余弦表示)。

$$\begin{cases} F = \sqrt{(F_{xy})^2 + F_z^2} = \sqrt{F_x^2 + F_y^2 + F_z^2} \\ \cos\alpha = \left| \dfrac{F_x}{F} \right| \\ \cos\beta = \left| \dfrac{F_y}{F} \right| \\ \cos\gamma = \left| \dfrac{F_z}{F} \right| \end{cases} \tag{11-3}$$

式中,α、β、γ 分别为力 $\boldsymbol{F}$ 与 x、y、z 轴正向之间的夹角。

【例 11-1】 如图 11-4 所示为一斜齿圆柱齿轮,传动时受到力 $\boldsymbol{F}$ 的作用,$\boldsymbol{F}$ 作用于与齿面垂直的法平面内,且与过接触点 B 的切面成 α 角,轮齿方向与轴线成 β 角。若已知 $F = 5$ kN,$\alpha = 20°$,$\beta = 15°$,求 $\boldsymbol{F}$ 在轴向、切向和径向的分力大小。

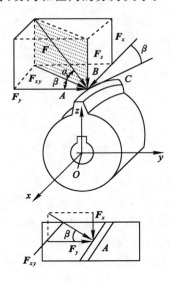

图 11-4

解: 从以力 $\boldsymbol{F}$ 为对角线的正六面体中可得:

轴向力: $\qquad F_x = F_{xy}\sin\beta = F\cos\alpha\sin\beta = 1.22$ (kN)

切向力: $\qquad F_y = F_{xy}\cos\beta = F\cos\alpha\cos\beta = 4.54$ (kN)

径向力: $\qquad F_z = -F\sin\alpha = -1.71$ (kN)

三、力对轴之矩

力对物体除有移动效应外,还有转动效应。如图 11-5 所示,用力 $\boldsymbol{F}$ 推门时,会使门绕门轴转动,并且力 $\boldsymbol{F}$ 的大小和方向不同,对门产生的转动效果也就不一样。为度量力 $\boldsymbol{F}$ 对物体绕转轴转动的效果,引入力对轴之矩的概念。

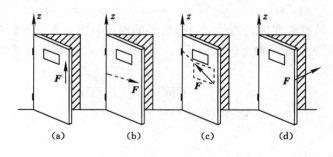

图 11-5

从空间角度分析平面问题中力对物体的转动,即力使物体绕通过该点且垂直于力与该点所在平面的 z 轴的转动,故平面上的力对 O 点之矩,实质上就是力对通过 O 点且垂直于力作用面的 z 轴之矩,如图 11-6 所示。力 $\boldsymbol{F}$ 对 z 轴之矩用 $M_z(\boldsymbol{F})$ 表示,则有:

$$M_z(\boldsymbol{F}) = M_O(\boldsymbol{F}) = \pm F \cdot d$$

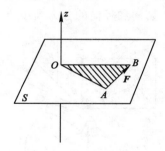

图 11-6

(1) 当力 $\boldsymbol{F}$ 与 z 轴共面时,$M_z(\boldsymbol{F}) = 0$。

(2) 当力 $\boldsymbol{F}$ 既不与 z 轴共面,也不在与 z 轴垂直的平面上时(图 11-7),可将 $\boldsymbol{F}$ 分解为两个分力:平行于 z 轴的分力 $\boldsymbol{F}_z$ 和垂直于 z 轴的分力 $\boldsymbol{F}_{xy}$。因 $\boldsymbol{F}_z$ 与 z 轴平行,故对 z 轴无矩。则力 $\boldsymbol{F}$ 对 z 轴之矩为分力 $\boldsymbol{F}_{xy}$ 对 z 轴的力矩,即:

$$M_z(\boldsymbol{F}) = M_z(\boldsymbol{F}_{xy}) = M_O(\boldsymbol{F}_{xy}) = \pm F_{xy} \cdot d \tag{11-4}$$

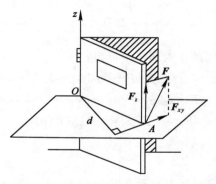

图 11-7

式(11-4)表明:力对轴之矩等于力在与轴垂直平面上的分力对该轴与该平面交点之矩,等于力在垂直于此轴平面上分力的大小与其到轴间垂直距离之乘积。式中的正、负号表示力对轴之矩的转向,通常规定:从 z 轴的正向观察若 F 使物体绕 z 轴做逆时针旋转,力矩取正;反之取负号。力对轴之矩的单位是 N·m。

(3)当力与轴平行或力与轴相交,即力 F 与轴共面时,力与轴之矩为零。

任务三　空间力系的平衡方程及应用

一、空间任意力系的平衡方程

空间任意力系 $F_1,F_2,\cdots,F_n$ 向任一点简化,与平面力系的简化推导方法相类似,可得到一个空间汇交力系和一个空间力偶系,前者合成一个力,后者则合成一个力偶,若此力及力偶矩为零,则该空间任意力系必定平衡;反之,空间任意力系平衡,则向任一点简化所得的力和力偶矩必为零。也就是说,空间任意力系作用下平衡的物体既不能产生沿三个坐标轴的移动,也不能产生绕三个坐标轴的转动,如图 11-8 所示。因此,可得空间任意力系平衡方程为:

$$
\begin{cases}
\sum F_x = 0, & \sum F_y = 0, & \sum F_z = 0 \\
\sum M_x(\boldsymbol{F}) = 0, & \sum M_y(\boldsymbol{F}) = 0, & \sum M_z(\boldsymbol{F}) = 0
\end{cases}
\tag{11-5}
$$

即空间任意力系平衡的必要与充分条件是:力系各力在三个相互垂直坐标轴上投影的代数和均等于零,各力对三轴之矩的代数和也等于零。

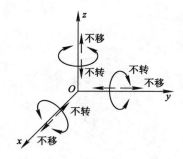

图 11-8

二、空间汇交力系的平衡方程

如图 11-9 所示的空间汇交力系中,若选力系的汇交点作为坐标原点 O,由于各力均与三个坐标轴相交,则各力对各轴之矩都恒等于零,即 $\sum M_x(\boldsymbol{F}) \equiv 0$,$\sum M_y(\boldsymbol{F}) \equiv 0$,$\sum M_z(\boldsymbol{F}) \equiv 0$,故其平衡方程为:

$$
\sum F_x = 0, \quad \sum F_y = 0, \quad \sum F_z = 0
\tag{11-6}
$$

即空间汇交力系平衡的充分必要条件是:各力在任意三个坐标轴上投影的代数和都等于零。

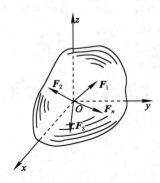

图 11-9

三、空间平行力系的平衡方程

如图 11-10 所示的空间平行力系,若选 z 轴与各力平行,则各力对 z 轴之矩恒为零。又因各力都垂直于 x 轴和 y 轴,所有在这两个轴上的投影也恒为零,即 $\sum F_x \equiv 0$,$\sum F_y \equiv 0$,$\sum M_z(\boldsymbol{F}) \equiv 0$。因此,空间平行力系的平衡方程为:

$$\sum F_z = 0, \quad \sum M_x(\boldsymbol{F}) = 0, \quad \sum M_y(\boldsymbol{F}) = 0 \tag{11-7}$$

即空间平行力系平衡的充分必要条件是:各力在某坐标轴投影的代数和以及各力对另外两轴之矩的代数和都等于零。

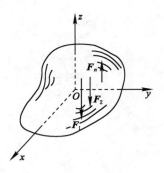

图 11-10

【例 11-2】 用起重杆吊起重物,如图 11-11(a)所示。起重杆的 A 端用球形铰链固定在地面上,B 端用绳 CB 和 DB 拉住,两绳分别系在墙上的 C、D 两点,连线 CD 为水平线。已知 $CE=BE=DE$,$\alpha=30°$,平面 BCD 与水平面间的夹角为 $\angle EBF=30°$,物重 $Q=10$ kN,起重杆自重不计。试求起重杆所受的压力和绳子的拉力。

解: 选起重杆 AB 与重物为研究对象。因起重杆重量不计,故为二力杆。球铰 A 对杆 AB 的反力 $\boldsymbol{S}$ 必沿 AB 直线,杆端 B 受绳拉力 $\boldsymbol{T}_1$、$\boldsymbol{T}_2$ 作用,重物受重力 $\boldsymbol{Q}$ 作用,这四个力

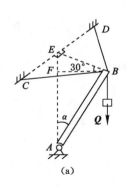
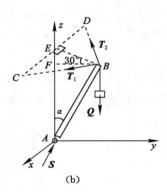

图 11-11

组成一空间汇交力系,受力图如图 11-11(b)所示,其中力 Q 的大小已知。

选取坐标轴,如图 11-11 所示。由已知条件得:$\angle CBE = \angle DBE = 45°$,列平衡方程:

$$\sum F_x = 0, \quad T_1 \sin 45° - T_2 \sin 45° = 0$$

$$\sum F_y = 0, \quad S\sin 30° - T_1 \cos 45° \cos 30° - T_2 \cos 45° \cos 30° = 0$$

$$\sum F_z = 0, \quad T_1 \cos 45° \sin 30° + T_2 \cos 45° \sin 30° + S\cos 30° - Q = 0$$

联立以上三式解得:

$$T_1 = T_2 = 3.45 \text{ (kN)}, \quad S = 8.66 \text{ (kN)}$$

当空间任意力系平衡时,它在任意平面上的投影组成的平面任意力系也是平衡的。因而在机械工程中,常把空间力系投影到三个坐标平面上,画出主视、俯视、侧视三个视图,分别列出它们的平衡方程,同样可解出所求的未知量。这种将空间问题分散转化为三个平面问题的研究方法,称为空间问题的平面解法。这种方法适合于解决轮轴类构件的空间受力平衡问题。

【例 11-3】　某转轴如图 11-12(a)所示,已知传动带拉力 $T_1 = 5$ kN,$T_2 = 2$ kN,带轮直径为 $D = 160$ mm,分度圆直径为 $d = 100$ mm,压力角(齿轮啮合力与分度圆切线间夹角)

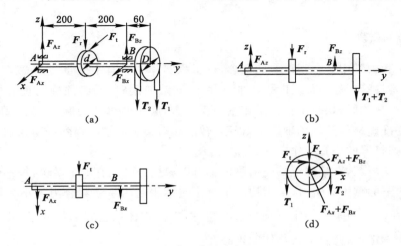

图 11-12

$\alpha = 20°$。求齿轮圆周力 F_t、径向力 F_r 和轴承的约束反力。

解： （1）取转轴为研究对象，画出转轴立体及在三个坐标平面投影的受力图，如图 11-12 所示。

（2）按空间力系转化为平面力系平衡问题进行计算。

① 对符合可解条件的先行求解，故先从 xz 面先行求解。

对 xz 面：

$$\sum M_A(\boldsymbol{F}) = 0$$

$$(T_1 - T_2)\frac{D}{2} - F_t\frac{d}{2} = 0$$

$$F_t = 4.8 \ (\text{kN})$$

$$F_r = F_t\tan\alpha = 1.75 \ (\text{kN})$$

② 对其余两面求解。

对 yz 面：

$$\sum M_B(\boldsymbol{F}) = 0$$

$$-400F_{Az} + 200F_r - 60(T_1 + T_2) = 0$$

$$F_{Az} = -0.177 \ (\text{kN})$$

$$\sum M_A(\boldsymbol{F}) = 0$$

$$-200F_r + 400F_{Bz} - 460(T_1 + T_2) = 0$$

$$F_{Bz} = 8.57 \ (\text{kN})$$

对 xy 面：

由对称性得

$$F_{Ax} = F_{Bx} = -\frac{F_t}{2} = -2.4 \ (\text{kN})$$

任务四　重心与形心

一、重心的概念

重心是工程力学中一个很重要的概念，在工程实际中具有十分重要的意义。物体的平衡、振动的稳定性等问题，以及工程构件的设计、安装使用时，都必须确定重心的位置。例如，起重机起吊重物时，如果吊钩不吊在重心正上方，起吊时可能会倾倒；安装高速转子时，必须使其重心准确地位于转动轴线上，否则，转动起来会引起轴的强烈振动和轴承的附加动反力，从而影响机器的正常工作。

如图 11-13 所示，在地球上的任何物体都可以假想分割成有限个微块，每一个微块都受到一个垂直向下的重力 ΔG_1，这组力构成了一个空间平行力系。其合力大小为物体的重量 $G(G = \sum \Delta G)$，方向垂直向下。通过实验可知，无论物体在空间如何放置，其合力总是通过物体内一个确定点，此点称为物体的重心。

均质物体重心的位置与物体的重量无关，完全取决于物体的几何形状和尺寸。由物体的几

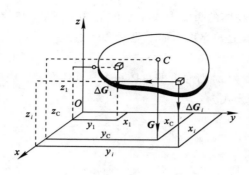

图 11-13

何形状和尺寸所决定的物体的几何中心称为形心。通过平面图形形心的坐标轴称为形心轴。

对均质物体来说,重心和形心是重合的,因而均质物体的重心也称为形心。非均质物体的重心和形心一般是不重合的。

二、重心与形心的坐标公式

1. 重心坐标的一般公式

如图 11-13 所示,取固连在物体上的空间直角坐标系 $Oxyz$,设物体的重力为 G,重心坐标为 x_C、y_C、z_C,现将其分为若干微块,各微块的重力分别为 ΔG_1,ΔG_2,$\cdots$,ΔG_n,各重力作用点的坐标分别为 x_i、y_i、z_i,则物体重心坐标的一般公式为:

$$
\begin{cases}
x_C = \dfrac{\displaystyle\sum_{i=1}^{n} \Delta G_i x_i}{G} \\[4mm]
y_C = \dfrac{\displaystyle\sum_{i=1}^{n} \Delta G_i y_i}{G} \\[4mm]
z_C = \dfrac{\displaystyle\sum_{i=1}^{n} \Delta G_i z_i}{G}
\end{cases}
\tag{11-8}
$$

2. 均质物体重心的坐标公式

设均质物体的密度为 ρ,体积为 V,则其重量 $G = \rho g V$,每一微体积 V_i 的重量为 $\Delta G_i = \rho g V_i$,g 为重力加速度,将此关系式代入式(11-8),消去 ρ、g 得均质物体重心坐标公式为:

$$
\begin{cases}
x_C = \dfrac{\displaystyle\sum_{i=1}^{n} \Delta V_i x_i}{V} \\[4mm]
y_C = \dfrac{\displaystyle\sum_{i=1}^{n} \Delta V_i y_i}{V} \\[4mm]
z_C = \dfrac{\displaystyle\sum_{i=1}^{n} \Delta V_i z_i}{V}
\end{cases}
\tag{11-9}
$$

由式(11-9)可知均质物体的重心取决于物体的几何形状,与物体的重量无关,因此,均质物体的重心也是其形心,上式亦称为形心坐标公式。

3. 均质等厚薄平板重心(形心)坐标公式

设板的面积为 A,厚度为 δ,则薄板的总体积 $V=A\delta$,每一小块体积 $\Delta V_i=\Delta A_i\delta$,则均质薄平板的重心(形心)坐标公式为:

$$\begin{cases} x_C = \dfrac{\sum\limits_{i=1}^{n}\Delta A_i x_i}{A} \\[4mm] y_C = \dfrac{\sum\limits_{i=1}^{n}\Delta A_i y_i}{A} \end{cases} \tag{11-10}$$

三、重心及形心位置求法

1. 对称法

对于均质物体,若具有对称面、对称轴或对称中心,则重心必在其对称面、对称轴或对称中心上;若具有多个对称面、对称轴,则重心必在其对称面的交线或对称轴的交点上。例如,圆面积或圆环的重心在圆心,矩形的重心在两对称轴的交点,圆柱体的重心在对称轴的中点等。

对称法不需通过计算,是一种仅靠观测即可求得对称物体形心或重心的一种简单而实用的方法。但对一些无对称面、对称轴或对称中心的物体,则不便使用此法。对于简单几何形体的形心可从有关工程手册中查到。下面将一些常见图形的形心(重心)列于表 11-1,以供查阅。

表 11-1　　　　　　　　　　　　　形心(重心)表

图形	形心(重心)位置	图形	形心(重心)位置
三角形	在中线的交点 $y_C=\dfrac{1}{3}h$	部分圆环	$x_C=\dfrac{2}{3}\cdot\dfrac{(R^3-r^3)\sin\alpha}{(R^2-r^2)\alpha}$
梯形	$y_C=\dfrac{h(a+2b)}{3(a+b)}$	抛物线面	$x_C=\dfrac{3}{5}a$ $y_C=\dfrac{3}{8}b$

续表 11-1

图形	形心(重心)位置	图形	形心(重心)位置
弓形	$x_C = \dfrac{2}{3} \cdot \dfrac{r^3 \sin^3 \alpha}{A}$ $A = \dfrac{r^2(2\alpha - \sin 2\alpha)}{2}$	半球	$z_C = \dfrac{3}{8} r$
圆弧	$x_C = \dfrac{r \sin \alpha}{\alpha}$	圆锥体	$z_C = \dfrac{1}{4} h$

2. 组合法

如果机械结构或零件的形状比较复杂,可以将其分割成几个形状简单、重心易求得的部分,然后使用重心坐标的一般公式求出整个形体的重心,这种方法称为组合法。

3. 实验法

对于某些形状复杂或质量分布不均匀的物体,其重心(形心)常用实验法来确定。

(1)悬挂法

对于形状复杂的薄平板求重心时常用此法,如图 11-14 所示。可先将板悬挂于任意一点 A,则知其重心一定在垂直线 AB 上;再将板悬挂于任意点 D,其重心必在铅直线 DE 上。显然,AB 与 DE 的交点即为此平板的重心 C。

(2)称重法

对于形态复杂的机件、体积很大的物体,可由称重法求其重心。如图 11-15 所示为一汽车发动机连杆,可先用磅秤称出其重量 G,然后将其一端支于固定的支点 A,另一端支于磅秤上,量出两支点间的水平距离 l,并读出磅秤上的 F_{NB} 值。则由 $\sum M_A(\boldsymbol{F}) = 0$ 可得:

$$F_{NB} l - G x_C = 0$$

可算出

$$x_C = \frac{F_{NB} l}{G}$$

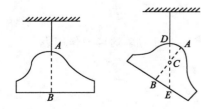

图 11-14　　　　　　　　　　　　　　　图 11-15

小 结

一、空间力系的概念

(1) 空间力系:力系中各力的作用线不在同一个平面内的力系称为空间力系。

(2) 空间力系分为:空间汇交力系、空间平行力系和空间任意力系。

二、力在空间直角坐标轴上的投影与力对轴之矩

(1) 直接投影法:

$$\begin{cases} F_x = \pm F\cos\alpha \\ F_y = \pm F\cos\beta \\ F_z = \pm F\cos\gamma \end{cases}$$

(2) 二次投影法:

$$\begin{cases} F_x = \pm F\sin\gamma\cos\varphi \\ F_y = \pm F\sin\gamma\sin\varphi \\ F_z = \pm F\cos\gamma \end{cases}$$

(3) 力对轴之矩:

$$M_z(\boldsymbol{F}) = M_z(\boldsymbol{F}_{xy}) = M_O(\boldsymbol{F}_{xy}) = \pm F_{xy} \cdot d$$

三、空间力系的平衡方程

(1) 空间任意力系平衡方程:

$$\begin{cases} \sum F_x = 0, & \sum F_y = 0, & \sum F_z = 0 \\ \sum M_x(\boldsymbol{F}) = 0, & \sum M_y(\boldsymbol{F}) = 0, & \sum M_z(\boldsymbol{F}) = 0 \end{cases}$$

(2) 空间汇交力系平衡方程:

$$\sum F_x = 0, \quad \sum F_y = 0, \quad \sum F_z = 0$$

(3) 空间平行力系平衡方程:

$$\sum F_z = 0, \quad \sum M_x(\boldsymbol{F}) = 0, \quad \sum M_y(\boldsymbol{F}) = 0$$

(4) 空间力系平衡问题转化为平面力系平衡问题来处理的方法:先将空间力系投影到三个坐标平面上,转化成三个平面力系,然后分别列平面力系平衡方程求解。

四、重心和形心

(1) 重心:重心是由物体各微小部分的重力所组成的平行力系的合力作用点。

(2) 重心坐标的一般公式和均质物体重心的坐标公式为:

$$
\begin{cases}
x_{\text{C}} = \dfrac{\sum\limits_{i=1}^{n} \Delta G_i x_i}{G} \\[2em]
y_{\text{C}} = \dfrac{\sum\limits_{i=1}^{n} \Delta G_i y_i}{G} \\[2em]
z_{\text{C}} = \dfrac{\sum\limits_{i=1}^{n} \Delta G_i z_i}{G}
\end{cases}
\quad \text{和} \quad
\begin{cases}
x_{\text{C}} = \dfrac{\sum\limits_{i=1}^{n} \Delta V_i x_i}{V} \\[2em]
y_{\text{C}} = \dfrac{\sum\limits_{i=1}^{n} \Delta V_i y_i}{V} \\[2em]
z_{\text{C}} = \dfrac{\sum\limits_{i=1}^{n} \Delta V_i z_i}{V}
\end{cases}
$$

（3）形心坐标计算公式为：

$$
\begin{cases}
x_{\text{C}} = \dfrac{\sum\limits_{i=1}^{n} \Delta A_i x_i}{A} \\[2em]
y_{\text{C}} = \dfrac{\sum\limits_{i=1}^{n} \Delta A_i y_i}{A}
\end{cases}
$$

（4）重心及形心位置的求法：对称法、组合法和实验法。

思考与探讨

11-1 为什么说平面力系是空间力系的特殊情况？

11-2 若已知力 F 与 x 轴的夹角为 α，与 y 轴夹角为 β，以及力 F 的大小，能否计算出 F 在 z 轴上的投影 F_z？

11-3 分别写出力在空间直角坐标轴上的两种投影方法的投影计算公式。

11-4 一个空间力系问题可转化为三个平面力系问题，那么能不能由此求解 9 个未知量？

11-5 求重心有几种方法？每种方法各适用于什么情况？

11-6 将物体沿过重心的平面切开，两边是否一样重？

11-7 物体位置变动时，其重心位置是否变化；如果物体发生了变形，重心的位置变不变？

11-8 物体的重心是否一定在物体上？

习　题

11-1 如图 11-16 所示，已知 $F_1 = 3 \text{ kN}$，$F_2 = 2 \text{ kN}$，$F_3 = 1 \text{ kN}$。F_1 处于边长为 3、4、5 的长方体前棱边，F_2 在此长方体顶面的对角线上，F_3 则处于长方体的对顶角线上。试分别计算 F_1、F_2、F_3 三力在 x、y、z 轴上的投影。

11-2 如图 11-17 所示的转轴上，已知两齿轮的半径分别为 $r_C = 0.1 \text{ m}$，$r_D = 0.05 \text{ m}$。其上受力有：圆周力 $F_{t_1} = 3.58 \text{ kN}$；径向力 $F_{r_1} = 1.3 \text{ kN}$，$F_{r_2} = 2.6 \text{ kN}$。$AC = CD = DB =$

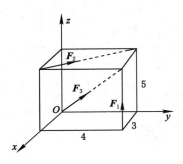

图 11-16

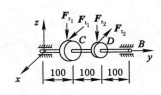

图 11-17

0.1 m。求 D 轮的圆周力 F_{t_2} 及 A、B 两轴承
的约束反力。（图中尺寸单位为 mm）

　　11-3　如图 11-18 所示为电动机通过联轴器带动带轮的传动装置。已知驱动力偶矩 $M=20$ N·m，带轮直径 $d=16$ cm，$a=20$ cm，轮轴自重不计，带的拉力 $T_1=2T_2$。试求 A、B 两轴承支座的约束反力。

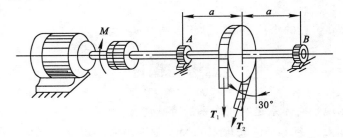

图 11-18

　　11-4　如图 11-19 所示电动卷扬机的两带轮中心线是水平线，胶带与水平线夹角为 30°，鼓轮半径 $r=10$ cm，大带轮半径 $R=20$ cm，吊起重物 $G=10$ kN，胶带紧边拉力 T_1 是松边拉力 T_2 的 2 倍，图示尺寸单位为 cm。试求胶带拉力 T_1、T_2 及 A、B 两轴承的约束反力。

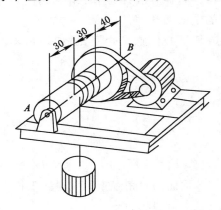

图 11-19

11-5 如图 11-20 所示,电线杆长 10 m,其顶端受 8.4 kN 的水平力作用。杆的底端 A 可视为球铰链,并由 BD、BE 两钢索维持杆的平衡。试求钢索的拉力和 A 铰的约束反力。

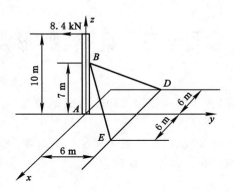

图 11-20

项目十二　组合变形

基础篇研究了构件拉伸(或压缩)、剪切、扭转、弯曲四种基本变形时的强度和刚度计算问题。在工程实践中,构件在载荷作用下只产生单个基本变形的情况并不多,往往同时产生两种或两种以上基本变形的组合变形,本项目主要了解组合变形的类型及工程上最常用、最重要的拉(压)弯组合和弯扭组合的强度计算问题。

任务一　组合变形的概念

【知识要点】　组合变形的概念与种类,组合变形的强度计算。
【技能目标】　理解组合变形的概念,了解组合变形的种类,掌握组合变形的强度计算方法。

在工程实践中,大多数构件在载荷作用下往往都不会仅仅发生一种变形,而是同时产生两种或两种以上的基本变形。因此,很有必要对组合变形进行深入的研究。

一、组合变形的概念

一般来说,若构件的变形有一种是主要的,其余变形影响很小,那么就可以将其忽略,对实际问题进行简化,转化成简单的力学模型,仍然按照基本变形进行计算。若几种变形影响属于同一量级,则不能进行简化,此时构件的变形就是组合变形。因此,构件在载荷作用下同时产生两种或两种以上不可忽略的基本变形,就称为组合变形。

二、组合变形的种类

在工程实践中,常见的组合变形主要有以下四种:

(1)拉伸(或压缩)与弯曲组合变形。如建筑结构中的边柱,在载荷作用下,将发生压缩和弯曲的组合变形;又如图 12-1(a)所示吊钩的 AB 段,在外力作用下,将产生拉伸和弯曲的组合变形。

(2)弯曲与扭转组合变形。如图 12-1(b)所示某机械设备中的齿轮传动轴,在外力作用下将发生扭转和弯曲的组合变形。

(3)两个互相垂直平面弯曲的组合变形(斜弯曲)。如图 12-2(a)所示斜屋架上的工字钢檩条,可以作为简支梁来计算,因为 q 的作用线并不通过工字截面的任一根形心主惯性轴[图 12-2(c)],则引起沿两个方向的平面弯曲,这种情况称为斜弯曲。

(4)拉伸(或压缩)与扭转组合变形。如图 12-3 所示,飞机螺旋桨的传动轴在飞机飞行过程中,既发生拉伸又发生扭转的组合变形。又如,钻井的钻杆工作时产生压缩和扭转的组合变形。

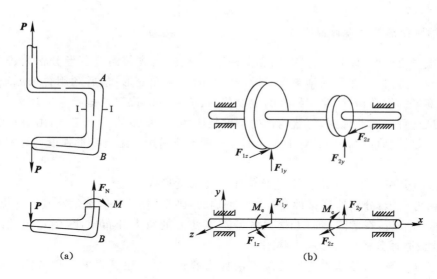

图 12-1 吊钩及传动轴

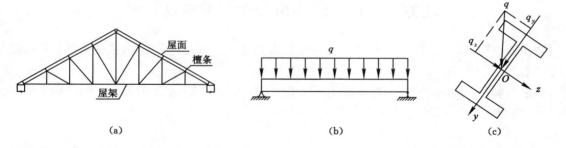

图 12-2 斜屋架上的工字钢檩条

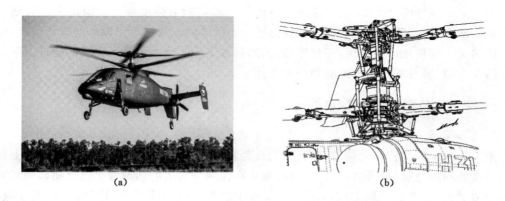

图 12-3 直升机螺旋桨的传动轴

本书主要研究拉（压）弯组合变形和弯扭组合变形的强度计算。

三、组合变形的强度计算方法

研究组合变形的基本方法是叠加法。具体思路是:首先将组合变形分解为若干基本变形,然后分别考虑构件在每一种基本变形情况下的应力和变形;最后利用叠加原理,综合考虑各基本变形的组合情况,确定构件的危险截面、危险点的位置及危险点的应力状态,并据此进行强度计算。实践证明,只要构件的刚度足够大,材料服从胡克定律,由叠加法所得的计算结果是足够精确的;反之,对于大变形构件则不能适用。组合变形强度计算的步骤一般如下:

(1) 外力分析:将外力简化,分组确定组合变形的形式。

(2) 内力分析:分别计算每种基本变形的内力,画出内力图,确定危险截面的位置。

(3) 应力分析:在危险截面上根据各种基本变形的应力分布规律,确定出危险点的位置,并按叠加原理分析该点的应力状态。

(4) 强度计算:将各基本变形情况下的应力叠加,然后建立强度条件或刚度条件进行计算。

任务二　拉(压)弯组合变形的强度计算

【知识要点】　强度理论,拉(压)弯组合变形的应力分析方法,拉(压)组合变形的强度条件及应用。

【技能目标】　了解强度理论的概念,理解强度理论的适用范围,能够根据拉(压)弯组合变形的强度条件进行拉(压)弯组合变形的强度计算。

在工程实践中,大多数材料处于复杂的应力状态,实验室中测得的材料的力学性能不可能完全等同于工程实践中材料表现出来的力学性能。同时,塑性材料和脆性材料发生破坏的特征也是不一样的。所以,难以建立适合所有工程实际的强度条件。但是人们长期以来一直在不断地进行试验,对材料在各种应力状态下的失效现象进行了深入的分析研究,提出了不同的关于材料破坏的学说,即强度理论,然后在工程实践中进行了大量的验证。下面主要介绍在常温、静载条件下常用的四个强度理论。

一、强度理论及适用范围

1. 第一强度理论

第一强度理论又称最大拉应力理论,它认为最大拉应力是引起材料断裂破坏的主要因素。它能解释脆性材料在轴向拉伸时断裂发生在拉应力最大的横截面上以及扭转破坏发生在拉应力最大的45°螺旋面上的情况。但是对于没有拉应力状态下材料的破坏无法应用。其强度条件是:

$$\sigma_1 \leqslant [\sigma]$$

2. 第二强度理论

第二强度理论又称最大伸长线应变理论,它认为最大伸长线应变 ε_1 是引起材料断裂破坏的主要因素。即只要构件内一点处的最大伸长线应变 ε_1 达到材料的极限值,就会引起断裂破坏。其强度条件是：

$$\sigma_1 - \mu(\sigma_2 + \sigma_3) \leqslant [\sigma]$$

3. 第三强度理论

第三强度理论又称最大剪应力理论，它认为最大剪应力是引起材料流动破坏的主要因素。即只要构件内一点处的最大剪应力 τ_{max} 达到了材料的极限值，就会发生流动破坏。实验证明，塑性材料（如低碳钢）根据最大剪应力理论计算的结果与试验结果较为接近，且强度条件形式简单，所以在机械工程中应用广泛。但是这个理论忽略了中间主应力 σ_2 的影响，使得计算结果偏于安全。其强度条件是：

$$\sigma_1 - \sigma_3 \leqslant [\sigma]$$

4. 第四强度理论

第四强度理论又称形状改变比能理论，它认为形状改变比能是引起材料破坏的主要因素。只要构件内任意一点处的形状改变比能达到了材料的极限值，材料就会发生流动破坏。因为形状改变比能理论考虑到三个主应力的影响，因此比最大剪应力理论更接近试验结果，所以应用也更为广泛。其强度条件是：

$$\sqrt{\frac{1}{2}\left[(\sigma_1 - \sigma_2)^2 + (\sigma_2 - \sigma_3)^2 + (\sigma_3 - \sigma_1)^2\right]} \leqslant [\sigma]$$

对于上述四个强度理论，在不同的情况下应选用不同的强度理论。脆性材料在通常情况下以断裂形式破坏，所以宜采用第一和第二强度理论。塑性材料在通常情况下以流动形式破坏，所以宜选用第三和第四强度理论。但是同一种材料，在不同的应力状态下也可以有不同形式的破坏。例如，低碳钢在单向拉伸下以流动形式破坏，是典型的塑性材料，但在三向拉应力状态下会发生断裂破坏。另外，铸铁在单向拉伸时以断裂的形式破坏，是典型的脆性材料，但在三向压应力状态下会发生塑性变形。无论是塑性材料还是脆性材料，在三向拉应力状态下，都应该采用最大拉应力理论；而在三向压应力状态下，都应该采用形状改变比能理论或最大剪应力理论。

二、拉(压)弯组合变形的强度计算

当杆件上同时有横向力和轴向力作用时，杆件将产生弯曲和轴向拉伸(压缩)的组合变形。下面以图 12-4 所示的悬臂梁来说明拉(压)弯组合变形的强度计算。

1. 外力分析

悬臂梁在自由端受力 F 的作用，力 F 位于梁的纵向对称平面内，并与梁的轴线成夹角 α。将力 F 沿轴线方向和垂直轴线方向分解成两个分力 F_x 和 F_y，如图 12-4(b)所示，这两力的大小分别为：

$$F_x = F\cos\alpha, \quad F_y = F\sin\alpha$$

分力 F_x 为轴向拉力，将使梁产生轴向拉伸变形；分力 F_y 与梁的轴线垂直，将使梁产生平面弯曲变形。故梁在力 F 作用下将产生拉弯组合变形。

2. 内力分析

为了确定危险截面，画出梁的内力图，如图 12-4(e)、(f)所示。由轴力图可以看出，梁上各横截面上的轴力 N 都相等，即有：

$$N = F_x = F\cos\alpha$$

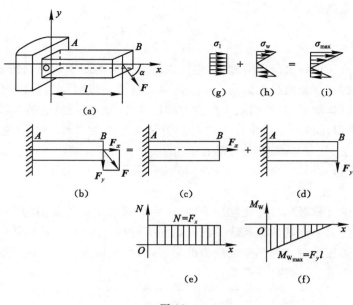

图 12-4

由弯矩图可以看出,梁的固定端截面 A 处的弯矩值最大,其值为:

$$M_{W\max} = -F_y l = -Fl\sin\alpha$$

显然,梁的固定端截面 A 为危险截面。

3. 应力分析

在梁的危险截面上,与轴力 N 相对应的拉伸正应力 σ_1 均匀分布,如图 12-4(g)所示,其值为:

$$\sigma_1 = \frac{N}{A} = \frac{F_x}{A}$$

与弯矩 $M_{W_{\max}}$ 相对应的弯曲正应力 σ_W 沿截面高度呈线性分布,如图 12-4(h)所示,在上、下边缘处绝对值最大,其值为:

$$\sigma_W = \frac{M_{W\max}}{W_z} = \frac{F_y l}{W_z}$$

根据叠加原理,可将悬臂梁固定端截面上的弯曲正应力和拉伸正应力相叠加。设 $\sigma_1 \leqslant \sigma_W$,则叠加后的应力分布如图 12-4(i)所示,在上、下边缘处,正应力分别为:

$$\begin{cases} \sigma_{\max} = \dfrac{N}{A} + \dfrac{M_{W\max}}{W_z} = \dfrac{F_x}{A} + \dfrac{F_y l}{W_z} \\[2mm] \sigma_{\min} = \dfrac{N}{A} - \dfrac{M_{W\max}}{W_z} = \dfrac{F_x}{A} - \dfrac{F_y l}{W_z} \end{cases}$$

4. 强度计算

由上式可知,危险截面上边缘各点拉应力最大,是危险点,且应力状态与轴向拉伸时相同,故强度条件为:

$$\sigma_{\max} = \frac{N}{A} + \frac{M_{W\max}}{W_z} \leqslant [\sigma] \tag{12-1}$$

若 F 为压力时，则危险截面上、下边缘上各点的正应力分别为：

$$\begin{cases} \sigma_{\max} = \left| -\dfrac{N}{A} - \dfrac{M_{W\max}}{W_z} \right| \\[3mm] \sigma_{\min} = \left| -\dfrac{N}{A} + \dfrac{M_{W\max}}{W_z} \right| \end{cases}$$

在这种情况下，悬臂梁固定端截面上的危险点为固定端截面的下边缘各点，故其强度条件为：

$$\sigma_{\max} = \left| -\frac{N}{A} - \frac{M_{W\max}}{W_z} \right| \leqslant [\sigma] \tag{12-2}$$

需要指出的是：如果材料的抗拉和抗压强度不同，就要根据构件危险截面上、下边缘各点的实际应力情况分别进行校核。

组合变形的强度条件同前面几个项目一样，也可以根据实际需要来进行强度校核、设计截面尺寸、确定最大许可载荷。

三、拉（压）弯组合变形的工程实例

【例 12-1】 如图 12-5(a)所示，某钻床钻孔时受到压力 $F = 15$ kN。已知偏心距 $e = 0.4$ m，铸铁立柱的直径 $d = 125$ mm，许用拉应力为 $[\sigma_l] = 35$ MPa，许用压应力为 $[\sigma_y] = 120$ MPa。试校核铸铁立柱的强度。

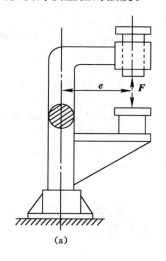

(a)

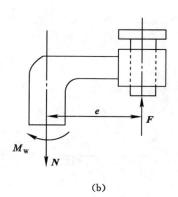

(b)

图 12-5

解： （1）外力分析。

钻床立柱在偏心载荷 F 的作用下，产生拉伸与弯曲组合变形。

$$F = 15\ 000\ \text{N}$$

（2）内力分析。

将立柱假想地截开，取上端为研究对象[图 12-5(b)]，由平衡条件求得立柱的轴力和弯矩分别为：

$$N = F = 15\ 000\ \text{N}$$

$$M_W = F \cdot e = 15\,000 \times 0.4 = 6\,000\,(\text{N} \cdot \text{m})$$

（3）应力分析。

立柱横截面积 $A = \dfrac{\pi d^2}{4}$，对中性轴的抗弯截面系数 $W_z = \dfrac{\pi d^3}{32}$。

立柱横截面上的轴向拉力使截面产生均匀拉应力：

$$\sigma_l = \frac{N}{A}$$

弯矩 M_W 使横截面产生弯曲应力，其最大值为：

$$\sigma_{max} = \frac{M_W}{W_z} = \frac{Fe}{W_z}$$

（4）强度校核。

$$\sigma_{max} = \frac{N}{A} + \frac{Fe}{W_z} \leqslant [\sigma_l]$$

由于立柱材料为铸铁，其抗压性能优于抗拉性能，故只需对立柱截面右侧边缘点处的拉应力进行强度校核，代入已知数据得：

$$\sigma_{lmax} = \frac{15\,000}{\dfrac{\pi \times 125^2}{4}} + \frac{6\,000}{\dfrac{\pi \times 125^3}{32}} = 32.4\,(\text{MPa}) \leqslant [\sigma_l]$$

计算结果表明立柱强度足够。

【例 12-2】　如图 12-6 所示为一三角形托架，杆 AB 为一工字钢。已知作用在点 B 处的集中载荷 $F = 8\,\text{kN}$，型钢的许用应力 $[\sigma] = 100\,\text{MPa}$。试选择杆 AB 的工字钢型号。

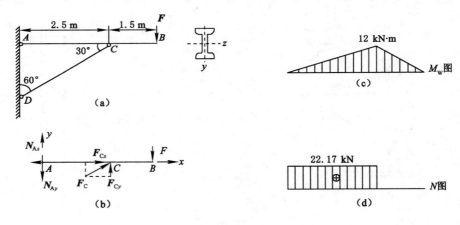

图 12-6

解：　（1）取 AB 杆为研究对象，受力图如图 12-6(b)所示，根据平衡方程：

$$\sum M_A(\boldsymbol{F}) = 0$$

解得

$$F_C = 25.6\,\text{kN}$$

将 F_C 分解成 F_{Cx}、F_{Cy} 则：

$$F_{Cx} = 22.17\,\text{kN}, \quad F_{Cy} = 12.8\,\text{kN}$$

（2）内力分析。

计算杆 AB 的内力，并求最大内力值，确定危险截面。

$$N_{max} = F_{Cx} = 22.17 \text{ (kN · m)}$$
$$M_{Wmax} = 8 \times 1.5 = 12 \text{ (kN · m)}$$

作出杆 AB 的弯矩图和轴力图，分别如图 12-6(c)、(d)所示。从内力图上可看出，危险截面为 C 截面。

（3）应力分析。

$$\sigma_{max} = \frac{N_{max}}{A} + \frac{M_{Wmax}}{W_z} = \frac{22.17 \times 10^3}{A} + \frac{12 \times 10^3}{W_z}$$

（4）截面设计。

因式(12-1)中的 A 和 W_z 均为未知，故需采用试算法。首先选用 18 号工字钢，由型钢表可查得 $A = 30.8 \times 10^2 \text{ mm}^2$，$W_z = 185 \times 10^3 \text{ mm}^3$，代入式(12-1)得：

$$\sigma_{max} = \frac{22.17 \times 10^3}{30.8 \times 10^2 \times 10^{-6}} + \frac{12 \times 10^3}{185 \times 10^3 \times 10^{-9}} = 72.1 \text{ (MPa)} < [\sigma] = 100 \text{ (MPa)}$$

由以上计算可知，强度是够的，但富余太多，不经济。改选 16 号工字钢，其 $A = 26.1 \times 10^2 \text{ mm}^2$，$W_z = 141 \times 10^3 \text{ mm}^3$，代入式(12-1)得：

$$\sigma_{max} = \frac{22.17 \times 10^3}{26.1 \times 10^2 \times 10^{-6}} + \frac{12 \times 10^3}{141 \times 10^3 \times 10^{-9}} = 93.6 \text{ (MPa)} < [\sigma] = 100 \text{ (MPa)}$$

这样，就既能满足强度条件，用材又比较经济。故应确定选用 16 号工字钢。

任务三　弯扭组合变形的强度计算

【知识要点】　弯扭组合变形的应力分析方法，弯扭组合变形的强度条件及应用。
【技能目标】　能够利用弯扭组合变形的强度条件进行弯扭组合变形的强度计算。

在工程实践中，如齿轮传动轴、减速器的轴，在正常工作中既受弯曲又受扭转，两种变形都不能忽略，因此发生的是弯扭组合变形。弯扭组合变形是工程实际中最常见也是最重要的一种组合变形。

一、弯扭组合变形的强度条件

1. 外力分析

有一圆轴如图 12-7(a)所示，左端固定，自由端受力 F 和力偶矩 M_e 的作用。力 F 的作用线与圆轴的轴线垂直，使圆轴产生弯曲变形；力偶矩 M_e 使圆轴产生扭转变形，所以圆轴 AB 将产生弯曲与扭转的组合变形。

2. 内力分析

$$M_n = M_e$$
$$M_W = Fl$$

根据计算结果分别画出圆轴的扭矩图和弯矩图，如图 12-7(d)、(c)所示。由扭矩图可以看出，圆轴各横截面上的扭矩值都相同；而从弯矩图可以看出，固定端 A 截面上的弯矩值

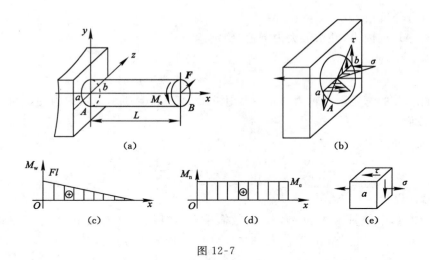

图 12-7

最大,所以横截面 A 为危险截面,其上的扭矩值和弯矩值分别为 M_e、Fl。

3. 应力分析

在危险截面上同时存在扭矩和弯矩,扭矩产生剪应力,剪应力与危险截面相切,截面的外轮廓线上各点的剪应力最大;弯矩产生弯曲正应力,弯曲正应力与横截面垂直,截面的前、后两点(a、b)的弯曲正应力最大[图 12-7(b)],所以,截面的前、后两点(a、b)为弯扭组合变形的危险点。危险点上的剪应力和正应力分别为:

$$\tau = \frac{M_n}{W_p}$$

$$\sigma_w = \frac{M_w}{W_z}$$

4. 强度计算

由于圆轴一般是用塑性材料制成的,所以 a 点的强度应按第三或第四强度理论进行校核。

第三强度理论强度条件为:

$$\sigma_{xd3} = \sqrt{\sigma_w^2 + 4\tau^2} = \frac{\sqrt{M_w^2 + M_n^2}}{W_z} \leqslant [\sigma] \tag{12-3}$$

第四强度理论强度条件为:

$$\sigma_{xd4} = \sqrt{\sigma_w^2 + 3\tau^2} = \frac{\sqrt{M_w^2 + 0.75M_n^2}}{W_z} \leqslant [\sigma] \tag{12-4}$$

式中,σ_{xd3},σ_{xd4} 分别为第三、第四强度理论的相当应力;M_w 为危险截面的弯矩;M_n 为危险截面的扭矩;W_z 为抗弯截面模量;$[\sigma]$ 为材料的许用应力。

二、拉(压)弯组合变形的工程实例

【例 12-3】　如图 12-8 所示,曲拐受力,其圆杆部分的直径 $d = 50$ mm。试计算 A 处的正应力及最大切应力。若材料的许用应力 $[\sigma] = 50$ MPa,试根据第四强度理论判断 A 处是否发生破坏?

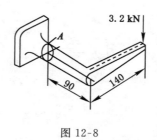

图 12-8

解: (1) 外力分析。

曲拐端头受到垂直向下的集中力 3.2 kN,则 A 点所在的截面受弯扭组合变形。

(2) 内力分析。

$$M_{Wmax} = -3.2 \times 0.09 = -0.288 \ (kN \cdot m)$$
$$W_{nmax} = -3.2 \times 0.14 = -0.448 \ (kN \cdot m)$$

(3) 应力分析。

$$\sigma_A = \frac{M_W}{W_z} = \frac{32M_W}{\pi d^3} = \frac{32 \times 0.288 \times 10^6}{3.14 \times 50^3} = 23.480 \ (MPa)$$

$$\tau_{Amax} = \frac{W_n}{W_p} = \frac{-0.448 \times 10^6}{\frac{1}{16} \times 3.14 \times 50^3} = 18.262 \ (MPa)$$

(4) 强度校核。

根据第四强度理论强度条件:

$$\sigma_{xd4} = \frac{\sqrt{M_W^2 + 0.75 M_n^2}}{W_z} \leqslant [\sigma]$$

得

$$\sigma_{xd4} = \frac{\sqrt{(0.288 \times 10^6)^2 + 0.75 \times (0.488 \times 10^6)^2}}{\frac{\pi}{32} \times 50^3} = 41.7 \ (MPa) \leqslant [\sigma]$$

经校核,曲拐 A 处安全,不会发生破坏。

【例 12-4】 如图 12-9(a)所示,机轴上的两个齿轮受到切线方向的力 $P_1 = 5$ kN,$P_2 = 10$ kN 作用,轴承 A 及 D 处均为铰支座,轴的许用应力 $[\sigma] = 100$ MPa。试根据第三强度理论强度条件设计轴的直径 d。

解: (1) 外力分析。

把 $\boldsymbol{P}_1$ 及 $\boldsymbol{P}_2$ 向机轴轴心简化成为竖向力 $\boldsymbol{P}_1$、水平力 $\boldsymbol{P}_2$ 及力偶矩 M_e:

$$M_e = P_1 \times \frac{d_2}{2} = P_2 \times \frac{d_1}{2} = 10 \times \frac{150 \times 10^{-3}}{2} = 0.75 \ (kN \cdot m)$$

两个力使轴发生弯曲变形,两个力偶矩使轴在 BC 段内发生扭转变形。

(2) 内力分析。

BC 段内的扭矩为:

$$M_n = M_e = 0.75 \ (kN \cdot m)$$

轴在竖向平面内因 $\boldsymbol{P}_1$ 作用而弯曲,弯矩图如图 12-9(b)所示,引起 B、C 处的弯矩分别为:

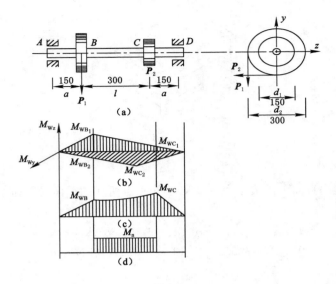

图 12-9

$$M_{WB_1} = \frac{P_1(l+a)a}{l+2a}, \quad M_{WC_1} = \frac{P_1 a^2}{l+2a}$$

轴在水平面内因 P_2 作用而弯曲,在 B、C 处的弯矩分别为:

$$M_{WB_2} = \frac{P_2 a^2}{l+2a}, \quad M_{WC_2} = \frac{P_2(l+a)a}{l+2a}$$

B、C 两个截面上的合成弯矩为:

$$M_{WB} = \sqrt{M_{WB_1}^2 + M_{WB_2}^2} = \sqrt{\frac{P_1^2(l+a)^2 a^2}{(l+2a)^2} + \frac{P_2^2 a^4}{(l+2a)^2}} = 0.676\ (\text{kN} \cdot \text{m})$$

$$M_{WC} = \sqrt{M_{WC_1}^2 + M_{WC_2}^2} = \sqrt{\frac{P_1^2 a^4}{(l+2a)^2} + \frac{P_2^2(l+a)^2 a^2}{(l+2a)^2}} = 1.14\ (\text{kN} \cdot \text{m})$$

轴内每一截面的弯矩都由两个弯矩分量合成,且合成弯矩的作用平面各不相同,但因为圆轴的任一直径都是形心主轴,抗弯截面系数 W_z 都相同,所以可将各截面的合成弯矩画在同一张图内,如图 12-9(c)所示。

(3) 应力分析。

$$\sigma_{xd3} = \frac{\sqrt{M_W^2 + M_n^2}}{W_z}$$

(4) 设计截面尺寸。

按第三强度理论建立强度条件:

$$\sigma_{xd3} = \frac{\sqrt{M_W^2 + M_n^2}}{W_z} \leqslant [\sigma]$$

$$W_z = \frac{\pi d^3}{32} \geqslant \frac{\sqrt{(1.44 \times 10^6)^2 + (0.75 \times 10^6)^2}}{100}$$

解得

$$d \geqslant 55\ (\text{mm})$$

所以,d 取 55 mm。

小　　结

一、组合变形的概念

（1）组合变形：构件在载荷作用下同时产生两种不可忽略的基本变形的变形称为组合变形。

（2）组合变形的种类：拉伸（或压缩）与弯曲组合变形、弯曲与扭转组合变形、斜弯曲、拉伸（或压缩）与扭转组合变形。

（3）组合变形强度计算的方法：① 外力分析；② 内力分析；③ 应力分析；④ 强度计算。

二、拉（压）弯组合变形的强度计算

（1）强度条件：

$$\sigma_{\max} = \left| \frac{N}{A} + \frac{M_{\mathrm{Wmax}}}{W_z} \right| \leqslant [\sigma]$$

（2）可解决三类问题：强度校核、设计截面尺寸和确定许可载荷。

三、弯扭组合变形的强度计算

（1）第三强度理论强度条件为：

$$\sigma_{xd3} = \sqrt{\sigma_{\mathrm{W}}^2 + 4\tau^2} = \frac{\sqrt{M_{\mathrm{W}}^2 + M_{\mathrm{n}}^2}}{W_z} \leqslant [\sigma]$$

（2）第四强度理论强度条件为：

$$\sigma_{xd4} = \sqrt{\sigma_{\mathrm{W}}^2 + 3\tau^2} = \frac{\sqrt{M_{\mathrm{W}}^2 + 0.75M_{\mathrm{n}}^2}}{W_z} \leqslant [\sigma]$$

（3）可解决三类问题：强度校核、设计截面尺寸和确定许可载荷。

思考与探讨

12-1　举出工程实践中组合变形的一些实例。

12-2　叠加法在组合变形计算中应用的前提条件是什么？

12-3　工程实践中有哪些属于大变形？

12-4　材料破坏的主要形式有几种？相应的破坏标志是什么？

12-5　何谓强度理论？为什么要提出强度理论？常用的强度理论有哪几种？如何选用强度理论？

12-6　试分析图 12-10 所示各杆件 AB、BC、CD 段分别是哪几种基本变形的组合？

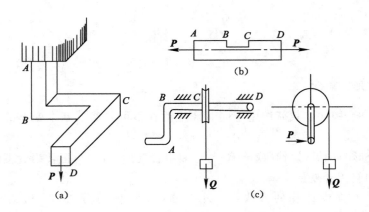

图 12-10

习　题

12-1　如图 12-11 所示一悬臂滑车架,杆 AB 为 18 号工字钢,其长度为 $l=2.6$ m。试求当载荷 $F=25$ N 作用在 AB 的中点 D 处时,杆内的最大正应力。(设工字钢的自重可略去不计)

12-2　如图 12-12 所示,若在正方形横截面短柱的中间开一槽,使横截面积减少为原截面积的一半。试问开槽后的最大正应力为不开槽时最大正应力的几倍?

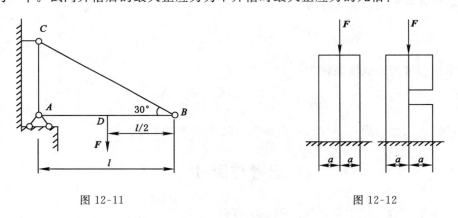

图 12-11　　　　　　　　　　　　　图 12-12

12-3　如图 12-13 所示,AB 杆是悬臂吊车的滑车梁,若 AB 梁为 22a 工字钢,材料的许用应力 $[\sigma]=100$ MPa,当起吊重量 $F=30$ kN 且行车移至 AB 梁的中点时,试校核 AB 梁的强度。

12-4　如图 12-14 所示小型铆钉机座,材料为铸铁,许用拉应力 $[\sigma_l]=30$ MPa,许用压应力 $[\sigma_y]=80$ MPa。Ⅰ—Ⅰ截面的惯性矩 $I=3\,789$ cm^4,在冲打铆钉时,受力 $F=20$ kN 作用。试校核Ⅰ—Ⅰ截面的强度。

12-5　如图 12-15 所示电动机带动皮带轮转动。已知电动机功率 $P=12$ kW,转速 $n=900$ r/min,带轮直径 $D=300$ mm,重量 $G=600$ N,皮带紧边拉力与松边拉力之比为

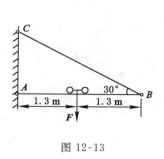

图 12-13

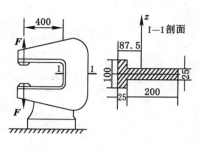

图 12-14

$F_1/F_2=2$，AB 轴直径 $d=40$ mm，材料为 45 号钢，许用应力 $[\sigma]=80$ MPa。试按第四强度理论校核该轴的强度。

12-6 如图 12-16 所示圆截面杆受载荷 F 和 M_e 的作用。已知 $F=0.5$ kN，$M_e=1.2$ kN，圆杆材料为钢，$[\sigma]=120$ MPa。力 F 的剪切作用略去不计，试按第三强度理论确定圆杆直径 d。

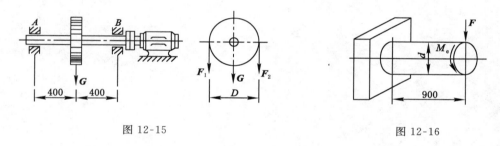

图 12-15   图 12-16

12-7 一手摇绞车如图 12-17 所示。已知轴的直径 $d=25$ mm，材料为 Q235 钢，其许用应力 $[\sigma]=80$ MPa。试用第四强度理论求绞车的最大起吊重量 P。

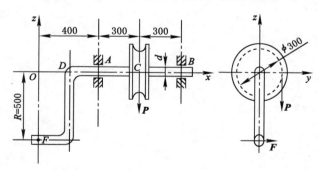

图 12-17

12-8 如图 12-18 所示，轴上安装两个圆轮，P、Q 分别作用在两轮上，并沿竖直方向。轮轴处于平衡状态。若轴的直径 $d=110$ mm，许用应力 $[\sigma]=60$ MPa。试按第四强度理论确定许用载荷 P。

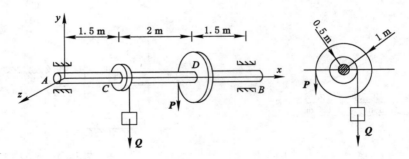

图 12-18

项目十三　刚体的基本运动

静力学研究了物体在力作用下的平衡规律。材料力学通过研究构件的强度、刚度和稳定性,为工程构件的设计提供了理论基础和计算方法。在进行机构设计时,首先需要进行运动分析,然后才进行强度、刚度等计算;对某些仪器的设计,由于受力很小,强度计算居次要地位,实现给定的运动规律成为设计的主要矛盾。由此可见,学习运动学知识的重要性。学习运动学的目的不仅可以解决工程实际问题,更重要的作用是为了学习动力学、机械设计以及专业课程打下良好的基础。本项目主要研究刚体的平行移动(平动)和刚体绕定轴转动(简称转动)以及转动刚体上各点的速度和加速度。

任务一　刚体的平行移动

【知识要点】　刚体的平动。
【技能目标】　理解刚体平动的特点及运动描述。

在工程实际中,常遇到刚体做这样一些运动,如图 13-1 所示沿直线轨道行驶的车厢的运动,如图 13-2 所示的振动筛筛子的运动。通过观察我们发现,这两种运动具有一个共同的特点,即运动刚体上任一直线始终保持与原来位置相平行。如图所示,AB 在运动过程中与原来的位置保持平行。我们把刚体运动中任意两点的连线与原来位置保持平行的运动称为刚体的平行移动,简称平动。

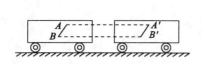

图 13-1

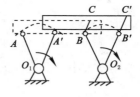

图 13-2

刚体平动时,体内各点的轨迹可以是直线也可以是曲线,若各点的轨迹为直线,刚体的运动称为直线平动;若各点的轨迹为曲线,则称为曲线平动。如图 13-1 所示车厢的运动为直线平动,而图 13-2 所示筛子的运动就是曲线平动。

根据刚体平动的定义,可得刚体平动时的两个特点:

(1) 刚体平动时,刚体上各点的轨迹形状相同,且相互平行;

(2) 刚体平动时,同一瞬时,各点具有相同的速度和加速度。

所以,刚体内任一点的运动可以代表整个刚体的运动。刚体的平动问题,可归纳为点的运动问题来研究,其运动规律可用两种方法来描述。

一、自然法

1. 运动方程

若已知刚体上任意一点 M 的运动轨迹,在该轨迹上规定一个原点,则点 M 任一瞬时的位置可用该点与原点之间的弧坐标 s 来描述。点运动时,其位置随时间而连续变化,则弧坐标 S 是时间 t 的单值连续函数,即:

$$s = f(t) \tag{13-1}$$

2. 速度

点沿已知轨迹运动时,设其在时间 Δt 内位置坐标变化量为 Δs,则其平均速度的大小为:

$$v = \frac{\Delta s}{\Delta t}$$

当 $\Delta t \to 0$ 时的平均速度就是点的瞬时速度,即:

$$v = \lim_{\Delta t \to 0} \frac{\Delta s}{\Delta t} = \frac{\mathrm{d}s}{\mathrm{d}t} \tag{13-2}$$

式(13-2)表明,点的速度等于其运动方程 $s = f(t)$ 对时间 t 的一阶导数,其方向沿该点轨迹的切线方向。当速度为正时,指向位置坐标正方向的一侧;反之,指向位置坐标负方向的一侧。

3. 加速度

点做曲线运动时,不但速度大小变化,而且方向也变化。因此,点的加速度可分为两个分量。一个描述速度大小的变化,其方向沿该点轨迹的切线方向,称为切向加速度,用 a_τ 表示,其正负的含义与速度相同。

$$a_\tau = \frac{\mathrm{d}v}{\mathrm{d}t} = \frac{\mathrm{d}^2 s}{\mathrm{d}t^2} \tag{13-3}$$

另一个描述速度方向的变化,方向沿该点轨迹的法线方向,指向曲率中心,称为法向加速度,用 a_n 表示。

$$a_n = \frac{v^2}{\rho} \tag{13-4}$$

点的全加速度大小 a 及方向为:

$$\begin{cases} a = \sqrt{a_\tau^2 + a_n^2} \\ \tan \theta = \dfrac{|a_\tau|}{a_n} \end{cases} \tag{13-5}$$

式中,θ 表示 a 与 x 轴正向的夹角。

4. 点运动的特殊情况

根据点运动的一般规律,其两种特殊情况为:

(1)匀速运动

速度的大小不变,切向加速度为零。

$$s = s_0 + vt \tag{13-6}$$

(2)匀变速运动

速度均匀变化，切向加速度 a_τ 为常数。

$$\begin{cases} v = v_0 + a_\tau t \\ s = s_0 + v_0 t + \dfrac{1}{2} a_\tau t^2 \\ v^2 = v_0^2 + 2a_\tau(s - s_0) \end{cases} \tag{13-7}$$

二、直角坐标法

点做曲线运动，若其运动轨迹未知，可用直角坐标法研究其运动规律。

1. 运动方程

在点 M 的运动平面内建立直角坐标系 xOy，则点 M 位置可由坐标 x、y 来描述，且点 M 的位置随时间连续变化，因此坐标 x、y 均是时间 t 的单值连续函数，即：

$$\begin{cases} x = f_1(t) \\ y = f_2(t) \end{cases} \tag{13-8}$$

此即为点运动方程的直角坐标式。消去时间 t，可得点的轨迹方程：

$$y = F(x) \tag{13-9}$$

2. 速度

采用与自然法相同的方法，可得速度在 x、y 轴上的投影。

$$\begin{cases} v_x = \lim\limits_{\Delta t \to 0} \dfrac{\Delta x}{\Delta t} = \dfrac{\mathrm{d}x}{\mathrm{d}t} \\ v_y = \lim\limits_{\Delta t \to 0} \dfrac{\Delta x}{\Delta t} = \dfrac{\mathrm{d}x}{\mathrm{d}t} \end{cases} \tag{13-10}$$

上式表明，速度在直角坐标轴上的投影分别等于该点位置的对应坐标对时间的一阶导数。根据速度的投影，即可求得速度的大小和方向。

$$\begin{cases} v = \sqrt{v_x^2 + v_y^2} \\ \tan \alpha = \dfrac{\mid v_y \mid}{v_x} \end{cases} \tag{13-11}$$

式中，α 表示 v 与 x 轴正向的夹角，其具体指向可由 v_x、v_y 的正负来判定。

3. 加速度

在直角坐标系中，全加速度在 x、y 轴的投影为 a_x、a_y，则有：

$$\begin{cases} a_x = \lim\limits_{\Delta t \to 0} \dfrac{\Delta v_x}{\Delta t} = \dfrac{\mathrm{d}v_x}{\mathrm{d}t} = \dfrac{\mathrm{d}^2 x}{\mathrm{d}t^2} \\ a_y = \lim\limits_{\Delta t \to 0} \dfrac{\Delta v_y}{\Delta t} = \dfrac{\mathrm{d}v_y}{\mathrm{d}t} = \dfrac{\mathrm{d}^2 y}{\mathrm{d}t^2} \end{cases} \tag{13-12}$$

全加速度的大小 a 和方向为：

$$\begin{cases} a = \sqrt{a_x^2 + a_y^2} \\ \tan \theta = \dfrac{\mid a_y \mid}{a_x} \end{cases} \tag{13-13}$$

式中，θ 表示 a 与 x 轴正向的夹角，其具体指向可由 a_x、a_y 的正负来判定。

任务二　刚体绕定轴转动

【知识要点】　转动方程、角速度、角加速度、特殊转动。
【技能目标】　掌握刚体的转动方程、角速度、角加速度及特殊转动的运动描述。

一、刚体定轴转动的定义

定轴转动在工程中应用极为广泛,如电动机的转子、机床的转轴和齿轮、收割机脱粒滚筒等。它们共同的特点是:刚体运动时,刚体内或其扩大部分有一直线始终固定不动,这种运动称为刚体的定轴转动,简称转动。这条固定不动的直线称为转轴。

刚体转动时,刚体上任意一点以转轴上一点为圆心,并在垂直于转轴的平面内做圆周运动,如图 13-3 所示。

二、转动方程、角速度和角加速度

如图 13-3 所示,一刚体绕固定轴 OZ 转动时,为确定其任意瞬时的位置,可通过转轴 OZ 作两个平面,平面 A 固定不动,平面 B 固结在刚体上随刚体一起转动,则刚体在任一瞬时的位置可用两平面的夹角 φ 来表示。角 φ 称为刚体的转角或角位移,以 rad 来计,它是一个代数量,其正、负号按右手规则确定,即从 Z 轴的正端往负端看,逆时针转动时角 φ 为正;反之为负。当刚体转动时,角 φ 是时间 t 的单值连续函数,即:

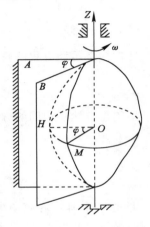

图 13-3

$$\varphi = f(t) \tag{13-14}$$

式(13-14)称为刚体的转动方程。

转角 φ 对时间 t 的一阶导数,称为刚体的角速度,用 ω 表示,即:

$$\omega = \frac{\mathrm{d}\varphi}{\mathrm{d}t} = \dot{\varphi} \tag{13-15}$$

角速度也是代数量,它的大小表示某瞬时刚体转动的快慢,它的正、负号表示某瞬时刚体的转向。当 $\omega > 0$ 时,刚体逆时针转动;当 $\omega < 0$ 时,刚体顺时针转动。

角速度的单位为弧度/秒(rad/s)。工程上习惯用转速 n(即每分钟的转数)来表示刚体转动的快慢,其单位为 r/min,角速度 ω 与转速 n 之间的关系为:

$$\omega = 2\pi n/60 = \pi n/30 \tag{13-16}$$

角速度 ω 对时间 t 的一阶导数,或转角 φ 对时间 t 的二阶导数,称为刚体的角加速度,用 ε 表示,即:

$$\varepsilon = \frac{\mathrm{d}\omega}{\mathrm{d}t} = \frac{\mathrm{d}^2\varphi}{\mathrm{d}t^2} = \ddot{\varphi} \tag{13-17}$$

其单位为 rad/s²。

角加速度描述了角速度变化的快慢,它也是代数量,其正、负的判定同角速度。

若 ε 与 ω 同号,则 ω 的绝对值增大,刚体做加速转动;若 ε 与 ω 异号,则刚体做减速

转动。

刚体转动时，若角速度 ω 为常量，则称为匀速转动；当角加速度 ε 为常量时，则称为匀变速转动。这是刚体转动的两种特殊情况。

点的曲线运动与刚体定轴转动之间存在的对应关系见表 13-1。

表 13-1　　　　　　　　　　　点的曲线运动与刚体定轴转动的对应关系

点的曲线运动	刚体定轴转动
弧坐标 s	转角 φ
速度 $v=\dfrac{\mathrm{d}s}{\mathrm{d}t}$	角速度 $\omega=\dfrac{\mathrm{d}\varphi}{\mathrm{d}t}$
切向加速度 $a_\tau=\dfrac{\mathrm{d}v}{\mathrm{d}t}=\dfrac{\mathrm{d}^2s}{\mathrm{d}t^2}$	角加速度 $\varepsilon=\dfrac{\mathrm{d}\omega}{\mathrm{d}t}=\dfrac{\mathrm{d}^2\varphi}{\mathrm{d}t^2}$
匀速运动 $s=s_0+vt$	匀速转动 $\varphi=\varphi_0+\omega t$

| 匀变速运动 | $\omega=\omega_0+\varepsilon t$ | 匀变速转动 | $\omega=\omega_0+\varepsilon t$ |

	$v=v_0+a_\tau t$		$\omega=\omega_0+\varepsilon t$
匀变速运动	$s=s_0+v_0t+\dfrac{1}{2}a_\tau t^2$	匀变速转动	$\varphi=\varphi_0+\omega t+\dfrac{1}{2}\varepsilon t^2$
	$v^2=v_0^2+2a_\tau(s-s_0)$		$\omega^2=\omega_0^2+2\varepsilon(\varphi-\varphi_0)$

【例 13-1】 发动机主轴在启动过程中的转动方程为 $\varphi=3t^3+2t$（式中 φ 以 rad 计，t 以 s 计），试求由开始后 4 s 末主轴转过的圈数及该瞬时的角速度和角加速度。

解： 由方程 $\varphi=3t^3+2t$ 可知，当 $t=0$ 时，$\varphi_0=0$，当 $t=4$ s 时，主轴的转角 φ 为：

$$\varphi\big|_{(t=4)}=3\times4^3+2\times4=200\ (\mathrm{rad})$$

则主轴转过的圈数为：

$$n=\frac{\varphi}{2\pi}=\frac{200}{2\pi}=31.8$$

将转动方程对时间 t 求导数，可得角速度及角加速度为：

$$\omega=\frac{\mathrm{d}\varphi}{\mathrm{d}t}=\frac{\mathrm{d}}{\mathrm{d}t}(3t^3+2t)=9t^2+2$$

$$\varepsilon=\frac{\mathrm{d}\omega}{\mathrm{d}t}=\frac{\mathrm{d}}{\mathrm{d}t}(9t^2+2)=18t$$

当 $t=4$ s 时，其角速度和角加速度分别为：

$$\omega=9\times4^2+2=146\ (\mathrm{rad/s})$$

$$\varepsilon=18\times4=72\ (\mathrm{rad/s}^2)$$

【例 13-2】 已知一飞轮，初始转速为 600 r/min，经过 2 s 后轮的转速降低了一半，若飞轮在此过程中是匀减速转动，试求此过程中轮的转动方程及转角。

解： 飞轮的初角速度为：

$$\omega_0=\frac{\pi n}{30}=\frac{\pi\times600}{30}=20\pi\ (\mathrm{rad/s})$$

轮的末角速度为：

$$\omega = \frac{\pi n \times \frac{1}{2}}{30} = \frac{\pi \times 300}{30} = 10\pi \ (\mathrm{rad/s})$$

由匀变速转动公式 $\omega = \omega_0 + \varepsilon t$,可得角加速度为:

$$\varepsilon = \frac{\omega - \omega_0}{t} = \frac{(10 - 20)\pi}{2} = -5\pi \ (\mathrm{rad/s^2})$$

飞轮的转动方程为:

$$\varphi - \varphi_0 = \omega_0 t + \frac{1}{2} \varepsilon t^2$$

$$\varphi = \varphi_0 + 20\pi t + \frac{1}{2}(-5\pi)t^2$$

$$= \varphi_0 + 20\pi t - 2.5\pi t^2$$

设当 $t = 0$ 时,$\varphi_0 = 0$,故当 $t = 2 \ \mathrm{s}$ 时,轮的转角设为 φ_2,代入上式得:

$$\varphi_2 = \varphi_0 + 20\pi t - 2.5\pi t^2$$

$$= 20\pi \times 2 - 2.5\pi \times 2^2$$

$$= 40\pi - 10\pi$$

$$= 30\pi \ (\mathrm{rad})$$

任务三　定轴转动刚体内各点的速度和加速度

【知识要点】 转动刚体内各点的速度和加速度。

【技能目标】 掌握刚体的角速度、角加速度与刚体上任一点的速度、切向加速度、法向加速度之间的关系。

一、刚体上各点的速度和加速度

前面研究了定轴转动刚体整体的运动规律,而工程实际中还需要了解转动刚体上某些点的运动情况。

刚体做定轴转动时,转轴上的点固定不动,不在转轴上的各点都在垂直于转轴的平面内做圆周运动,圆心是此平面与转轴的交点,圆的半径为该点到转轴的距离。

取转动刚体上任一点 M,设它到转轴的距离为 R,如图 13-4 所示。则 M 点的轨迹为以 O 为圆心、以 R 为半径的圆,故用自然法研究。

取当刚体转角 $\varphi = 0$ 时点 M 的位置 M_0 为弧坐标原点,以角 φ 增大方向为弧坐标 s 的正向,则 M 点的运动方程为:

$$s = R\varphi \tag{13-18}$$

式中,$\varphi = f(t)$ 是定轴转动刚体的转动方程。M 点的速度为:

$$v = \frac{\mathrm{d}s}{\mathrm{d}t} = R \cdot \frac{\mathrm{d}\varphi}{\mathrm{d}t} = R\omega \tag{13-19}$$

即转动刚体上任一点速度的大小等于该点到转轴的距离与刚体的角速度的乘积,方向沿圆周的切线,指向与角速度的转向一致,如图 13-5 所示。

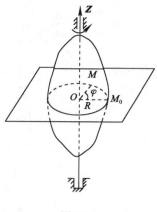

图 13-4

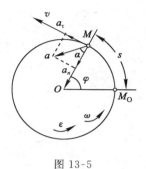

图 13-5

由于定轴转动刚体上各点均做圆周运动,故 M 点的切向加速度为:

$$a_\tau = \frac{\mathrm{d}v}{\mathrm{d}t} = R\frac{\mathrm{d}\omega}{\mathrm{d}t} = R\varepsilon \tag{13-20}$$

即转动刚体内任一点的切向加速度的大小等于该点到转轴的距离和刚体的角加速度乘积,方向沿圆周的切线,指向与 ε 的转向一致,如图 13-5 所示。

M 点的法向加速度为:

$$a_n = \frac{v^2}{R} = \frac{(R\omega)^2}{R} = R\omega^2 \tag{13-21}$$

即转动刚体内任一点法向加速度的大小等于该点到转轴的距离和刚体角速度平方的乘积,方向沿该点的法线,指向转轴。如图 13-5 所示。

当 ω 与 ε 同号时,刚体做加速转动,其上各点的速度指向与切向加速度指向相同,点做加速运动;反之,当 ω 与 ε 异号时,刚体做减速转动,点亦做减速运动。

M 点的全加速度的大小为:

$$a = \sqrt{a_\tau^2 + a_n^2} = \sqrt{(R\varepsilon)^2 + (R\omega^2)^2} = R\sqrt{\varepsilon^2 + \omega^4} \tag{13-22}$$

加速度的方向可用其与半径 OM 的夹角 α 表示:

$$\tan\alpha = \frac{|a_\tau|}{a_n} = \frac{|R\varepsilon|}{R\omega^2} = \frac{|\varepsilon|}{\omega^2} \tag{13-23}$$

由式(13-19)至式(13-23)可知,在同一瞬时,定轴转动刚体上各点的速度、加速度的大小都与该点到转轴的距离成正比,速度的方向都垂直于转动半径,加速度的方向与转动半径的夹角 α 都相同。速度的分布规律如图 13-6(a)、(b)所示。

【例 13-3】　如图 13-7 所示的卷扬机转筒,半径 $R=0.2$ m,在制动的 2 s 内,鼓轮的转动方程为:$\varphi = -t^2 + 4t(\mathrm{rad})$。求 $t=1$ s 时,轮缘上任一点 M 及物体 A 的速度和加速度。

解:　转轴在转动过程中的角速度为:

$$\omega = \dot{\varphi} = -2t + 4$$

角加速度为:

$$\varepsilon = \dot{\omega} = -2$$

当 $t=1$ s 时,

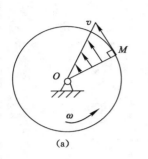
(a)

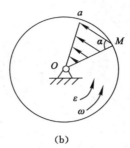
(b)

图 13-6

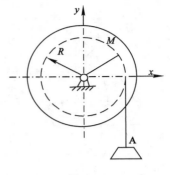

图 13-7

$$\omega = \omega_1 = 2$$
$$\varepsilon = \varepsilon_1 = -2$$

ω 与 ε 异号,转筒做匀减速转动。

此时 M 点的速度和加速度为:

$$v_M = R\omega_1 = 0.2 \times 2 = 0.4 \ (m/s)$$
$$a_{\tau M} = R\varepsilon_1 = 0.2 \times (-2) = -0.4 \ (m/s^2)$$
$$a_{nM} = 0.2 \times 2^2 = 0.8 \ (m/s^2)$$

M 点的全加速度:

$$a_M = \sqrt{a_{\tau M}^2 + a_{nM}^2} = 0.894 \ (m/s^2)$$
$$\tan\theta = \frac{|\varepsilon|}{\omega^2} = 0.5$$
$$\theta = 26.5°$$

物体 A 的速度 v_A 与加速度 a_A 分别等于 M 点的速度 v_M 与切向加速度 $a_{\tau M}$,即:

$$v_A = 0.4 \ m/s, \quad a_A = -0.4 \ m/s^2$$

二、定轴轮系的传动比

不同的机械往往要求不同的工作转速,在实际工程中,常用定轴轮系来改变转速。所谓轮系,是指由一系列互相啮合的齿轮所组成的传动系统。如果轮系中各齿轮的轴线是固定的,则该轮系称为定轴轮系。

圆柱齿轮传动分为外啮合(图 13-8)和内啮合(图 13-9)。现以图 13-8 所示的两个外啮合的圆柱齿轮为例来说明传动比的概念,并推出传动比的计算公式。

齿轮传动时相当于两轮的节圆相切并相对做纯滚动,故两节圆接触点 A 和 B 的速度大小相等、方向相同,即:

$$v_A = v_B$$

设两轮的节圆半径分别为 r_1、r_2,角速度分别为 ω_1、ω_2,则:

$$v_A = r_1\omega_1$$
$$v_B = r_2\omega_2$$
$$r_1\omega_1 = r_2\omega_2$$

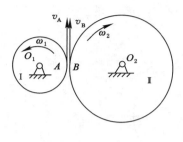

图 13-8

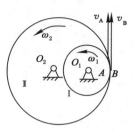

图 13-9

$$\frac{\omega_1}{\omega_2} = \frac{r_1}{r_2}$$

又由于转速 n 与角速度 ω 之间有下列关系：

$$\omega_1 = \frac{\pi n_1}{30}$$

$$\omega_2 = \frac{\pi n_2}{30}$$

$$\frac{\omega_1}{\omega_2} = \frac{n_1}{n_2}$$

因为两啮合齿轮的齿形相同（即模数相同），故其节圆半径 r_1、r_2 与其齿数 Z_1、Z_2 成正比，故

$$\frac{\omega_1}{\omega_2} = \frac{n_1}{n_2} = \frac{r_2}{r_1} = \frac{Z_2}{Z_1} \tag{13-24}$$

即两齿轮啮合时，其角速度（或转速）与其齿数（或节圆半径）成反比。

设轮Ⅰ为主动轮，轮Ⅱ为从动轮。在机械工程中，常把主动轮与从动轮角速度之比或转速之比称为传动比，用附有角标的符号 i 表示：

$$i_{12} = \frac{\omega_1}{\omega_2} = \frac{n_1}{n_2} = \pm \frac{r_2}{r_1} = \pm \frac{Z_2}{Z_1} \tag{13-25}$$

式中，正号表示两齿轮转向相同（内啮合），负号表示两齿轮转向相反（外啮合）。

传动比的概念也可以推广到皮带传动、链传动、摩擦传动等情况。在机械设计中，为了满足机器所要求的工作转速，常采用由齿轮、带轮及其他传动件所组成的定轴轮系来实现变速要求。定轴轮系传动比用 i_{1K} 表示。

假设轮系由 K 个齿轮组成（K 为偶数），以单数下标表示主动齿轮，偶数下标表示从动齿轮，则总传动比：

$$i_{1K} = \frac{n_1}{n_K} = \frac{\omega_1}{\omega_K} = (-1)^m \frac{Z_2 \cdot Z_4 \cdots Z_K}{Z_1 \cdot Z_3 \cdots Z_{K-1}} \tag{13-26}$$

式中，m 为外啮合齿轮的对数。

即定轴轮系传动比的大小等于轮系中所有从动轮齿数的乘积与所有主动轮齿数乘积之比。K 齿轮的转向由外啮合的对数 m 来确定，即由 $(-1)^m$ 确定。

【例 13-4】　如图 13-10 所示一带式输送机，电动机以齿轮 1 带动齿轮 2，通过与齿轮 2 固定在同一轴上的链轮 3 带动链轮 4，从而使与链轮 4 固定在同一轴上的辊轮 5 靠摩擦力拖动胶带 6 运动。已知主动轮 1 的转速 $n_1 = 1\,500$ r/min，齿轮和链轮的齿数分别为：$Z_1 =$

$24, Z_2 = 95, Z_3 = 20, Z_4 = 45$，轮 5 的直径 $D = 460$ mm。若不计胶带的滑动，试计算胶带运动的速度。

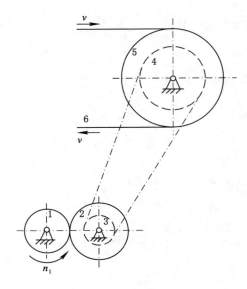

图 13-10

解： 按题意，胶带上一点和轮 5 外圆上一点的速度大小应相等。因此，只要根据轮系的传动比 i_{15} 计算出轮 5 的角速度，就可以计算出胶带的速度（注意链轮传动时转速也与其齿数成反比，但两轮转向相同）。

因为 $n_4 = n_5$，轮 5 与轮 4 固定在同一轴上，所以

$$i_{15} = i_{14} = \frac{Z_2 \cdot Z_4}{Z_1 \cdot Z_3} = \frac{95 \times 45}{24 \times 20} = 8.9$$

$$n_5 = \frac{n_1}{i_{15}} = \frac{1\,500}{8.9} = 168.5 \text{（r/min）}$$

胶带速度大小为：

$$v_6 = v_5 = r_5 \cdot \omega_5 = \frac{D}{2} \cdot \frac{\pi n_5}{30} = 4 \text{（m/s）}$$

小　结

一、刚体的平动

（1）平动：刚体运动中任意两点的连线与原来位置保持平行的运动。

（2）平动的特点：

① 刚体上各点的轨迹形状相同，且相互平行；

② 同一瞬时，各点具有相同的速度和加速度。

刚体的平动问题，可归纳为点的运动学问题来研究。

（3）计算公式见表 13-2。

表 13-2　　　　　　　　　　　　　刚体运动的计算公式

	运动方程	速度	加速度
自然法	$s = f(t)$	$v = \dfrac{\mathrm{d}s}{\mathrm{d}t}$ 沿点轨迹切线方向	$a_\tau = \dfrac{\mathrm{d}v}{\mathrm{d}t} = \dfrac{\mathrm{d}^2 s}{\mathrm{d}t^2}, a_n = \dfrac{v^2}{\rho}$ $a = \sqrt{a_\tau^2 + a_n^2}, \tan\theta = \dfrac{\lvert a_\tau \rvert}{a_n}$
直角坐标法	$x = f_1(t)$ $y = f_2(t)$ 消去 t 的轨迹方程 $y = F(x)$	$v_x = \dfrac{\mathrm{d}x}{\mathrm{d}t}$ $v_y = \dfrac{\mathrm{d}y}{\mathrm{d}t}$ $v = \sqrt{v_x^2 + v_y^2}$ $\tan\alpha = \left\lvert \dfrac{v_y}{v_x} \right\rvert$	$a_x = \dfrac{\mathrm{d}v_x}{\mathrm{d}t} = \dfrac{\mathrm{d}^2 x}{\mathrm{d}t^2}$ $a_y = \dfrac{\mathrm{d}v_y}{\mathrm{d}t} = \dfrac{\mathrm{d}^2 y}{\mathrm{d}t^2}$ $a = \sqrt{a_x^2 + a_y^2}, \tan\beta = \left\lvert \dfrac{a_y}{a_x} \right\rvert$

二、刚体绕定轴转动

（1）特点:同一时间段,刚体上任一点转过的角度相同。

（2）转动方程 $\varphi = f(t)$ 表示刚体绕定轴转动规律。

（3）角速度 $\omega = \dot{\varphi}$ 表示刚体转动的快慢和方向。

（4）角加速度 $\varepsilon = \dot{\omega} = \ddot{\varphi}$ 表示角速度变化的快慢。

① 若 ε 与 ω 同号,则 ω 的绝对值增大,刚体做加速转动;若 ε 与 ω 异号,则刚体做减速转动。

② 若当角速度 ω 为常量时,则称为匀速转动,且 $\varphi = \varphi_0 + \omega t$。

③ 当角加速度 ε 为常量时,则称为匀变速转动,且 $\omega = \omega_0 + \varepsilon t$; $\varphi = \varphi_0 + \omega t + \dfrac{1}{2}\varepsilon t^2$; $\omega^2 = \omega_0^2 + 2\varepsilon(\varphi - \varphi_0)$。

三、定轴转动刚体内各点的速度和加速度

（1）点的运动方程: $s = R\varphi$。

（2）点的速度: $v = \dot{s} = R \cdot \dot{\varphi} = R\omega$。

（3）点的加速度:切向加速度 $a_\tau = \dot{v} = R\dot{\omega} = R\varepsilon$,法向加速度 $a_n = \dfrac{v^2}{R} = \dfrac{(R\omega)^2}{R} = R\omega^2$,全加速度 $a = \sqrt{a_\tau^2 + a_n^2} = \sqrt{(R\varepsilon)^2 + (R\omega^2)^2} = R\sqrt{\varepsilon^2 + \omega^4}$, $\tan\alpha = \dfrac{\lvert a_\tau \rvert}{a_n} = \dfrac{\lvert R\varepsilon \rvert}{R\omega^2} = \dfrac{\lvert \varepsilon \rvert}{\omega^2}$。

（4）定轴轮系传动比: $i_{1K} = \dfrac{n_1}{n_K} = \dfrac{\omega_1}{\omega_K} = (-1)^m \dfrac{Z_2 \cdot Z_4 \cdots Z_K}{Z_1 \cdot Z_3 \cdots Z_{K-1}}$。

思考与探讨

13-1　自行车直线行驶时,脚蹬板做什么运动? 汽车在弯道行驶时,车厢是否做平动?

13-2　刚体做定轴转动时,角加速度为正,表示加速转动;角加速度负,表示减速转动。

这种说法对吗？为什么？

13-3 飞轮匀速转动,若半径增大一倍,边缘上点的速度和加速度是否增大一倍？若飞轮转速增大一倍,边缘上点的速度和加速度是否也增大一倍？

习　题

13-1 刚体做定轴转动,转动方程为 $\varphi=t^2+2t+1$ (φ 单位 rad,t 以 s 计)。求 $t=1$ s 时刚体转过的圈数、角速度、角加速度。

13-2 飞轮以 $n=210$ r/min 的转速转动,若飞轮做匀减速转动,经 40 s 停止。求飞轮的角加速度及停止前转过的圈数。

13-3 发动机从静止开始以角加速度 $\varepsilon=\pi$ rad/s^2 做匀加速转动,求 $t=10$ s 时的转速。

13-4 车刀最佳切削速度为 $v=200$ m/min,车削工件的直径 $D=150$ mm。问车床主轴相应转速是多少？

13-5 半径 $r=0.2$ m 的飞轮由静止开始做匀加速转动,经 4 s 后,轮缘上各点的速度达到 $v=4$ m/s。求 $t=10$ s 时轮缘上一点的速度和加速度。

13-6 如图 13-11 所示机构中,$O_1A=O_2B=AM=r=0.2$ m,$O_1O_2=AB$。已知 O_1 轮按 $\varphi=15\pi t$ 的规律转动,求当 $t=0.5$ s 时 AB 杆上 M 点的速度、加速度的大小和方向。

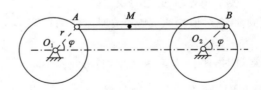

图 13-11

13-7 如图 13-12 所示,电动绞车由带轮Ⅰ、Ⅱ和鼓轮Ⅲ组成,鼓轮Ⅲ和带轮Ⅱ刚性地固定在同一轴上。各轮的半径分别为:$r_1=30$ cm,$r_2=75$ cm,$r_3=40$ cm,轮Ⅰ转速为 $n_1=100$ r/min。设皮带与带轮之间无滑动,求重物 Q 上升的速度。

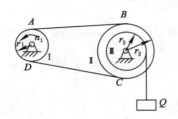

图 13-12

项目十四　构件的疲劳破坏

　　前面已经研究了物体在力的作用下的平衡规律。通过研究构件在静载荷作用下的强度、刚度和稳定性问题,为工程构件的设计提供了理论基础和计算方法。但工程构件实际受载荷的情况以及破坏情况往往比较复杂。本项目主要介绍动载荷、动应力、应力集中的概念,交变应力及循环特征,疲劳破坏以及防治疲劳破坏的措施。

任务一　动载荷应力及应力集中的概念

【知识要点】　动载荷、动应力、动载荷的分类、应力集中的概念及危害。
【技能目标】　理解动载荷及动应力的概念,了解常见动载荷的分类,了解应力集中的概念及危害,能够采取措施预防应力集中。

　　在前面的学习中,主要研究了构件在静载荷作用下的强度、刚度和稳定性的计算问题。所谓静载荷,就是指加载过程缓慢,认为载荷从零开始平缓地增加,以致在加载过程中,杆件各点的加速度很小,可以忽略不计,并且载荷加到最终值后不再随时间而改变,此时构件处于静止或匀速直线运动的平衡状态。在静载荷作用下,构件中产生的应力称为静应力。但是在工程实际中,如桥梁、吊车梁等构件,工作时所受载荷随着时间变化较大,不能看作静载荷。在一些机械设备中,如涡轮机的长叶片,由于旋转时的惯性力所引起的拉应力可以达到相当大的数值。又如紧急制动的转轴,在非常短暂的时间内速度发生急剧的变化等,所受载荷都不等同于静载荷。因此,当构件在载荷作用下,物体内各点有明显的加速度,或者载荷随时间有显著的变化,这类载荷就称为动载荷。在动载荷作用下,构件中产生的应力就称为动应力。一般来说,动应力要大于静应力。实验结果表明,只要应力不超过材料的比例极限,胡克定律仍适用于动载荷下应力、应变的计算,弹性模量也与静载荷下的数值相同。

一、动载荷的分类

　　一般来说,根据动载荷作用方式的不同,可分为三类:

　　(1)构件做加速运动,此时构件中的各个质点将受到与其加速度有关的惯性力作用,即惯性力载荷,所研究的问题一般称为惯性力问题。如起吊重物、旋转飞轮等,一般采用动静法来处理。

　　(2)载荷以一定的速度作用于构件上,或者构件的运动突然受阻,此类载荷称为冲击载荷,如爆炸载荷,一般采用能量法来处理。

　　(3)构件受到的载荷或由载荷引起的应力的大小或方向,是随着时间而呈周期性变化的,此类载荷称周期性载荷,也称为交变应力。

实践表明:构件受到惯性力载荷和冲击载荷时,材料的抗力与静载时的表现并无明显的差异,弹性模量也与静载下的数值相同,只是动载荷的作用效果要比静载荷更大。因而,只要能够找出这两种作用效果之间的关系,就可以用静载荷的方法来处理动载荷问题。一般包括动静法和能量法。但构件受到交变应力作用时,材料的表现则与静载荷下完全不同,此时不能用静载荷的方法来处理动载荷问题。

二、应力集中的概念

构件的应力集中现象危害很大,它会引起脆性材料断裂,使物体产生疲劳裂纹,严重影响结构的安全性。因此,了解应力集中,并找出其避免措施,在工程实践中具有重大的意义。

一般来说,在材料断面急剧变化,结构形状急剧变化,材料内部有气孔、夹渣等缺陷,断面开孔等部位,应力比正常值高出许多,这种现象就叫应力集中。

对于由脆性材料制成的构件,应力集中现象将一直保持到最大局部应力达到强度极限之前。因此,在设计脆性材料构件时,应考虑应力集中的影响。对于由塑性材料制成的构件,应力集中对其在静载荷作用下的强度则几乎无影响。所以,在研究塑性材料构件的静载荷问题时,通常不考虑应力集中的影响。承受轴向拉伸(压缩)的构件,只有在受力区域稍远且横截面尺寸又无剧烈变化的区域内,横截面上的应力才是均匀分布的。然而在实际工程构件中,有些零件常存在切口、切槽、油孔、螺纹等,致使这些部位上的截面尺寸发生突然变化。如开有圆孔和带有切口的板条,当其受轴向拉伸时,在圆孔和切口附近的局部区域内,应力的数值剧烈增加,而在离开这一区域稍远的地方,应力迅速降低而趋于均匀。

当一带圆孔的板条承受轴向拉伸载荷时,圆孔附近应力状态如图 14-1 所示。在圆孔附近的局部区域内,应力急剧增大,而在离开这一区域稍远处,应力迅速减小且趋于均匀,这种由于截面尺寸突然改变而引起的应力局部增大的现象就属于应力集中现象。其中,孔边缘最大正应力 σ_{max} 与同一截面上平均应力 σ_{avg} 的比值用 α 来表示:

$$\alpha = \frac{\sigma_{max}}{\sigma_{avg}} \tag{14-1}$$

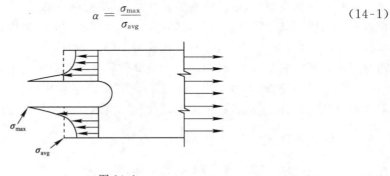

图 14-1

则 α 就称为应力集中系数,它反映了应力集中的程度,是一个大于 1 的系数。

需要注意的是:虽然在承受静载荷作用时,应力集中只对脆性材料影响很大,对塑性材料没有明显影响。但是当构件受到周期性变化的应力或冲击载荷作用时,无论对塑性材料还是脆性材料,应力集中对构件的破坏都有显著影响。

在工程实践中,为避免应力集中造成构件破坏,一般可采取以下措施减轻应力集中的危害:① 改善构件外形,避免形状突变,尽可能开圆孔或椭圆孔;② 结构内必须开孔时,尽量避开高应力区,开在低应力区;③ 根据孔边应力集中的分析成果进行孔边局部加强。

任务二　交变应力及其循环特性

【知识要点】　交变应力及循环特性,常见的几种交变应力。

【技能目标】　了解交变应力的定义及循环特性,了解常见的几种交变应力及其循环特性。

在动载荷的学习中,提到一种特殊的动载荷,即构件受到载荷的大小或方向是随着时间而呈周期性变化的,这种载荷称为周期性载荷。构件受到该载荷作用时,材料的表现则与静载荷下完全不同,与惯性力载荷和冲击载荷不同,不能转化为加大的静载荷,不可以用静载荷的方法来处理动载荷问题。下面就来研究该动载荷的概念及特性。

一、交变应力的概念

构件工作时所受的载荷随时间做周期性变化,这种载荷称为周期性载荷。构件在周期性载荷作用下产生的应力称为交变应力,即构件内一点处的应力随时间做周期性变化,就称为交变应力。如图 14-2(a)所示,齿轮上任一齿的齿根处 A 点的应力,在传动过程中,轴每转一周该齿啮合一次,A 点的弯曲正应力就由零变到最大值,然后再回到零。齿轮不停地转动,应力就不断地做周期性变化,如图 14-2(b)所示。

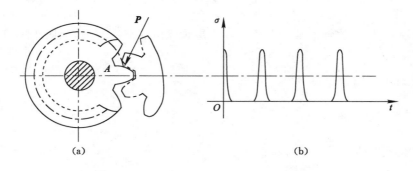

(a)　　　　　　　　　　　　　　　(b)

图 14-2

二、交变应力的循环特性

交变应力是随着时间做周期性变化的。如图 14-3 所示,曲线最高点的纵坐标为最大应力 σ_{max},最低点的纵坐标为最小应力 σ_{min}。应力由最大值 σ_{max} 变到最小值 σ_{min},然后又回到最大值的过程,就称为一个应力循环。

(1)循环特性:通常用最小应力与最大应力之比来表示交变应力的变化特点,称为交变应力的循环特性,用 r 表示。

$$r = \begin{cases} \dfrac{\sigma_{min}}{\sigma_{max}} & (\,|\sigma_{min}| < |\sigma_{max}|\,) \\[2mm] \dfrac{\sigma_{max}}{\sigma_{min}} & (\,|\sigma_{max}| < |\sigma_{min}|\,) \end{cases}$$

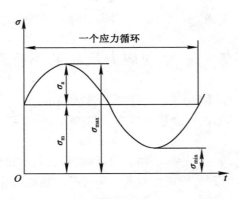

图 14-3

（2）平均应力：

$$\sigma_m = \frac{\sigma_{max} + \sigma_{min}}{2}$$

（3）应力幅：

$$\sigma_a = \frac{\sigma_{max} - \sigma_{min}}{2}$$

三、几种特殊的交变应力

1. 对称循环

火车轮轴旋转时，轮轴上某一点的应力就是对称循环交变应力，如图 14-4 所示。对称循环有以下特点：

（1）$r = \dfrac{\sigma_{min}}{\sigma_{max}} = -1$；

（2）$\sigma_a = \sigma_{max}$；

（3）$\sigma_m = 0$。

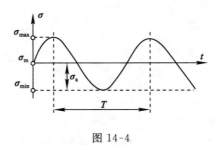

图 14-4

2. 脉动循环

齿轮的轮齿在相互啮合过程中，齿轮每转一周，轮齿啮合一次，齿根一侧的弯曲正应力由零增加到最大值，然后再由最大值回到零。这种做周期变化的应力就是脉动循环交变应力，如图 14-5 所示。脉动循环有以下特点：

（1）$r = \dfrac{\sigma_{min}}{\sigma_{max}} = 0$；

（2）$\sigma_a = \sigma_m = \dfrac{\sigma_{max}}{2}$。

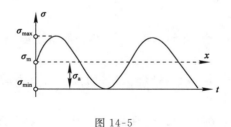

图 14-5

3. 静循环

当应力的大小不随时间变化而变化，称静循环，如图 14-6 所示。静循环有以下特点：

（1）$r = \dfrac{\sigma_{min}}{\sigma_{max}} = 1$；

（2）$\sigma_a = 0$；

（3）$\sigma_m = \sigma_{max} = \sigma_{min}$。

图 14-6

任务三　疲劳极限和疲劳破坏

【知识要点】　疲劳极限的概念，疲劳破坏的特点，疲劳破坏的机理。防止疲劳破坏的方法。

【技能目标】　理解疲劳极限的概念，掌握疲劳破坏的特点，理解疲劳破坏的发生机理，能够采取措施来预防疲劳破坏。

许多机械零件，如轴、齿轮、轴承、叶片、弹簧等，在工作过程中各点的应力随时间做周期性的变化，这种随时间做周期性变化的应力称为交变应力（也称循环应力）。在交变应力的作用下，虽然零件所承受的应力低于材料的屈服点，但经过较长时间的工作后产生裂纹或突然发生完全断裂的现象称为金属的疲劳。疲劳破坏是机械零件失效的主要原因之一。据统计，在机械零件失效的原因中大约有 80% 以上属于疲劳破坏，而且疲劳破坏前没有明显的变形，所以疲劳破坏经常造成重大事故，所以对于轴、齿轮、轴承、叶片、弹簧等承受交变载荷的零件，要选择疲劳强度较好的材料来制造。

一、疲劳极限

材料在无限多次周期性变化载荷作用下而不破坏的最大应力，称为疲劳强度或疲劳极限。这个限度值称为疲劳极限，用 σ_r 表示。对金属材料而言，钢在经受 10^7 次、非铁（有色）

金属材料经受 10^8 次交变载荷作用时不产生断裂时的最大应力称为疲劳强度。

二、疲劳破坏特点

（1）交变应力下材料发生破坏时的最大应力，一般低于静载荷作用的强度极限，有时甚至低于屈服极限。

（2）发生断裂破坏要经过一定的循环次数，而且交变应力的循环次数与应力的大小有关，应力越大，循环次数越少。

（3）无论是脆性材料还是塑性材料，在交变应力作用下，均表现为脆性断裂，没有明显的塑性变形。因此，破坏方式都属于脆性破坏。

（4）疲劳破坏断口如图 14-7 所示，断裂面上有裂纹的起源点和两个明显不同的区域，即为光滑区和粗糙区。

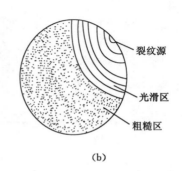

（a）　　　　　　　　　　　　　　（b）

图 14-7

三、疲劳破坏机理

材料的疲劳失效是在交变应力作用下，材料中裂纹的形成和逐渐发展的结果，而裂纹尖端处于严重的应力集中是导致疲劳失效的主要原因。当交变应力的大小超过某一数值时，经过多次循环后，在构件中应力最大处或材料有缺陷的地方先产生了很细微的裂纹，由于构件的形状变化、材料不均匀、表面加工质量等原因，使得构件内某局部区域的应力偏高，形成高应力区。

1. 微观裂纹形成

构件长期在交变应力的作用下，位置最不利或较弱的晶体，沿最大切应力作用面形成滑移带，滑移带开裂形成微观裂纹。

2. 宏观裂纹出现

分散的微观裂纹经过集结沟通，形成宏观裂纹，此即裂纹萌生的过程。裂纹尖端一般处于三向拉伸应力状态，不易出现塑性变形。

3. 裂纹扩展

已形成的宏观裂纹在交变应力的作用下逐渐扩展，扩展是缓慢并且是不连续的。因应力水平的高低时而持续、时而停滞，裂纹两侧时压、时离，使相互研磨，形成光滑区。

4. 脆性破坏

随裂纹的扩展，构件截面逐步削弱，应力增大。当削弱到一定极限时，应力增大到一定程度,在突变的外因(超载、冲击或振动)下突然断裂,断口出现粗糙区。

因此,交变应力作用下构件发生疲劳破坏的机理就是裂纹的产生、扩展和最后断裂的全过程。

四、疲劳破坏影响因素及防治措施

影响构件发生疲劳破坏的主要因素有:材料本身的质量、构件外形、尺寸、表面质量、工作环境及工作温度等。要提高构件抗疲劳的能力,主要有以下几项措施:

1. 合理设计构件尺寸,减缓应力集中

消除或改善各类情况下的应力集中,是降低疲劳强度的主要手段。在构件外观设计上尽量避免开孔或带尖角的槽;在构件截面尺寸急剧改变处,应尽量增大过渡圆角半径,降低应力集中。

2. 提高表面质量

构件工作时的最大应力往往发生在构件的表面,又由于机械加工时常常在表面留下刀痕,尤其对于高强度钢必须进行精加工才会发挥高强度钢的性能,使用中要注意维护,防止锈蚀,避免使构件表面受到机械损伤或化学损伤。

3. 改善表层强度

常常是最大拉应力引起构件的疲劳失效。可采用热处理、化学处理和机械的方法强化表层,在构件的表面形成一个预压应力层或改善构件表层的材质滚压、喷丸渗入微量元素。

小　结

一、动荷应力及应力集中的概念

(1)动载荷:当构件在载荷作用下,体内各点有明显的加速度,或者载荷随时间有显著的变化,这类载荷就称为动载荷。

(2)动应力:在动载荷作用下,构件中产生的应力就称为动应力。

(3)动载荷分类:惯性力载荷、冲击载荷和交变应力。

(4)应力集中:在材料断面急剧变化,结构形状急剧变化,材料内部有气孔、夹渣等缺陷,断面开孔等部位,应力比正常值高出许多,这种现象就叫应力集中。

(5)应力集中系数: $\alpha = \dfrac{\sigma_{\max}}{\sigma_{\mathrm{avg}}}$ 。

二、交变应力及其循环特性

(1)交变应力:构件工作时所受的载荷随时间做周期性变化,则构件中将出现随时间做周期性变化的应力。

(2)交变应力的循环特性:

$$r = \begin{cases} \dfrac{\sigma_{\min}}{\sigma_{\max}} & (|\sigma_{\min}| < |\sigma_{\max}|) \\[3mm] \dfrac{\sigma_{\max}}{\sigma_{\min}} & (|\sigma_{\max}| < |\sigma_{\min}|) \end{cases}$$

（3）平均应力：$\sigma_m = \dfrac{\sigma_{max} + \sigma_{min}}{2}$。

（4）应力幅：$\sigma_a = \dfrac{\sigma_{max} - \sigma_{min}}{2}$。

（5）几种特殊的交变应力：

① 对称循环交变应力：$r = -1$。

② 脉动循环交变应力：$r = 0$。

③ 静循环交变应力：$r = 1$。

三、疲劳极限与疲劳破坏

（1）疲劳极限：材料在无限多次交变载荷作用下而不破坏的最大应力称为疲劳强度或疲劳极限。

（2）疲劳破坏的特点：① 材料破坏时的最大应力一般远低于材料的强度极限；② 发生破坏要经过一定的循环次数；③ 破坏方式都属于脆性破坏；④ 破坏断口分为光滑区域和粗糙区域。

（3）疲劳破坏机理：交变应力作用下构件发生疲劳破坏的机理就是裂纹的产生、扩展和最后断裂的全过程。

（4）疲劳破坏防止措施：① 合理设计构件尺寸，减缓应力集中；② 提高表面质量；③ 改善表层强度。

思考与探讨

14-1　什么是静荷应力？什么是动荷应力？

14-2　除了教材中提到的一些预防应力集中的措施，还有哪些措施？

14-3　交变应力一定是交变载荷引起的吗？

14-4　工程实践中，除了教材中提到的几种交变应力，还有其他哪些种类的交变应力？

14-5　举出工程实际中受交变应力破坏的实例。

14-6　在工程实践中，疲劳极限是如何确定的？

14-7　提高构件疲劳强度的措施有哪些？

14-8　简述疲劳破坏机理与断裂力学的关系。

附录一 型 钢 表

表1 　　　　　　热轧槽钢（GB/T 706—2008）

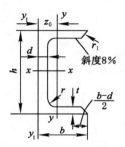

斜度8%

h——高度　　　　　　r_1——腿端圆弧半径
b——腿宽度　　　　　d——腰厚度
t——平均腿厚度　　　r——内圆弧半径
z_0——yy 轴与 y_1y_1 轴间距

型号	截面尺寸/mm						截面面积/cm²	理论质量/(kg/m)	惯性矩/cm⁴			惯性半径/cm		截面模数/cm³		重心距离/cm
	h	b	d	t	r	r_1			I_x	I_y	I_{y_1}	i_x	i_y	W_x	W_y	z_0
5	50	37	4.5	7.0	7.0	3.5	6.928	5.438	26.0	8.30	20.9	1.94	1.10	10.4	3.55	1.35
6.3	63	40	4.8	7.5	7.5	3.8	8.451	6.634	50.8	11.9	28.4	2.45	1.19	16.1	4.50	1.36
6.5	65	40	4.3	7.5	7.5	3.8	8.547	6.709	55.2	12.0	28.3	2.54	1.19	17.0	4.59	1.38
8	80	43	5.0	8.0	8.0	4.0	10.248	8.045	101	16.6	37.4	3.15	1.27	25.3	5.79	1.43
10	100	48	5.3	8.5	8.5	4.2	12.748	10.007	198	25.6	54.9	3.95	1.41	39.7	7.80	1.52
12	120	53	5.5	9.0	9.0	4.5	15.362	12.059	346	37.4	77.7	4.75	1.56	57.7	10.2	1.62
12.6	126	53	5.5	9.0	9.0	4.5	15.692	12.318	391	38.0	77.1	4.95	1.57	62.1	10.2	1.59
14a	140	58	6.0	9.5	9.5	4.8	18.516	14.535	564	53.2	107	5.52	1.70	80.5	13.0	1.71
14b	140	60	8.0	9.5	9.5	4.8	21.316	16.733	609	61.1	121	5.35	1.69	87.1	14.1	1.67
16a	160	63	6.5	10.0	10.0	5.0	21.962	17.240	866	73.3	144	6.28	1.83	108	16.3	1.80
16b	160	65	8.5	10.0	10.0	5.0	25.162	19.752	935	83.4	161	6.10	1.82	117	17.6	1.75
18a	180	68	7.0	10.5	10.5	5.2	25.699	20.174	1 270	98.6	190	7.04	1.96	141	20.0	1.88
18b	180	70	9.0	10.5	10.5	5.2	29.299	23.000	1 370	111	210	6.84	1.95	152	21.5	1.84
20a	200	73	7.0	11.0	11.0	5.5	28.837	22.637	1 780	128	244	7.86	2.11	178	24.2	2.01
20b	200	75	9.0	11.0	11.0	5.5	32.837	25.777	1 910	144	268	7.64	2.09	191	25.9	1.95
22a	220	77	7.0	11.5	11.5	5.8	31.846	24.999	2 390	158	298	8.67	2.23	218	28.2	2.10
22b	220	79	9.0	11.5	11.5	5.8	36.246	28.453	2 570	176	326	8.42	2.21	234	30.1	2.03

续表1

型号	截面尺寸/mm						截面面积/cm²	理论质量/(kg/m)	惯性矩/cm⁴			惯性半径/cm		截面模数/cm³		重心距离/cm
	h	b	d	t	r	r_1			I_x	I_y	I_{y_1}	i_x	i_y	W_x	W_y	z_0
24a		78	7.0				34.217	26.860	3 050	174	325	9.45	2.25	254	30.5	2.10
24b	240	80	9.0	12.0	12.0	6.0	39.017	30.628	3 280	194	355	9.17	2.23	274	32.5	2.03
24c		82	11.0				43.817	34.396	3 510	213	388	8.96	2.21	293	34.4	2.00
25a		78	7.0				34.917	27.410	3 370	176	322	9.82	2.24	270	30.6	2.07
25b	250	80	9.0	12.0	12.0	6.0	39.917	31.335	3 530	196	353	9.41	2.22	282	32.7	1.98
25c		82	11.0				44.917	35.260	3 690	218	384	9.07	2.21	295	35.9	1.92
27a		82	7.5				39.284	30.838	4 360	216	393	10.5	2.34	323	35.5	2.13
27b	270	84	9.5	12.5	12.5	6.2	44.684	35.077	4 690	239	428	10.3	2.31	347	37.7	2.06
27c		86	11.5				50.084	39.316	5 020	261	467	10.1	2.28	372	39.8	2.03
28a		82	7.5				40.034	31.427	4 760	218	388	10.9	2.33	340	35.7	2.10
28b	280	84	9.5	12.5	12.5	6.2	45.634	35.823	5 130	242	428	10.6	2.30	366	37.9	2.02
28c		86	11.5				51.234	40.219	5 500	268	463	10.4	2.29	393	40.3	1.95
30a		85	7.5				43.902	34.463	6 050	260	467	11.7	2.43	403	41.1	2.17
30b	300	87	9.5	13.5	13.5	6.8	49.902	39.173	6 500	289	515	11.4	2.41	433	44.0	2.13
30c		89	11.5				55.902	43.883	6 950	316	560	11.2	2.38	463	46.4	2.09
32a		88	8.0				48.513	38.083	7 600	305	552	12.5	2.50	475	46.5	2.24
32b	320	90	10.0	14.0	14.0	7.0	54.913	43.107	8 140	336	593	12.2	2.47	509	49.2	2.16
32c		92	12.0				61.313	48.131	8 690	374	643	11.9	2.47	543	52.6	2.09
36a		96	9.0				60.910	47.814	11 900	455	818	14.0	2.73	660	63.5	2.44
36b	360	98	11.0	16.0	16.0	8.0	68.110	53.466	12 700	497	880	13.6	2.70	703	66.9	2.37
36c		100	13.0				75.310	59.118	13 400	536	948	13.4	2.67	746	70.0	2.34
40a		100	10.5				75.068	58.928	17 600	592	1 070	15.3	2.81	879	78.8	2.49
40b	400	102	12.5	18.0	18.0	9.0	83.068	65.208	18 600	640	114	15.0	2.78	932	82.5	2.44
40c		104	14.5				91.068	71.488	19 700	688	1 220	14.7	2.75	986	86.2	2.42

注:表中 r、r_1 的数据用于孔型设计,不做交货条件。

表 2　　　　　　　　　热轧工字钢(GB/T 706—2008)

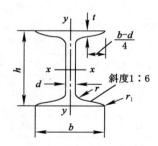

符号意义：

h——高度　　　　　　r_1——腿端圆弧半径

b——腿宽度　　　　　d——腰厚度

t——平均腿厚度　　　r——内圆弧半径

型号	截面尺寸/mm						截面面积/cm²	理论质量/(kg/m)	惯性矩/cm⁴		惯性半径/cm		截面模数/cm³	
	h	b	d	t	r	r_1			I_x	I_y	i_x	i_y	W_x	W_y
10	100	68	4.5	7.6	6.5	3.3	14.345	11.261	245	33.0	4.14	1.52	49.0	9.72
12	120	74	5.0	8.4	7.0	3.5	17.818	13.987	436	46.9	4.95	1.62	72.7	12.7
12.6	126	74	5.0	8.4	7.0	3.5	18.118	14.223	488	46.9	5.20	1.61	77.5	12.7
14	140	80	5.5	9.1	7.5	3.8	21.516	16.890	712	64.4	5.76	1.73	102	16.1
16	160	88	6.0	9.9	8.0	4.0	26.131	20.513	1 130	93.1	6.58	1.89	141	21.2
18	180	94	6.5	10.7	8.5	4.3	30.756	24.143	1 660	122	7.36	2.00	185	26.0
20a	200	100	7.0	11.4	9.0	4.5	35.578	27.929	2 370	158	8.15	2.12	237	31.5
20b	200	102	9.0	11.4	9.0	4.5	39.578	31.069	2 500	169	7.96	2.06	250	33.1
22a	220	110	7.5	12.3	9.5	4.8	42.128	33.070	3 400	225	8.99	2.31	309	40.9
22b	220	112	9.5	12.3	9.5	4.8	46.528	36.524	3 570	239	8.78	2.27	325	42.7
24a	240	116	8.0	13.0	10.0	5.0	47.741	37.477	4 570	280	9.77	2.42	381	48.4
24b	240	118	10.0	13.0	10.0	5.0	52.541	41.245	4 800	297	9.57	2.38	400	50.4
25a	250	116	8.0	13.0	10.0	5.0	48.541	38.105	5 020	280	10.2	2.40	402	48.3
25b	250	118	10.0	13.0	10.0	5.0	53.541	42.030	5 280	309	9.94	2.40	423	52.4
27a	270	122	8.5	13.7	10.5	5.3	54.554	42.825	6 550	345	10.9	2.51	485	56.6
27b	270	124	10.5	13.7	10.5	5.3	59.954	47.064	6 870	366	10.7	2.47	509	58.9
28a	280	122	8.5	13.7	10.5	5.3	55.404	43.492	7 110	345	11.3	2.50	508	56.6
28b	280	124	10.5	13.7	10.5	5.3	61.004	47.888	7 480	379	11.1	2.49	534	61.2
30a	300	126	9.0	14.4	11.0	5.5	61.254	48.084	8 950	400	12.1	2.55	597	63.5
30b	300	128	11.0	14.4	11.0	5.5	67.254	52.794	9 400	422	11.8	2.50	627	65.9
30c	300	130	13.0	14.4	11.0	5.5	73.254	57.504	9 850	445	11.6	2.46	657	68.5
32a	320	130	9.5	15.0	11.5	5.8	67.156	52.717	11 100	460	12.8	2.62	692	70.8
32b	320	132	11.5	15.0	11.5	5.8	73.556	57.741	11 600	502	12.6	2.61	726	76.0
32c	320	134	13.5	15.0	11.5	5.8	79.956	62.765	12 200	544	12.3	2.61	760	81.2

型号	截面尺寸/mm						截面面积 /cm²	理论质量 /(kg/m)	惯性矩/cm⁴		惯性半径/cm		截面模数/cm³	
	h	b	d	t	r	r_1			I_x	I_y	i_x	i_y	W_x	W_y
36a	360	136	10.0	15.8	12.0	6.0	76.480	60.037	15 800	552	14.4	2.69	875	81.2
36b		138	12.0				83.680	65.689	16 500	582	14.1	2.64	919	84.3
36c		140	14.0				90.880	71.341	17 300	612	13.8	2.60	962	87.4
40a	400	142	10.5	16.5	12.5	6.3	86.112	67.598	21 700	660	15.9	2.77	1 090	93.2
40b		144	12.5				94.112	73.878	22 800	692	15.6	2.71	1 140	96.2
40c		146	14.5				102.112	80.158	23 900	727	15.2	2.65	1 190	99.6
45a	450	150	11.5	18.0	13.5	6.8	102.446	80.420	32 200	855	17.7	2.89	1 430	114
45b		152	13.5				111.446	87.485	33 800	894	17.4	2.84	1 500	118
45c		154	15.5				120.446	94.550	35 300	938	17.1	2.79	1 570	122
50a	500	158	12.0	20.0	14.0	7.0	119.304	93.654	46 500	1 120	19.7	3.07	1 860	142
50b		160	14.0				129.304	101.504	48 600	1 170	19.4	3.01	1 940	146
50c		162	16.0				139.304	109.354	50 600	1 220	19.0	2.96	2 080	151
55a	550	166	12.5	21.0	14.5	7.3	134.185	105.335	62 900	1 370	21.6	3.19	2 290	164
55b		168	14.5				145.185	113.970	65 600	1 420	21.2	3.14	2 390	170
55c		170	16.5				156.185	122.605	68 400	1 480	20.9	3.08	2 490	175
56a	560	166	12.5				135.435	106.316	65 600	1 370	22.0	3.18	2 340	165
56b		168	14.5				146.635	115.108	68 500	1 490	21.6	3.16	2 450	174
56c		170	16.5				157.835	123.900	71 400	1 560	21.3	3.16	2 550	183
63a	630	176	13.0	22.0	15.0	7.5	154.658	121.407	93 900	1 700	24.5	3.31	2 980	193
63b		178	15.0				167.258	131.298	98 100	1 810	24.2	3.29	3 160	204
63c		180	17.0				179.858	141.189	102 000	1 920	23.8	3.27	3 300	214

注:表中 r、r_1 的数据用于孔型设计,不做交货条件。

附录二　习题参考答案

项目二

2-1　$M_O(\pmb{F}_1)=1$ N・m；$M_O(\pmb{F}_2)=-1$ N・m；$M_O(\pmb{F}_3)=0$；$M_O(\pmb{F}_4)=2.4$ N・m；$M_O(\pmb{F}_5)=0.63$ N・m；$M_A(\pmb{F}_1)=-1$ N・m；$M_A(\pmb{F}_2)=-2$ N・m；$M_A(\pmb{F}_3)=1.05$ N・m；$M_A(\pmb{F}_4)=3.2$ N・m；$M_A(\pmb{F}_5)=-0.32$ N・m

2-2　$\alpha=30°$

2-3　(a) $M_O(\pmb{F})=0$；(b) $M_O(\pmb{F})=Fl$；(c) $M_O(\pmb{F})=-Fb$；(d) $M_O(\pmb{F})=Fl\sin\theta$；(e) $M_O(\pmb{F})=F\sqrt{l^2+b^2}\sin\beta$；(f) $M_O(\pmb{F})=F(l+r)$；

2-4　$N_A=-N_B=-333.3$ N

2-5　$\theta=2\sin^{-1}\dfrac{G_1}{G}$

2-6　$F=277$ N

2-7　$N_A=N_B=2.5$ kN

2-8　$M_2=3$ N・m；$N_{AB}=5$ N

项目三

3-1　$R=2.97$ kN；$\alpha=5.82°$

3-2　$F_{x_1}=86.6$ N，$F_{y_1}=50$ N，$F_{x_2}=25$ N，$F_{y_2}=-43.3$ N；$F_{x_3}=0$，$F_{y_3}=60$ N；$F_{x_4}=-56.6$ N，$F_{y_4}=-56.6$ N

3-3　$R=735$ N；$\alpha=81.6°$

3-4　$N_A=22.4$ kN；$N_B=10$ kN

3-5　$N_{AB}=0.577G$；$N_{AC}=1.155G$；$N_{AB}=0.5G$；$N_{AC}=0.866G$；$N_{AB}=N_{AC}=0.577G$

3-6　$T_D=60.91$ kN；$N_B=3.52$ kN；$N_A=7.02$ kN

3-7　$M_2=3$ N・m；$N_{AB}=5$ kN

3-8　(a) $N_{Ax}=2\sqrt{3}$ kN；$N_{Ay}=2$ kN；$N_B=2$ kN

　　(b) $N_{Ax}=\dfrac{10\sqrt{3}}{9}$ kN；$N_{Ay}=\dfrac{8}{3}$ kN；$N_B=\dfrac{20\sqrt{3}}{9}$ kN

3-9　(a) $N_{Ax}=0$；$N_{Ay}=8$ kN；$M_A=16$ kN・m

　　(b) $N_{Ax}=0$；$N_{Ay}=4$ kN；$M_A=8.6$ kN・m

　　(c) $N_{Ax}=4$ kN；$N_{Ay}=4$ kN；$M_A=2.4$ kN・m

3-10　$N_{Ax}=2.4$ kN；$N_{Ay}=1.2$ kN；$N_{BC}=0.85$ kN

3-11　$N_{Ax}=N_{Bx}=N_{Cx}=120$ kN；$N_{Ay}=N_{By}=300$ kN；$N_{Cy}=0$

3-12　$\dfrac{F}{G}=\dfrac{a}{l}$

3-13　$N_{Gx}=11$ kN；$N_{Gy}=3$ kN；$N_{DE}=-15.56$ kN

3-14　$N_{Ax}=-259.8$ N；$N_{Ay}=210$ N；$N_{BC}=240$ N

3-15　361 kN$<G<$375 kN；$N_B=1\,103.33$ kN；$N_A=11.67$ kN

项目四

4-1　静摩擦力；100 N

4-2　$\alpha=21.8°$

4-3　$F=280$ N

4-4　$e\leqslant fD/2$

4-5　$P=280$ N

4-6　$b\leqslant 7.5$ mm

4-7　$F=720$ N

4-8　$x=3.03$ m

项目六

6-1　（略）

6-2　（略）

6-3　$\sigma_{AB}=37.5$ MPa；$\sigma_{BC}=-100$ MPa（压应力）；$\Delta l=-0.112\,5$ mm（缩短了）

6-4　$\sigma_1=2$ MPa；$\sigma_2=6$ MPa；$\sigma_3=10$ MPa

6-5　$\Delta d=0.008\,57$ mm

6-6　$\sigma=35.1$ MPa

6-7　$\sigma_a=58.9$ MPa

6-8　$d_1=7$mm；$d_2=10$ mm

6-9　$\sigma_{max}=144$ MPa$<[\sigma]$　（强度足够）

6-10　$F=40.4$ kN

6-11　$\sigma_{max}=37.1$ MPa$<[\sigma]$　（安全）

6-12　$\sigma_{max}=32.7$ MPa$<[\sigma]$　（安全）

6-13　$d=26.6$ mm

6-14　$P=20$ kN；$\sigma_{max}=15.9$ MPa

6-15　$P=38.64$ kN

6-16　（1）$\sigma_{AB}=98.06$ MPa$<[\sigma_1]$；$\sigma_{BC}=8$ MPa$=[\sigma_2]$　（强度足够）

　　　（2）$d_1=24$ mm

项目七

7-1　$\tau=16.67$ MPa$<$$[\tau]$（强度足够）；$\sigma_{jy}=53.3$ MPa$<$$[\sigma_{jy}]$（强度足够）

7-2　$F=12$ kN

7-3　$\tau=99.5$ MPa$<$$[\tau]$（剪切强度足够）；$\sigma_{jy}=156$ MPa$<$$[\sigma_{jy}]$（挤压强度足够）

7-4　$L=200$ mm

7-5　$L=140$ mm

7-6　$d=20$ mm

项目八

8-1　（略）

8-2　（略）

8-3　$\tau_{max}=18.9$ MPa$<$$[\tau]$（强度足够）

8-4　1.1 m

8-5　$\tau_{max}=60.4$ MPa$<$$[\tau]$（强度足够）；$\theta_{max}=2.83$ °/m$<$$[\theta]$（刚度足够）

8-6　(1) $\tau_{max}=51$ MPa$<$$[\tau]$（强度足够）

　　(2) $D_1=53.1$ mm；$A_{空}/A_{实}=0.31$

8-7　$d=38$ mm。

8-8　$\tau_{BCmax}=70$ MPa$<$$[\tau]$（强度足够）；$\tau_{AEmax}=44.34$ MPa$<$$[\tau]$（强度足够）

　　$\theta_{BCmax}=1$ °/m$<$$[\theta]$（刚度足够）；$\theta_{AEmax}=0.45$ °/m$<$$[\theta]$（刚度足够）

项目九

9-1　（略）

9-2　（略）

9-3　（略）

9-4　$\sigma_a=58.9$ MPa；$\sigma_b=23.6$ MPa；$\sigma_c=0$

9-5　(1) $\sigma_D=41$ MPa；$\sigma_E=21.87$ MPa；$\sigma_F=0$；$\sigma_H=41$ MPa

　　(2) $\sigma_{max}=123$ MPa

9-6　$\sigma_{lmax}=71.43$ MPa；$\sigma_{ymax}=119.05$ MPa

9-7　$\sigma_{max}=128$ MPa$<$$[\sigma]$（梁的强度足够）

9-8　$\sigma_{max}=57.8$ MPa$<$$[\sigma]$（梁的强度足够）

9-9　$D_1=66$ mm；$D_2=72$ mm；$d_2=52$ mm

9-10　$d=86$ mm

9-11　$F=416.7$ kN

9-12　$b=100$ mm；$h=300$ mm

9-13　横放：$M=8.17$ kN·m；竖放：$M=71.8$ kN·m

9-14　$F = 37.92$ kN

9-15　$\sigma_{max} = 21.9$ MPa$<[\sigma]$　（安全）

9-16　选 12a 工字钢

9-17　$\sigma_{lmax} = 36.17$ MPa$<[\sigma_l]$；$\sigma_{ymax} = 78.6$ MPa$<[\sigma_y]$　（梁的强度足够）

9-18　$y_A = -\dfrac{PL^3}{6EI}$；$\theta_B = -\dfrac{9PL^2}{8EI}$

9-19　$y_C = 0.17$ mm；$\theta_B = 0.008\ 6$ rad

9-20　$y_{max} = 0.026$ mm$<[y] = 0.05$ mm　（梁的刚度足够）

项目十

10-1　(1) $F_{lj} = \dfrac{\pi^2 EI}{(\mu l)^2} = \dfrac{3.14^2 \times 200 \times 10^3 \times \dfrac{3.14 \times 25^4}{64}}{(1 \times 1 \times 10^3)^2} \approx 3.8 \times 10^4(N)= 38$ (kN)

　　　(2) $F_{lj} = \dfrac{\pi^2 EI}{(\mu l)^2} = \dfrac{3.14^2 \times 200 \times 10^3 \times \dfrac{40 \times 20^3}{12}}{(1 \times 1 \times 10^3)^2} \approx 5.27 \times 10^4(N)= 52.7$ (kN)

　　　(3) $F_{lj} = \dfrac{\pi^2 EI_y}{(\mu l)^2} = \dfrac{3.14^2 \times 200 \times 10^3 \times 93.1 \times 10^4}{(1 \times 2 \times 10^3)^2} \approx 459\ 430$ (N)$= 459.43$ (kN)

10-2　$F_{lj} = 773$ kN

10-3　$n_w = \dfrac{F_{lj}}{P} = \dfrac{6.3}{1.76} = 3.585 > [n_w] = 2.5$　（挺杆的稳定性足够）

10-4　$[F] = \dfrac{F_{lj}}{[n_w]} = \dfrac{1\ 321.2}{2} = 660.6$ (kN)

10-5　$d \geqslant 57.98$ mm，取 $d = 58$ mm

项目十一

11-1　$F_{1x} = F_{1y} = 0$，$F_{1z} = 3$ kN；$F_{2x} = -1.2$ kN，$F_{2y} = 1.6$ kN，$F_{2z} = 0$；$F_{3x} = 0.424$ kN，
　　　$F_{3y} = 0.566$ kN，$F_{3z} = 0.707$ kN

11-2　$F_{t_2} = 7.16$ kN；$N_{Ax} = 0$；$N_{Az} = 1.73$ kN；$N_{Bx} = 3.58$ kN；$N_{Bz} = 2.17$ kN

11-3　$N_{Ax} = -62.5$ kN；$N_{Az} = 358.25$ kN；$N_{Bz} = 358.25$ kN；$N_{Bx} = 62.5$ kN

11-4　$T_1 = \dfrac{20\sqrt{3}}{3}$ kN；$T_2 = \dfrac{10\sqrt{3}}{3}$ kN；$N_{Ax} = 2$ kN；$N_{Bx} = 3$ kN；$N_{Az} = 8.155$ kN；$N_{Bz} = 2.032$ kN

11-5　$T = 11$ kN；$N_{Ax} = 0$；$N_{Ay} = -3.6$ kN；$N_{Az} = 14$ kN

项目十二

12-1　$\sigma_{ymax} = -94.9$ MPa

12-2　8 倍

12-3　$\sigma_{max}=69.3$ MPa$\leqslant[\sigma]$

12-4　$\sigma_{lmax}=25.2$ MPa$<[\sigma_l]$；$\sigma_{ymax}=38$ MPa$<[\sigma_y]$

12-5　$\sigma_{xd4}=100$ MPa$>[\sigma]$，发生破坏

12-6　$d\geqslant47.4$ mm

12-7　$P_{max}=0.618$ kN

12-8　$P_{max}\leqslant2.91$ kN

项目十三

13-1　$N=0.64$ 圈；$\omega=4$ rad/s；$\varepsilon=2$ rad/s^2

13-2　$\varepsilon=0.55$ rad/s^2；$N=70$ 圈

13-3　400 r/min

13-4　$n=425$ r/min

13-5　$v=10$ m/s；$\varepsilon=5$ rad/s^2

13-6　$v_A=9.42$ m/s，方向水平向右；$a_{An}=444$ m/s^2，方向铅直向上

13-7　$v_M=1.675$ m/s

参 考 文 献

[1] 北京钢铁学院,东北工学院.工程力学[M].北京:高等教育出版社,1990.

[2] 陈继刚,张建中,唐平.工程力学[M].徐州:中国矿业大学出版社,2002.

[3] 丁学所.工程力学基础[M].北京:高等教育出版社,2015.

[4] 范钦珊.工程力学[M].北京:高等教育出版社,2007.

[5] 韩江水,屈钧利.工程力学[M].徐州:中国矿业大学出版社,2009.

[6] 韩向东,张小亮.工程力学[M].3版.北京:机械工业出版社,2015.

[7] 何全茂.机械基础[M].北京:煤炭工业出版社,2012.

[8] 何绍人.工程力学[M].上海:上海交通大学出版社,2007.

[9] 李龙堂.理论力学[M].北京:高等教育出版社,1985.

[10] 李龙堂.材料力学[M].北京:高等教育出版社,1985.

[11] 刘世稀,陈继刚.理论力学[M].徐州:中国矿业大学出版社,1993.

[12] 刘长荣,肖念新.工程力学[M].北京:中国农业科技出版社,2002.

[13] 沈养中.工程力学[M].北京:高等教育出版社,2003.

[14] 苏炜.工程力学[M].2版.武汉:武汉工业大学出版社,2012.

[15] 王振发.工程力学[M].北京:科学技术出版社,2004.

[16] 杨玉贵,夏虹.工程力学[M].北京:机械工业出版社,2001.

[17] 张定华.工程力学[M].4版.北京:高等教育出版社,2014.

[18] 张勤,张超平.工程力学[M].2版.北京:高等教育出版社,2014.

[19] 张曦.建筑力学[M].北京:中国建筑工业出版社,2000.

[20] 张晓梅,潘庆丰.工程力学[M].2版.北京:煤炭工业出版社,2009.

[21] 章志芳.工程力学[M].北京:人民邮电出版社,2007.